# 浙江省海洋产业发展报告
# （2024）

邵　科　胡求光　朋文欢　等　著

中国农业出版社
北　京

# PREFACE / 序言

党的十八大以来，习近平总书记高度关注海洋强国建设。2013 年，习近平总书记在中共中央政治局第八次集体学习时指出，建设海洋强国是中国特色社会主义事业的重要组成部分。2020 年，习近平总书记在宁波舟山港考察时指出，宁波舟山港在共建"一带一路"、长江经济带发展、长三角一体化发展等国家战略中具有重要地位，是"硬核"力量。要坚持一流标准，把港口建设好、管理好，努力打造世界一流强港，为国家发展作出更大贡献。2022 年，习近平总书记在中国海洋大学三亚海洋研究院调研考察时指出，建设海洋强国是实现中华民族伟大复兴的重大战略任务。党的二十大报告也作出了"发展海洋经济，保护海洋生态环境，加快建设海洋强国"的战略部署。

浙江省陆域面积只有 10 万多平方千米，却拥有超过 26 万平方千米的辽阔海疆；海岸线和海岛岸线达 6 000 多千米，位居全国第一；近岸海域内，海岛数 4 300 多个，也是全国第一。作为海洋资源大省，浙江省贯彻落实海洋强国战略也是责无旁贷。实际上，在主政浙江期间，习近平同志就曾明确提出海洋是浙江未来发展的潜力所在、优势所在、希望所在，把大力发展海洋经济写入"八八战略"。

"十二五"时期，浙江连同山东、广东、福建和天津等省份一起，先后被确定为全国海洋经济发展试点地区，为全国海洋经济发展探索路径、提供经验示范。"十三五"期间，浙江基本形成了以建设全球一流海洋港口为引领、以构建现代海洋产业体系为动力、以加强海洋科教和生态文明建设为支撑的海洋经济发展良好格局。最近几年，浙江又出台了《浙江省海洋经济发展"十四五"规划》和《浙江省海洋经济高质量发展倍增行动计划》，并专门成立了浙江省海洋经济发展厅，作为全省实施海洋经济倍增行动计划、建设海洋强省的重大部署举措。

为了持续助力浙江省高水平建设海洋强省，促进海洋经济成为浙江省高质量发展新增长极，宁波大学东海研究院邵科研究员牵头开展了《浙江省海洋产业发展报告（2024）》研究。本报告由综合篇、区域篇和案例篇三个部分构成，其中，第一部分综合篇共六章。第一章介绍了海洋产业的概念内涵和基本特征，英国、美国、韩国和澳大利亚等国家的海洋产业发展概况，还介绍了我国海洋产业的总体发展概况。第二章回顾了浙江省海洋产业的发展历史，重点探讨了不同阶段海洋产业的演变与升级。第三章围绕海洋经济总体规模、产业内部结构和海洋经济市场主体三个维度，阐述了浙江省海洋经济发展的总体发展态势与所取得的成效。第四章描述了政府的支持政策、企业的技术创新、研究机构的基础与应用研究以及投资者的资金投入情况，探讨了浙江省在完善教育体系、深化产学研合作、推进人才队伍建设等方面所做的努力，以及在海洋能源技术、生物技术、信息技术等领域的技术创新和应用情况。第五章在构建海洋产业综合发展指数评价指标体系的基础上，采用熵权 TOPSIS 综合评价方法，重点考察了浙江省海洋产业综合发展水平，以及在我国沿海 11 个省份中的地位，并进一步比较了浙江省五个沿海城市的海洋产业综合发展水平。第六章详细分析了浙江省海洋产业企业的市场活跃度、股权投资、扩张能力、创新能力、行业形象和企业生存能力，介绍了上市企业、国家高新技术企业、专精特新"小巨人"企业及农业产业化国家重点龙头企业等主体的发展情况，并对海洋渔业、海洋交通运输业、海洋技术服务业和海洋旅游业四个行业进行了详细梳理。区域篇共七章，分别对杭州、宁波、温州、嘉兴、绍兴、舟山、台州七个地市的海洋产业发展历史、现状特征、面临困难和对策建议进行了详细阐述。案例篇展示了浙江海洋发展智库联盟和宁波大学东海研究院征集到的 13 篇海洋经济高质量发展典型案例。

希望本报告的出版能够为全省海洋产业发展提供一些理论参考，能够为全省海洋产业工作者提供一些实践启发，还能够为全省海洋领域智库单位提供一些研究视角。也希望宁波大学东海研究院能够以此研究报告为起点，持续跟踪研究，做好智库参谋的角色。

汪浩瀚

2024 年 9 月 30 日

宁波大学黄庆苗楼

CONTENTS / 目录

## ◎ 区域篇

# 综合篇

# 1　绪　　论

## 1.1　海洋产业的概念内涵和基本特征

海洋是人类资源的宝库。海洋产业作为现代经济的重要组成部分，涵盖了广泛的生产活动和经济活动，是人类对海洋资源进行有效开发和利用的总称。本节将深入探讨海洋产业的概念内涵及其基本特征，旨在能够较为全面地阐述海洋产业在经济、社会和生态方面的重要作用。

### 1.1.1　海洋产业概念内涵

根据经济学界的共识，产业的概念涵盖了国民经济的各个部门，包括生产、流通、服务和文化教育等多个领域，并可以根据不同的标准进行分类。海洋产业作为人类在开发利用海洋资源过程中形成的产业体系，因其地理属性与陆地产业相对应。海洋产业和陆地产业均是按照产业活动的地理区域划分的子类，这种分类在当前的海陆统筹发展理念下得到了进一步完善。在学术界和实践中，对海洋产业的定义存在许多不同观点。在国内研究的早期，有学者，如张耀光（1991）认为海洋产业是指人类在海洋、滨海地带开发利用海洋资源和空间以发展海洋经济的事业[1]。另一些学者，如孙斌等（2000）则认为，海洋产业是指开发、利用和保护海洋资源，形成各种物质生产和服务部门的综合[2]。都晓岩（2008）认为，海洋产业涵盖了在海洋及其空间进行的各种经济性开发活动，直接利用海洋资源进行生产加工，以及海洋开发、利用和保护的生产和服务活动[3]。尽管不同学者对海洋产业的定义略有差异，但总体上认同海洋产业具有鲜明的涉海性特征。

国家海洋局在 1999 年公布的《海洋经济统计分类与代码》中明确定义了

海洋产业，将其定义为"涉海性的一系列生产和服务活动"。随着经济社会的不断发展和人们对海洋产业认识的加深，对海洋产业的定义进行了多次修订。2021年12月31日，国家标准《海洋及相关产业分类》（GB/T 20794—2021）进一步详细定义了海洋产业，将其界定为"开发、利用和保护海洋资源的生产和服务活动"[4]。同时该标准进一步明确了海洋产业包含的主要方面，即直接从海洋中获取产品的生产和服务活动、直接从海洋中获取产品的加工生产和服务活动、直接应用于海洋和海洋开发活动的产品生产和服务活动，以及利用海水或海洋空间作为生产过程基本要素的生产和服务活动[5]。

### 1.1.2 海洋产业的分类

海洋产业的分类因其研究目的和划分标准的不同而有所差异，常见的划分方法和分类包括以下几种。

#### 1.1.2.1 按照发展时间顺序划分

根据海洋产业发展的时间顺序，可以将其分为传统海洋产业、新兴海洋产业和未来海洋产业。

其中，传统海洋产业出现较早，对现代高新技术的依赖相对较低，主要包括海洋捕捞业、海洋交通运输业、海洋盐业等。新兴海洋产业主要相对传统海洋产业而言，是随着科技进步而逐步出现的，主要是由于发现了新的海洋资源或者拓展了海洋资源的利用范围，包括海洋生物医药业、海洋化工业、海洋工程建筑业和海洋油气业等。未来海洋产业当前还处于研究和刚刚起步的发展阶段，未来可能成为主要依赖高新技术的海洋产业，如深海采矿、海洋能利用产业等。

#### 1.1.2.2 按照在社会经济发展中的地位和作用划分

可以将其划分为先行性产业，即在区域发展中起引领作用，推动其他产业发展的产业；主导性产业也就是对区域经济有主要影响，能够决定区域经济结构的产业；支柱性产业，即在区域经济中占有较大比重，是区域经济的主要组成部分；服务性产业，即为其他产业提供支持和保障的产业；以及发展性产业，也就是具备较大发展潜力，预计可以逐渐壮大的面向未来的产业。

#### 1.1.2.3 按照三次产业分类法划分

根据中华人民共和国国家标准《国民经济行业分类》（GB/T 4754—2017），可以将海洋产业划分为第一产业、第二产业和第三产业。

其中，第一产业是指生产活动直接利用海洋生物资源的产业，主要包括海洋捕捞业和海水养殖业等。第二产业是指生产活动以海洋资源的加工和再加工为特征的产业，主要包括海洋工业和海洋建筑业等。第三产业是指生产活动以提供非物质财富为特征的产业，涵盖海洋公共服务、科研教育、海洋运输、海洋保险等领域。

#### 1.1.2.4　按照海洋经济活动的性质划分

根据国家标准《海洋及相关产业分类》（GB/T 20794—2021），将海洋产业划分为两类三个层次。

第一类是海洋产业，其属于海洋经济核心层。包含海洋渔业、沿海滩涂种植业、海洋水产品加工业等 15 个行业大类（图 1-1）59 个中类 176 个小类。第二类是海洋相关产业。其中海洋科研教育、海洋公共管理服务属于海洋经济支持层。包括 8 个大类 29 个中类 94 个小类。海洋上游相关产业、海洋下游相关产业则属于海洋经济外围层，共包含 5 个大类 33 个中类以及 92 个小类。本部分主要采取这种分类方式，以便后文的数据分析与整理。

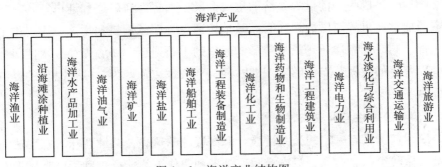

图 1-1　海洋产业结构图

这些分类方法展示了海洋产业在不同层面和维度上的多样性和复杂性，为深入研究海洋经济和产业发展提供了更多的角度以及更为全面系统的研究框架。

### 1.1.3　海洋产业的基本特征

海洋产业作为海洋经济的最主要组成部分，其基本特征反映了相关活动的多样性与复杂性。这些特征涵盖了资源、生态、全球化、技术以及可持续发展等多个方面。

#### 1.1.3.1　资源丰富与多样性

海洋面积广大，其蕴含的资源也是非常多的。海洋资源包括海水、海洋生物、矿产、能源等，这些资源不仅是构成人类生态环境的重要物质基础，还为人类的经济活动提供了广阔的发展空间。海洋资源的多样性使得海洋经济可以涵盖从传统的捕捞业、航运业到现代的海洋生物技术、海洋能源和深海矿产资源开发等多个领域，为相关产业的多样性发展提供了基础，具有非常大的开发潜力。

### 1.1.3.2　生态环境的脆弱性

尽管海洋资源丰富，但海洋生态系统的脆弱性仍不容忽视。当前，海洋仍然面临着过度捕捞、污染、气候变化等多重威胁，直接影响海洋的生态环境甚至是整个地球的生态系统，同时也对海洋经济的可持续性构成挑战。因此，保护海洋生态，重视环境的保护与科学开发，实现生态与经济的协调发展，已成为推动海洋经济发展的核心要素。

### 1.1.3.3　全球性与连通性

海洋经济具有强大的全球互联性和连通性。海洋水域连接着全球各地，海洋交通运输已成为当前世界经济的重要命脉。通过海洋航道和港口，各种货物和资源能够在世界范围内快速和高效地流通，为国际贸易和物流运输提供了便利条件。同时，海洋还是信息传输和通信的重要通道，海底光缆技术使得分散在世界各地的数据节点能够实现即时通信和数据传输，为全球化时代的经济发展提供了强大支撑。

### 1.1.3.4　公共性与非独占性

海洋资源具有一定的公共性质，海洋资源的这种公共性意味着它无法完全被某个体或组织私有化，只有在政府管理和协作下才能合理利用。我国拥有丰富的海洋资源，这些资源的公共性质使得其开发过程中涉及共同的利益和利益竞争等问题。资源公共性使得所有个体和组织都可以通过较低成本进行获取，然而，竞争和过度利用可能导致资源枯竭的风险。因此，加强对海洋资源的监管和保护成为实现资源可持续利用的重要基础。

### 1.1.3.5　科技驱动与高投入

海洋产业的发展与转型升级都离不开大量的科技支持和大规模的投入。深海勘探、海洋能源开发、海洋工程建设和海洋生物技术等领域都需要高度的科技支撑以及大量的资金投入。如深海油气开采和海洋矿产资源开发需要先进的探测设备和开采设备，以应对复杂的海洋环境和极高的工作风险。科技的进步不仅可以提高海洋资源的开发和利用效率，更成为发展新产业、探索新模式、进军新领域的必要条件。

#### 1.1.3.6　海洋经济的可持续性

海洋产业因海洋系统巨大的资源储量与一定的自我修复能力使其具有巨大的可持续发展能力。但其产业可持续发展在很大程度上依赖于科学的开发利用和有效的治理与保护。国际社会都在积极制定相关政策与法规，保护海洋环境和资源，确保海洋经济的长期稳定发展，保证后代同样能从海洋中获得经济与社会福祉的双重收益。

#### 1.1.3.7　风险的高度不确定性

海洋产业在其运行过程中面临高度的不确定性，主要体现在受自然灾害、气候变化和海洋污染等多重因素影响。这些因素使得海洋和与之相关联的活动都具有显著的不稳定性，增加了开发和经营海洋相关产业的复杂性和风险。当前人们也在积极地开发相应策略，包括技术创新、精准的灾害预警机制以及有效的应急响应系统，以最大程度减少风险对经济活动的不利影响，并确保产业的稳定性和韧性。

## 1.2　全球海洋产业的总体发展概况

### 1.2.1　英国——传统的海洋强国

#### 1.2.1.1　英国海洋经济基本情况

作为全球历史悠久的海洋大国，英国拥有 11 450 千米的海岸线和约 86.7 万平方千米的管辖海域。海洋产业在英国国民经济和居民生活中占据着重要地位。早期英国以海洋交通运输业、船舶制造业和捕捞业为主导，随着 20 世纪 60 年代北海石油开发的兴起，英国迅速成为欧洲油气生产大国。英国调整了其海洋产业政策，海洋油气业和滨海旅游业逐渐成为新的主导产业。

#### 1.2.1.2　主要海洋产业发展情况

海洋油气业。自 20 世纪 60 年代在英国北海发现油气资源，从那时起英国就成为欧洲重要的石油和天然气生产国之一[5]。近年来尽管油气产量逐渐减少，但该产业仍为英国海洋经济的支柱之一，占据着英国海洋经济的核心地位。2018 年，海上油气生产为英国贡献了约 920 亿英镑的收入，直接和间接创造了 28 万个就业岗位。

滨海旅游业。英国拥有丰富的海岸线和岛屿资源，其不仅依托自然景观，还凭借其丰富的历史文化遗产和旅游设施，吸引了大量游客。2017 年，滨海旅游业提供了约 20.13 万个就业岗位，增加值达到 81.14 亿欧元。2018 年，沿海地区的旅行次数为 4.23 亿次。滨海旅游业为英国经济增长做出了重要贡献。

海洋港口及仓储业。英国作为一个岛国，拥有 120 个重要商业港口，2022 年，英国所有港口共处理 4.59 亿吨货物，比 2021 年增长 3％[①]，承担了大量的国际货物贸易运输任务。这些港口不仅支撑了英国国内经济的循环，同时也是国际贸易中的关键节点，在国际贸易中发挥着关键作用。2019 年，英国海运业的直接营业额为 550 亿英镑，超过了铁路和航空的经济贡献总和，并领先于公路运输。

海洋渔业。英国拥有丰富的渔业资源，主要集中在北海和苏格兰西部海域。尽管由于过度捕捞以及环境的破坏，渔业资源曾出现过一定的衰退，但 2021 年英国海洋渔业仍实现了稳步复苏，经济产出有所增长，已经实现了恢复性发展。英国 2021 年海洋渔业企业的总增加值（GVA）达到了 4.83 亿英镑。

海洋可再生能源产业。英国在海上风能、潮汐能和波浪能等海洋可再生能源开发利用领域处于全球领先地位。通过政府的政策支持与引导，英国已建成多个海上风电场和潮汐能电站，为国家能源安全和碳减排目标做出了重要贡献。到 2030 年，英国计划将海上风能装机容量扩大至 30～50 吉瓦（GW），成为全球海洋能源开发利用的重要引领者。

总体来看，英国凭借其丰富的自然资源、先进的技术创新和完善的产业体系，在全球海洋经济中占据重要位置。尽管也曾面临资源枯竭、环境污染和国际竞争等挑战，但通过政策调整和产业升级，其海洋产业为国内经济社会发展提供了重要推动力量。更不可忽视的是，伦敦依然是全球海洋金融的"领头羊"，制定相关规则的代表——世界最早的船舶认证、保险机构劳埃德船级社，以及被誉为全球航运业晴雨表的波罗的海交易所均位于伦敦。同时，伦敦还是国际海事组织（IMO）、国际海运联合会（ISF）、国际航运公会（ICS）等海洋领域国际组织总部所在地，每年全球 80％以上的国际海事仲裁在伦敦进行[②]。

## 1.2.2 美国——实力雄厚的海洋强国

### 1.2.2.1 美国海洋经济基本情况

美国作为世界上海洋资源开发利用最早、开发程度最高的国家之一，海洋

---

① 商务部对外投资和经济合作司.对外投资合作国别（地区）指南-英国（2023 年版）[EB/OL]. https://www.mofcom.gov.cn/dl/gbdqzn/upload/yingguo.pdf.

② 华高莱斯.港口跌出 TOP50，伦敦为何仍是海洋金融中心 [EB/OL].澎湃新闻网 https://www.thepaper.cn/newsDetail_forward_26952318.

经济在国家经济结构中占据着重要地位。美国的海岸线总长约 19 924 千米，濒临太平洋和大西洋两大洋，拥有广阔的专属经济区和丰富多样的海洋资源与生态系统，为其海洋经济奠定了坚实的基础。根据美国商务部两个机构——美国国家海洋和大气管理局（NOAA）和经济分析局（BEA）发布的年度海洋经济卫星账户（MESA）统计数据，2022 年美国海洋经济占其国内生产总值（GDP）的 1.8%，总额达到 4 762 亿美元，当前从业人数约为 11.3 万人①。

#### 1.2.2.2 主要海洋产业发展现状

海洋矿业。海洋矿业是美国海洋经济的核心组成部分之一，主要包括石油和天然气勘探开采以及海底矿产资源开发。美国沿海地区，特别是墨西哥湾、阿拉斯加半岛和加利福尼亚海域，拥有丰富的石油和天然气资源。根据美国国家海洋和大气管理局的数据显示，2022 年其海洋矿业总经济价值约为 660 亿美元，占海洋经济总增加值的 11%。这些资源的开发不仅为美国经济做出巨大贡献，还带动了相关高科技和资本密集型产业的发展。

滨海娱乐旅游业。滨海娱乐旅游业是美国海洋经济中增长最为稳定的部分之一。从水族馆到海滩度假村，再到各种水上活动和海洋公园，这些活动不仅吸引了数以千万计的游客，还创造了大量的就业机会。2022 年行业总产值为 2 200 亿美元，较上年增长了 8.1%。尽管该产业具有季节性和劳动密集型特征，但其对美国经济的推动力和影响力不容忽视。

海洋交通运输业。海洋交通运输业包括远洋货物运输、海上旅客运输以及相关港口基础设施建设。美国拥有全球最繁忙的港口，如洛杉矶港和长滩港，这些港口在国际贸易和物流运输中都发挥着至关重要的作用。2022 年行业总产值达到 563 亿美元，较上年增长 7%。

船舶制造业。美国船舶制造业主要集中在华盛顿州和弗吉尼亚州，涉及军用船舶和商业船舶的设计、制造及修复。虽然船舶制造业的经济产值相对小于其他产业，但它对高技术就业和技术创新的支持作用显著。2022 年行业总产值为 196 亿美元，较上年增长 14.7%。

总体来看，美国凭借其丰富的海洋资源和领先的技术水平，在全球海洋经济中占据着举足轻重的地位。各类海洋产业的多样化发展和区域性分布体现了美国在海洋产业布局上的策略。展望未来，美国将持续推动海洋经济的可持续

---

① Marine Economy Satellite Account, 2022 [EB/OL], National Oceanic and Atmospheric Administration, https: //www. bea. gov/sites/default/files/2024 - 06/mesa0624. pdf.

发展，以及向更广阔的资源开发和利用领域进军。

## 1.2.3　韩国——成熟且多元化的海洋经济体系

### 1.2.3.1　韩国海洋经济基本情况

韩国作为一个三面环海的半岛国家，拥有 6 228 千米的海岸线，加上 3 200 多个岛屿，近海滩涂面积 2 393 平方千米，其管辖的领海面积达到 44.3 万平方千米，相当于其陆域面积的 4.5 倍。自 20 世纪 60 年代以来，韩国逐渐将海洋开发的重心从传统的海洋捕捞业转向多元化的综合性海洋产业体系上来。特别是在 20 世纪 80 年代，韩国海洋经济进入快速发展阶段，形成了以海洋交通运输、船舶制造、海洋捕捞和港湾工程为核心的海洋经济体系。2020 年，韩国海洋产业总产值约 1 600 亿美元，占韩国 GDP 的 10%[①]。

### 1.2.3.2　主要海洋产业发展现状

海洋船舶制造业。韩国目前是世界第二大造船国，排名仅次于中国。韩国在造船技术和大型造船厂方面拥有显著优势，尤其在大型集装箱船和液化天然气（LNG）船的建造领域全球领先，并且通过科技创新与相对完备的工业体系，确保其在国际造船业中的竞争地位。

海洋运输业。韩国海运业高度发达，港口集装箱吞吐量也位居全球前列。釜山港是韩国最大的港口之一，也是全球第三大集装箱港，航道连接着全球主要港口，是世界重要的海运枢纽之一。

滨海旅游业。韩国凭借其较长的海岸线与沿途优美的自然风光，开发了多样化的滨海旅游产业，特别是在海岛旅游和游轮旅游领域。以济州岛为代表的知名旅游目的地每年吸引大量国内外游客，其中中国游客占比接近五成，从一定层面反映出韩国滨海旅游业对中国游客依赖度较高。韩国旅游业不仅提升了韩国的国际形象，也对其国内经济做出了显著贡献。

新兴海洋产业。在海洋能源开发和海洋科技创新方面，韩国投入了大量资金与资源。在潮汐能发电、海底矿产资源开发等领域都取得了显著技术突破。早在 2012 年韩国就重点研发航天航空与海洋、能源等十个关键技术领域，确立了成为全球第七大科技强国的目标。

凭借丰富的海洋资源、先进的技术和明确的发展战略，韩国在全球海洋经

---

① A Quick Guide to South Korea's Maritime Industry，Maritime Fairtrade，https：//maritime-fairtrade. org/quick - guide - south - koreas - maritime - industry/.

济中的地位日益重要。海洋产业不仅为其经济增长提供了坚实支撑，还有效推动了韩国社会的持续发展。未来，韩国将继续通过科技创新和国际合作，进一步强化其在海洋经济领域的全球竞争力。

## 1.2.4　澳大利亚——外向型海洋经济的典范

### 1.2.4.1　澳大利亚海洋经济基本情况

澳大利亚位于南半球，四面环海，海岸线长约 2 万千米，拥有将近 1 100 万平方千米海域的专属经济区。2008 年，根据《联合国海洋法公约》，澳大利亚的大陆架向外扩展了 250 万平方千米，使其管辖的专属经济区及外大陆架海域面积达到 1 600 万平方千米，超过其陆地面积的两倍。澳大利亚海洋资源丰富，其中大堡礁不仅是全球知名的旅游目的地，也是生物多样性的宝库。

澳大利亚作为一个海洋大国，其海洋产业在国民经济中占据重要地位，涵盖了广泛领域并展现出强劲的增长势头。2020—2021 财年，澳大利亚海洋产业的总经济产出为 1 185 亿澳元，提供了 46.2 万个全职工作岗位[①]。

### 1.2.4.2　主要海洋产业发展现状

海洋油气业。澳大利亚的海洋油气业规模庞大，也是其海洋产业占比最大的一个部分，2020—2021 财年，其总产值为 437 亿澳元，是位居第二名的国内旅游业的两倍。在产区方面，西澳大利亚州是该产业的主要生产区域，贡献了其中的 373 亿澳元。维多利亚州和北方领地地区分别贡献了 54 亿澳元和 10 亿澳元。

海洋渔业。澳大利亚拥有比陆地面积还要大的海域管辖面积，因此其海洋渔业资源丰富，海洋渔业也相当发达[6]，商业捕捞渔业的产值在 2020—2021 财年为 10.15 亿澳元，其中主要品种包括龙虾、虾和鲍鱼。海水养殖业近年来发展迅速，2020—2021 财年，澳大利亚海洋水产养殖业产值达到 14.2 亿澳元，首次超过了商业捕捞业的产值。虽然传统捕捞业逐年减少，但休闲渔业等新兴产业蓬勃发展，2020—2021 财年的经济产值为 6.53 亿澳元。得益于疫情期间更多国内休闲活动的兴起，参与休闲渔业的澳大利亚人群也有所增加。

海洋运输业。澳大利亚在陆路上不与其他大陆相连，因此其经济高度依赖海洋运输，约 97% 的国内和国际货物运输通过海运完成。一直以来政府积极

---

① AIMS Index of Marine Industry 2023 ［EB/OL］. Australian Institute of Marine Science, https://www.aims.gov.au/information - centre/aims - index - marine - industry.

推动运输业现代化建设，保证其国际竞争力。澳大利亚的港口在全球海运网络中也具有非常重要的地位，特别是墨尔本等港口是国际货运的重要枢纽。在2020—2021 财年，澳大利亚水上运输及相关支持服务的总产值为 29.61 亿澳元，其中水运支持服务包括港口和水运码头运营、拖船和导航服务等，2020—2021 年的产值为 9.761 亿澳元。

滨海旅游业。澳大利亚拥有丰富的海岸线和引人入胜的海洋风光，尤其是大堡礁和其他海洋公园吸引了大量国际游客。2020—2021 财年，澳大利亚的国内海洋旅游业产值为 199 亿澳元，比 2018—2019 年的 260 亿澳元有所下降，年均下降约 13％。国际海洋旅游业的收入从 2018—2019 年的 71 亿澳元大幅下降至 2020—2021 年的 1.29 亿澳元，下降了约 98％。

综上所述，澳大利亚凭借其丰富的自然资源、独特的地理位置以及有效的政策规划，在全球海洋经济中占据重要地位。特别是澳大利亚对海洋环境保护高度重视，通过制定法律确保海洋资源的合理开发和生态系统的保护。并将在未来通过技术创新和可再生能源发展继续保持增长势头。

# 1.3  我国海洋产业总体发展概况

中国作为一个海洋大国，拥有丰富的海洋资源，其中管辖了约 300 万平方千米的海域面积，拥有大陆海岸线长达 1.8 万千米。同时，中国也是世界上海岛最多的国家之一，共有 1.1 万余个海岛，约占我国陆地面积的 0.8％，浙江、福建和广东海岛数量居前三位①。如此得天独厚的资源条件，也助力中国发展起了规模庞大、类型多样的海洋产业。

## 1.3.1  全国海洋产业经济总量与行业结构

### 1.3.1.1  海洋经济总体运行情况

近年来，国内海洋经济加速发展。根据统计，2023 年，我国海洋生产总值达 99 097 亿元，同比增长 6.0％[7]，增速比国内生产总值高出 0.8 个百分点；海洋经济占国内生产总值的比重为 7.9％，比上年增加 0.1 个百分点。持续为国民经济增长提供了重要支持。

---

① 自然资源部. 我国海岛逾 1.1 万个已建成涉岛保护区 194 个［EB/OL］. 中国政府网 https://www.gov.cn/xinwen/2018-07/30/content_5310431.htm.

#### 1.3.1.2　海洋经济行业结构

从三次产业来看，2023 年，我国海洋第一产业增加值为 4 622 亿元，第二产业增加值为 35 506 亿元，第三产业增加值为 58 968 亿元，分别占海洋生产总值的 4.7%、35.8% 和 59.5%。进入 21 世纪以来，随着国民消费水平的提升和国家海洋开发工程的推进，我国第三产业内的海洋服务业经济规模日益扩大。至 2023 年，全国海洋服务业增加值达到 58 968 亿元，占国内生产总值比重为 4.7%，为海洋产业中拉动国民经济增长的主要力量之一。

从内部结构看，2023 年，我国海洋产业增加值占海洋生产总值比例为 41.08%，增速 7.9%；海洋科研教育增加值占海洋生产总值比例为 6.4%，增速为 2.1%；海洋公共管理服务业增加值占海洋生产总值比例为 16.76%，增速为 3.3%；海洋上游相关产业增加值占海洋生产总值比例为 14.23%，增速为 6.1%；海洋下游相关产业增加值占海洋生产总值比例为 21.53%，增速为 5.8%（图 1-2）。

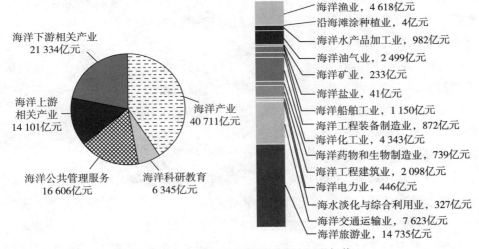

图 1-2　2023 年全国海洋产业分项增加值

### 1.3.2　全国海洋产业行业发展水平

2023 年，全国海洋经济继续稳步增长，15 个海洋产业增加值达到 40 711 亿元，较上年增长 7.9%。传统海洋产业表现强劲，海洋渔业、海洋水产品加工业继续保持稳定发展；与此同时，海洋船舶工业、海洋电力业、海洋化工业、海洋旅游业、海洋交通运输业、海洋工程装备制造业以及海洋油气业都实现了 5% 以上的快速增长。海水淡化与综合利用业、海洋渔业、海洋工程建筑业、海洋盐业、沿海滩涂种植业、海洋矿业、海洋水产品加工业也保持了一定的增长势头。

海洋渔业的增加值达到 4 618 亿元，较上年增长 3.2%。随着转型升级的深入推进，智能化、绿色化及深远海养殖技术稳步发展，进一步提升了海洋水产品的稳产保供能力。海洋渔业的现代化养殖与可持续发展策略逐步得以落实，为海洋渔业的持续增长奠定了坚实基础。

沿海滩涂种植业在 2023 年实现了 4 亿元的增加值，虽然规模相对较小，但增速保持在 1.6%。海水稻等沿海滩涂作物产量的增加为该行业提供了不少增长。

海洋水产品加工业的表现则相对稳定，全年增加值为 982 亿元，同比增长 1.1%。虽然全球经济环境波动，但海洋水产品加工业的持续技术提升和国内市场需求的增长支撑了该行业的稳定发展。

海洋油气业继续呈现强劲增长态势，增加值达到 2 499 亿元，增速为 7.2%。随着深远海油气勘探和开采技术的不断突破，海上油气产量持续增长，这为国家能源安全提供了有力保障。

海洋矿业的增加值为 233 亿元，同比增长 1.4%。尽管增速有所放缓，但随着技术装备的不断进步，海洋矿业仍保持了良好的发展势头。

海洋盐业在 2023 年实现了 41 亿元的增加值，同比增长 1.7%。尽管海洋盐田面积和海盐产量的持续减少对该行业产生一定影响，但产业结构转型升级带动了行业的整体稳定发展。

海洋船舶工业在 2023 年实现了 1 150 亿元的增加值，同比增长 17.6%。海船制造和高端绿色船舶的交付推动了行业的快速增长，特别是全球领先的高端海船技术突破，使得海洋船舶工业步入了高质量发展阶段。

海洋工程装备制造业则实现了 872 亿元的增加值，同比增长 5.9%。深海油气开采装备、海上风电装备等领域的持续创新，推动了这一行业的稳步发展，确保了其在全球市场的竞争力。

海洋化工业实现了 4 343 亿元的增加值，增速为 10.0%。在全球经济复苏和国内需求复苏的背景下，海洋化工产品的产量和质量均有所提升，推动了该行业的显著增长。

海洋药物和生物制造业在 2023 年实现了 739 亿元的增加值，虽然同比下降了 0.4%，但随着海洋药物的临床试验与海洋生物制品的技术创新，该行业依然具备较大的增长潜力。

海洋工程建筑业全年增加值为 2 098 亿元，同比增长 3.1%。该行业保持了稳定的增长趋势，海底隧道、跨海桥梁、沿海港口及海上油气项目等重大工程的顺利推进，进一步提升了行业的技术水平和产能。

海洋电力业在 2023 年实现了 446 亿元的增加值，增速达到 13.0%。特别是海上风电项目的快速扩展，为海洋电力行业带来了强劲的增长动力，潮流能、波浪能等新兴能源的研发也在持续推进。

海水淡化与综合利用业的增加值为 327 亿元，同比增长 4.5%。该行业的技术突破和工程规模扩大，使得海水淡化及综合利用逐渐成为海洋经济的重要组成部分。

海洋交通运输业全年实现了 7 623 亿元的增加值，较上年增长 8.5%。随着全球贸易的逐步复苏和国内交通运输结构的优化，海洋交通运输业呈现出较为稳健的增长势头。

海洋旅游业在 2023 年实现了 14 735 亿元的增加值，同比增长 10.0%。随着疫情影响的逐渐减弱，海洋旅游市场快速反弹，成为带动海洋经济复苏的重要力量。

总体而言，当前我国海洋经济持续稳步发展，特别是技术创新与结构优化的双轮驱动，为我国海洋经济高质量发展奠定了坚实基础。

### 1.3.3 全国海洋产业区域发展特征

从区域分布上看，沿着我国大陆海岸线依次排布的三大海洋经济圈，立足各自海洋资源、产业基础与科创支撑，呈现出各具特色的发展态势。其中，北部海洋经济圈主要覆盖环渤海地区的辽宁、天津、河北和山东四省（直辖市），东部海洋经济圈涵盖了长三角地区的江苏、上海、浙江三省（直辖市），南部海洋经济圈则包括泛珠三角区域的福建、广东、广西和海南四省（自治区）。这三个经济圈各具特色，共同推动了我国海洋经济的高质量发展。

北部海洋经济圈 2023 年的海洋生产总值为 30 488 亿元，比上年名义增长 4.3%，其中海洋水产品加工业、海洋油气业和海洋电力业增加值分别占全国的 52%、56% 和 47%。与南部、东部海洋经济圈相比，由辽宁、河北、山东及天津"三省一市"组成的北部海洋经济圈在经济总量及发展增速上有所差距，但辖区内海洋水产品加工业、海洋油气业和海洋电力业等产业仍然具备突出优势。在产业结构方面，北部海洋经济圈在 2014 年之前的产业布局以"二三一"为主，海洋第二产业占据主导地位，但自 2015 年起，海洋第三产业逐渐成为主导力量，形成了"三二一"的产业结构。

东部海洋经济圈 2023 年海洋生产总值为 30 768 亿元，比上年名义增长 8.2%，占全国海洋生产总值的比重为 31.0%，较 2018 年上升 1.0 个百分点。其中海洋药物和生物制造业、海洋船舶工业和海洋工程装备制造业特色显著，2023 年增加值分别占全国的 56%、57% 和 49%。近年来在"一带一路"倡议与长江经济带发展战略的双重驱动下，东部经济圈的海洋经济展现出明显的外向型特征，尤其是在江海联动政策的推动下，海洋现代服务业和海上风电等新兴产业实现了快速增长。东部海洋经济圈的海洋产业结构自始至终保持"三二一"的格局，海洋第三产业持续占据主导地位，并且占比不断扩大。

南部海洋经济圈在过去几年中展现出强劲的增长势头，海洋经济总量优势明显。2023 年，南部海洋经济圈海洋生产总值达 35 727 亿元，比上年名义增长 5.5%，占全国海洋生产总值的比重为 36.1%。南部经济圈拥有优越的地理和战略位置，尤其是其海水淡化与综合利用业和海洋旅游业支柱作用凸显。该区域依托丰富的资源优势，渔业、港口、现代航运以及滨海旅游等与海洋第三产业密切相关的行业得到了全面快速发展。

总体来看，这三大海洋经济圈在产业结构上各有特色，但均显示出向海洋第三产业倾斜的发展趋势。南部海洋经济圈以其领先的地理和政策优势成为全国海洋经济发展的先行者，而东部和北部海洋经济圈通过产业结构的调整和技术创新，不断提升其竞争力，逐渐缩小与南部经济圈的差距。

### 1.3.4 全国海洋产业的相关法律法规和发展政策

#### 1.3.4.1 法律法规日益完备

过去几十年，我国在海洋方面进行了较为全面的法治化探索，出台了相对完备的法律法规。

在海洋资源开发与管理方面，出台了《中华人民共和国渔业法》《中华人民共和国矿产资源法》和《中华人民共和国可再生能源法》。

在海洋环境保护方面出台了《中华人民共和国海洋环境保护法》《海洋石油勘探开发环境保护管理条例》《海洋倾废管理条例》《防治海洋工程建设项目污染损害海洋环境管理条例》《防治海岸工程建设项目污染损害海洋环境管理条例》。

在海域使用管理方面出台了《中华人民共和国海域使用管理法》《海域使

用权管理规定》，在海上交通安全方面出台了《中华人民共和国海上交通安全法》《中华人民共和国船舶和海上设施检验条例》。

在海洋权益维护方面出台了《中华人民共和国领海及毗连区法》《中华人民共和国专属经济区和大陆架法》《中华人民共和国海警法》。

在其他维度还出台了系列涉海法律法规及规章，如《中华人民共和国对外合作开采海洋石油资源条例》《中华人民共和国涉外海洋科学研究管理规定》《中华人民共和国水下文物保护管理条例》《海洋行政处罚实施办法》《海底电缆管道保护规定》等。

上述法律法规都在各自领域对涉海事项进行条文规定和管理规范。此外，中国还加入了《联合国海洋法公约》，为符合国际海洋法的相关要求，中国也将其核心要义积极融入国内法律体系。中国积极参与国际海洋治理，力图构建公正合理的国际海洋秩序。

### 1.3.4.2 政策思路更加清晰

党的十八大以来，围绕海洋经济发展，党中央国务院出台了一系列政策文件，形成了明确的政策思路。这些政策文件主要包括总体发展规划，以及促进海洋经济发展的各类专题文件。

国务院印发了多个海洋经济领域的五年规划，包括《全国海洋经济发展"十二五"规划》《全国海洋经济发展"十三五"规划》《全国海洋经济发展"十四五"规划》等，这些规划对海洋经济发展进行了全面部署和安排，明确了发展目标、重点任务和保障措施，为海洋经济的持续发展提供了系统指导。

为促进海洋产业发展、海洋人才培育、海洋科技创新，改善海洋生态环境，也出台了一些专项政策文件，如《全国海洋人才发展中长期规划纲要（2010—2020年）》《国家级海洋牧场示范区建设规划（2017—2025年）》《海水淡化科技发展"十二五"专项规划》《海洋生态文明建设实施方案（2015—2020年）》《海洋生态环境保护"十四五"规划》《关于探索推进海域立体分层设权工作的通知》等，为海洋经济在相关领域的深入发展明确了思路与任务，提供了政策支持。

当前，我国已经明确了将海洋经济作为国民经济的重要组成部分，提出了建设海洋强国的战略目标，强调海洋经济是高质量发展战略要地，推动海洋经济成为新的经济增长点。

同时，明确了坚持陆海统筹，优化资源配置；推动海洋经济高质量发展，全面拓展海洋发展领域；加强海洋科技创新；注重海洋生态环境保护和治理，实现海洋经济的可持续发展；积极参与全球海洋治理，推动海洋命运共同体形成。这也为浙江省的海洋产业发展提供了最好遵循。

## 参考文献

[1] 张耀光. 试论海洋经济地理学 [J]. 云南地理环境研究，1991 (1)：38-45.

[2] 孙斌，徐质斌. 海洋经济学 [M]. 青岛：青岛出版社，2000：5-29.

[3] 都晓岩. 泛黄海地区海洋产业布局研究 [D]. 青岛：中国海洋大学，2008：16-20.

[4] 国家市场监督管理总局、中国国家标准化管理委员会. 中华人民共和国国家标准：海洋及相关产业分类 [S]. 国家标准化管理委员会，2021：1-3.

[5] 韦有周，杜晓凤，邹青萍. 英国海洋经济及相关产业最新发展状况研究 [J]. 海洋经济，2020，10 (2)：52-63.

[6] 周乐萍. 澳大利亚海洋经济发展特性及启示 [J]. 海洋开发与管理，2021，38 (9)：3-8.

[7] 自然资源部. 2023 年海洋生产总值增长 6% [EB/OL]. (2024-03-22) [2024-07-31]. https：//www. gov. cn/lianbo/bumen/202403/content_6940910. htm.

# 2 浙江省海洋产业的发展历史

## 2.1 新中国成立前及先前的产业发展情况

### 2.1.1 元朝及以前

春秋战国时期，浙江部分地域为越国境界。越国"故滨于东海之陂，鼋龟鱼鳖之与处，而蛙黾之与同渚"[1]。周敬王十五年（前505年），吴、越两国在海战时期大捕石首鱼，反映出至少在2 500年以前人们已开始捕捞大黄鱼。战国时期，荀子所著《荀子·王制篇》记载："东海则有紫紶、鱼、盐焉，然而中国得而衣食之"[2]，可见当时捕捞业兴盛，鱼产品已成为沿海与内地进行交换的重要商品。越人的木客在船宫造出的须虑（古越地称海船），有扁舟、轻舟、楼船、戈船，说明造船、捕捞已较发达。公元前500年，浙江已有淡水养鱼。"蠡养鱼池，一名南池，上下二所"，"勾践凄会稽，谓蠡曰：孤在高山上，不享鱼肉之味久矣。蠡曰：臣闻水居不乏干熇之物，陆居不绝深涧之室。会稽山有鱼池，于是修之，三年，致鱼三万。唐齐抗书堂在焉"[3]。周贞定王九年（前460年）前后，越国大夫范蠡撰写了世界上最早的养鱼著作《养鱼经》，该书已被译成英、法、日、俄、西班牙等文，在世界范围内广泛传播。

此后传统渔业持续发展，宋宁宗嘉泰年间（1201—1204年）编修的浙江《绍兴府志》记载："鱼之不美者，会稽、诸暨以南大家多凿池，养鱼为业。每春初，江州有贩鱼苗者，买放池中，辄以万计。方为鱼苗，时饲以粉，稍大饲以糠糟，久则饲以草"[4]。可见当时家鱼已经大盛。元代的浙江渔业市场流通也很繁荣。陈高华与史卫民先生对元代用于贩卖的腌制鱼进行了统计，认为："两浙经盐腌加工的水产品应在750~850万斤*。两淮沿海地区腌制的水产品应

---

\* 斤为非法定计量单位，1斤等于0.5千克。——编者注

不少于此数。加上其他沿海地区以及内陆江河湖腌制的水产品，无疑每年有数十万斤"[5]。每至鱼汛，开始"于海边捕鱼时分，令船户各验船料大小，赴局买盐……大德元年至买及八百余引"[6]。可见鱼盐在沿海地区是一项普遍政策[7]。

### 2.1.2　明清时期

此后，明清时期浙江渔业产业的发展体现了传统与创新的结合。浙江渔帮的产生、传统渔具与捕捞方式的改进、渔农的互补发展，以及渔业管理与资源利用的平衡，共同推动了浙江渔业在这一历史时期的发展。从清初浙江存在诸多渔帮的事实来看，再结合浙江海洋渔业经济的发展状况，浙江渔帮的产生时间大致在明嘉靖后期（1552—1566 年）至崇祯（1628—1644 年）期间。渔帮虽按地区划分，但其活动界限超过地域限定，如台州各帮渔船不仅到宁波镇海等地捕鱼，同时还远赴崇明。随着渔帮规模逐渐扩大，其内部出现渔产品捕捞、加工和销售的分工，这在沈家门渔帮中表现最为明显。其中，岱山帮和沈家门帮有本帮的陆上加工场地和渔栈，促使其在渔业产业中占据领头羊的地位，而沈家门港的渔业中心和本帮的生产特点是紧密相连的[8]。

嘉靖三十一年（1552 年）开始担任巡视浙江都御史的王忬在《计开》一折中就指出正常的渔业生产活动对于民众的重要性。"百八十年以来，海滨之民，生齿蕃息，全靠渔樵为活"[9]。以舟山的发展为例，曾担任浙直总督的胡宗宪曾指出岛民对渔业产业的依赖性。"若定海之舟山，又非普陀诸山之比，其地则故县治也。其中为里者四，为岙者八十三，五谷之饶，鱼盐之利，可以食数万众，不待取给于外"[10]。

值得注意的是，在明清鼎革之际，因传统文化的沉浸，浙江社会并没有承认清政权的合法统治，因此包括渔民在内的很多民众都站在了清政府的对立面。与此相对应，政府下达了包括渔业在内的禁渔令。但随着清政府在大陆统治的稳固，内迁的浙江民众对清政府的认同性逐渐提高。在此基础上，在浙江居民生计中占主导地位的渔业最先得到开放。等到全面开海后，渔业产业已开始从恢复转向了发展[11]。

此后，以乾隆五十五年（1790 年）皇帝下发开放中国沿海岛屿禁令的诏书为分界点，清代浙江渔业产业呈现两种不同的发展态势。前期海洋渔业政策对渔业产业活动由最初的严格管制转为逐渐放开。而后者产生的负面影响，使得自乾隆末期到清朝覆亡，政府对海洋的关注转向如何清剿因人口压力而日益严重的海盗问题。

### 2.1.3　1912—1949 年

在此期间，浙江渔业产业得到发展。1914 年，佘山洋渔场小黄鱼产量高、周期长、离港口远，渔民采用天然保鲜方式，鱼行商栈数量不断增加。据《定海县志》卷三载，宁波湖里 300 多大对船，霜降时在嵊山洋面，冬至后在岱衢洋及沈家门等地。1936 年，浙江出海渔船近 3 万艘，渔民 20 多万人，年产量 400 多万担*[12]。1937 年，舟山有各种鱼行商栈、加工场 350 多家，冰鲜运输船 360 多艘。商贩遍及海岛，从业人员 5 000 多人。每逢鱼汛，渔民在海上将鱼货直接卖给冰鲜、咸鲜船运销各地。金融部门也分别在定海、沈家门、东沙、嵊山设立营业机构。当时渔场北起佘山，南至南麂，春捕大黄鱼、小黄鱼、墨鱼，冬捕带鱼。1937 年，抗日战争全面爆发，大量涂面、鱼塘被毁或抛荒，渔船被毁坏，渔业生产受到极大破坏。据 1937 年《浙江经济年鉴》统计，浙江全省出海渔船 1.5 万艘，渔民 10 万余人，年产量 340 万担；船只、渔民数比全面抗战爆发前下降一半，产量减少 15%。至 1949 年，渔业更为衰落，全省出海渔船 1.4 万艘，渔民 5.7 万人，年产量仅为 142 万担[13]。

## 2.2　新中国成立以来产业发展情况（1949—1999 年）

### 2.2.1　改革开放之前（1949—1977 年）

新中国成立初期，由于国家对海洋的认识更注重于军事、政治层面，对经济层面关注较少，海洋经济意识淡薄。海洋产业发展滞缓，产业结构单一，海洋经济的发展以海洋渔业、海洋运输业为主。在这样的背景下，浙江从组织领导着手，制定渔业发展方针政策，实施体制改革，海洋渔业迅速恢复和发展。1950 年，浙江成立了水产局，对于海洋渔业制定了"先恢复，后发展"的指导原则。在生产方式上，通过渔船动力化和推广机帆船作业，在海洋渔业得到恢复和发展的同时也带动了海洋渔业配套产业的兴起。这一期间，浙江海洋渔业占全国海洋渔业总产量的 1/4，上调国家的商品鱼占全国总量的 50% 以上，均居全国首位。

1956 年，舟山等地海带养殖获得成功，正式走上了海水养殖的道路，推动了海水养殖事业的发展。这一时期，浙江还组织成立嵊山渔场指挥部，加强

---

* 担为非法定计量单位，1 担等于 50 千克。——编者注

渔业生产环节的统筹协调与交流工作，解决海上渔事纠纷，并初步完成了东海渔业资源调查和渔区划分[14]。

在改革开放前的探索过程中，浙江逐渐认识到海洋资源的重要性，开始在近海和远海捕捞方面进行尝试。政府也开始重视海洋产业的综合开发，渔业、盐业、海洋运输等产业逐渐出现相互交融的趋势，为后期的全面发展积累了经验。

## 2.2.2 1978—1999 年

1978 年，党的十一届三中全会开启了改革开放伟大进程。改革开放推动了浙江海洋经济各产业孕育发展，使得海洋产业门类更为齐全。浙江海洋油气业开始由试生产进入规模化生产阶段，海洋生物医药、海水淡化、海洋电力等海洋新兴产业开始涌现。随着对外开放规模的不断扩大，推动了海洋交通运输业和海洋旅游业等服务业蓬勃发展。为进一步加强对各类海洋经济活动的管理，提高海洋资源开发利用能力，浙江于 1993 年提出"海洋经济大省"建设的战略目标，并出台了《浙江省海洋开发规划纲要（1993—2010 年）》等一系列指导文件。

这一阶段浙江海洋经济产业发展思路与改革开放密切相关，"引进来、走出去"是主要任务。浙江省第九次党代会报告明确指出："利用区位和资源优势，港、渔、工、贸、游相互促进，重点发展港口海运业、海洋水产业、临海型工业、海岛旅游业以及内外贸易。同时，有重点地积极扶持新兴海洋产业，特别是海洋高新技术产业的发展，组织新的海洋产业优势"[15]。海洋产业的高速发展使得浙江海洋产业总产值持续增长，产业结构不断优化，优势产业逐渐形成多元化发展。其中，滨海旅游业、海水利用业、海洋交通运输业以及海洋渔业是支柱产业，海水利用业位居全国第二位，产业化发展思路开始发挥重要作用[16]。1998 年，国家开始实施"科技兴海行动计划"，浙江也深入实施这一行动计划。浙江省第十次党代会报告指出："强化海洋国土意识和海洋经济意识，实施科技兴海，加大海洋开发力度。大力发展海洋渔业、旅游业、海洋资源加工业和海洋运输业，充分发挥宁波、舟山深水枢纽港的作用，加快杭州湾和沿海重点港口建设，完善集疏运系统，形成功能互补的港口群，改善海岛基础设施条件，使海洋经济成为全省跨世纪发展新的增长点"[17]。

另一方面，在渔业产业领域，这一时期的浙江进行了产权制度、流通体系和生产经营体制的改革。以公有制为主体，多种所有制经济共同发展的新渔业体制迅速建立，以"单船核算"、股份合作制为特征的生产经营体制改革等也取得重大突破。此外，浙江开全国渔业补偿贸易之先河，成立了全国第一家渔工商联合企业，并参加了我国第一支远洋渔业船队建设。在以上时代背景下，浙江海洋渔业稳步发展，远洋捕捞位列全国首位，海水养殖也在"246"工程（20万亩*围塘养殖增放工程，40万亩滩涂精养工程，60万亩浅海开发工程）的基础上，逐步形成了"八大重点养殖基地"，实现了快速发展[14]。

## 2.3　2000—2012 年产业发展情况

### 2.3.1　海洋经济发展与结构调整

#### 2.3.1.1　海洋产业政策的推动

一是国家海洋经济发展政策对浙江的影响。经历了改革开放以来 20 余年的探索发展，国家海洋产业体系逐步完善，海洋经济初具规模。2003 年，国务院发布了《全国海洋经济发展规划纲要》，这是我国第一个指导海洋经济发展的纲领性文件，也标志着国家对海洋经济的认识开始突破传统的"资源观"，将海洋经济作为整体的经济系统看待。2006 年在中央经济工作会议上，胡锦涛同志提出"要增强海洋意识，做好海洋规划，完善体制机制，加强各项基础工作，从政策和资金上扶持海洋经济发展"。党的十七大更是做出"发展海洋产业"的战略部署。2008 年，国务院发布了《国家海洋事业发展规划纲要》，这是新中国成立以来首个海洋领域的总体规划。此后，各沿海省份也相继出台了本地区的海洋经济发展规划，并推动将各地的海洋经济规划上升为国家战略。2011 年，《浙江海洋经济发展示范区规划》获批并上升为国家战略，弥补了浙江国家战略举措的空白。发展海洋经济成为浙江省面临的新的重大机遇，探索发展浙江海洋经济的有效模式与路径也成为人们重点关注的话题。此外，为促进海洋经济健康发展，国家围绕海洋环境保护、海洋科技、资源开发等方面出台了多个政策文件。2011 年 6 月，国务院批复同意设立浙江舟山群岛新区，成为继上海浦东、天津滨海、重庆两江新区之后的又一个国家级新区，也是我国唯一一个以海洋经济为主题的群岛型新区。

二是浙江省政府制定的海洋经济发展战略规划推动海洋产业的发展。2003

---

　　* 亩为非法定计量单位，1 亩等于 1/15 公顷。——编者注

年 8 月 18 日在浙江省海洋经济工作会议上，时任浙江省委书记习近平就推动海洋经济与陆域经济联动发展，建设海洋经济强省做了系统的阐述，正式拉开了浙江加快建设海洋经济强省的序幕。发展海洋经济不能就海洋论海洋，加强陆域和海域经济的联动发展，实现陆海之间资源互补、产业互动、布局互联，是海洋经济发展的必然规律。浙江加强体制创新和科技创新，为海洋经济发展注入新的活力和动力[18]。此后不久，浙江省委制定出台《关于建设海洋经济强省的若干意见》《浙江海洋经济强省建设规划纲要》等政策举措，明确提出在陆海经济联动发展中，加快形成港口海运业、临港工业、海洋渔业、滨海旅游业、海洋新兴产业等优势产业，带动其他海洋产业的发展[19]。此后，浙江省海洋经济以年均 19.3％的增长率快速发展。2005 年，海洋经济总产值占浙江全省 GDP 的比重上升到 8％[20]。2008 年，席卷全球的国际金融危机对各地经济的负面影响持续加深。为积极应对金融危机冲击，浙江实施"标本兼治、保稳促调"的系列举措，积极争取国家赋予浙江海洋经济发展示范区、舟山群岛新区、义乌国际贸易综合改革试点和温州金融综合改革试验区等四大国家战略举措，在工业发展内外压力加大的条件下，直到 2011 年仍保持工业增加值年均 10％以上的 2 位数增长[21]。

### 2.3.1.2 渔业与水产养殖的现代化

这一阶段，浙江加大海洋渔业结构调整力度，实施渔民转产转业战略。在海洋渔业结构调整方面，2001 年以来，浙江在全国范围内率先实施渔民转产转业，压缩近海捕捞，发展远洋渔业。2002—2007 年，全省共有 4 462 艘海洋捕捞渔船淘汰报废，涉及捕捞渔民 2.2 万余人，上交功率指标 37.16 万千瓦。同时，浙江大力发展远洋渔业和海水养殖业，渔业内部结构明显改善。浙江远洋渔业产业规模位于全国首位，远洋渔业的产量、产值分别占全国的 1/5 和 1/4。海水捕养产量之比也从 2003 年的 76：24 调整为 2008 年的 74：26。水产品加工业逐步向深加工方向发展，海洋渔业产业产生的综合经济效益显著提高。2007 年，浙江海洋渔业三次产业产值之比已调整为36：41：23，渔业综合生产能力居全国第四，生态渔业、休闲渔业等新兴渔业也得到快速发展[14]。

2008 年，浙江公布实施《浙江省沿海标准渔港布局与建设规划》，进一步推进标准渔港工程建设。同时，浙江加快渔港防灾减灾体系建设，加强对无居民岛季节性避风渔港或港湾的维护工作，保障渔民作业安全[14]。

## 2.3.2 港口经济的腾飞

### 2.3.2.1 宁波-舟山港的崛起与港口吞吐量的增长

港口建设是浙江海洋经济发展中的大手笔，港口建设的重点在宁波港、舟山港一体化。2003 年，浙江省提出要加快宁波、舟山港一体化进程。2005 年 12 月 20 日，浙江省政府正式对外宣布，决定自 2006 年 1 月 1 日起，正式启用"宁波-舟山港"名称，同时成立宁波-舟山港管理委员会，协调两港一体化重大项目建设。

此后，宁波-舟山港的综合竞争力和运营效率显著提高，合并当年，港口货物吞吐量首次突破 4 亿吨，集装箱吞吐量首破 700 万标准箱[22]。随着港口设施的扩展和管理整合，宁波-舟山港开始在全球港口排名中上升。根据交通运输部的统计，2009 年浙江宁波-舟山港货物吞吐量达到 5.7 亿吨，比 2008 年增加了 0.5 亿吨，增幅 10%，一跃成为全球第一大海港[23]。此后，宁波-舟山港货物吞吐量继续保持高速增长，进一步巩固了其作为全球重要港口的地位。这一时期，港口加强了与国际航运企业的合作，集装箱业务也显著提升。2012 年，宁波-舟山港货物吞吐量达到 7.44 亿吨，首次突破 7 亿吨，超过上海港 800 余万吨，将上海港从雄踞多年的货物吞吐量全球第一的位置上挑落下马[24]。

### 2.3.2.2 区域性港口群的发展

这一时期，温州港、嘉兴港等区域港口的发展不仅提升了自身的竞争力，也推动了浙江港口群的进一步形成。2002 年 8 月，经交通部批准，乍浦港更名为嘉兴港，之后几年陆续完成了乍浦、平湖、海盐等多个港区的开发，形成了多个功能区联动发展的局面。2008 年嘉兴港与宁波港集团签署合作协议，进行控股建设与经营，2009 年又与上港集团签署投资协议，2011 年新的码头项目开工建设，这都标志着嘉兴港在加速迈入高质量发展的航道上明显提速。温州港、嘉兴港等区域港口通过功能互补和业务协同，形成了覆盖全省的港口网络。这种港口联动发展模式，优化了全省的航运资源配置，增强了浙江在全国航运市场中的地位。

同时，区域港口的发展对浙江省海洋产业和区域经济起到了重要的带动作用，尤其是进一步推进了海洋产业的多元化发展。一是水产养殖与渔业发展。2000—2012 年，浙江省大力发展水产养殖业，加快推动海洋渔业的现代化。通过科技创新和养殖模式的改进，浙江的水产养殖业取得了显著成效，产量和质量大幅提升，成为全省海洋产业的重要组成部分之一。二是海洋能源与海工装备。这一时期，浙江省开始加快探索海洋能源开发和海工装备制造业的发展。以嘉兴港为代表的区域港口引入了液化天然气（LNG）接收项目，温州港则在海上风电场建设中发挥了关键作用。海洋能源开发和海工装备制造业的发展，优化了浙江的海洋产业结构，同时推动了产业的升级和转型。

## 2.4　海洋新兴产业的兴起和发展

### 2.4.1　以风能为代表的海洋能源开发

2000—2012 年，浙江省开始积极开发海上风能资源。浙江沿海地区，特别是舟山、温州等地，凭借其丰富的海上风力资源，成为海洋风电开发的重点区域。浙江作为海洋大省，属亚热带季风气候区，海上风能资源丰富。据 2005 年《浙江省风能资源评估报告》，沿海海岸地区和近海海域 20 米等深线以内的风能资源理论储量约 6 200 万千瓦。这期间浙江省能源局正进一步加强对风能等新能源领域的统筹，浙江省发展和改革委员会也已完成《浙江省风力发电发展规划》《浙江省近海风能开发利用研究》等调研项目，积极通过省政府向国家发展和改革委员会报批，预计总装机容量 1 490 万千瓦，并着手研究推出符合当地实际的扶植政策，逐步开展海上风电场的规划与建设[25]。

在这一过程中，政府政策的支持是海洋风电发展的重要推动力。浙江省出台了一系列促进海上风电开发的政策措施，鼓励企业参与海上风电项目的建设与运营。到 2012 年，浙江省已有多个海上风电项目进入实施阶段，这些项目为后来的海洋新能源开发奠定了基础。

此外，在液化天然气（LNG）的接收与利用方面，浙江加快 LNG 接收站建设，推动产业链向上下游延伸。浙江省是我国最早大规模使用天然气的省份之一，中国海洋石油集团有限公司积极与浙江省建设清洁能源示范省战略对接，浙江 LNG 接收站一期工程于 2009 年开工建设，2012 年 9 月建成并试生产，2017 年达到设计产能（300 万吨 LNG/年）[26]。该项目的建设标志着浙江省在海洋能源利用方面的进一步拓展。LNG 项目不仅提升了浙江省的能源安全，还带动了相关产业的发展，如液化天然气运输、储存和加工等。通过建立完善的 LNG 产业链，浙江省逐步形成了海洋能源产业的雏形，为下一阶段的海洋能源开发积累了经验。

## 2.4.2 滨海旅游产业与海洋文化产业

一是以舟山群岛为代表的浙江海洋旅游业快速发展。浙江滨海旅游业在2003年前后受到政府重视,此后沿海地区接待国内外游客和获得的旅游收入在全省旅游中的比例逐年上升,基本形成了食、住、行、游、购、娱配套的海洋旅游业。在政府的政策支持、基础设施的完善、市场推广和多样化旅游项目的推动下,舟山群岛也成功转型为国内外知名的海洋旅游胜地。

"十一五"以来,浙江省加快建设滨海旅游度假区,依靠深厚的文化底蕴开展各类海洋旅游节事活动,如中国国际钱塘江观潮节、中国舟山国际沙雕节、象山开渔节、中国国际港口文化节、宁波"海上丝绸之路"文化节等。尤其是舟山作为我国第一大群岛,拥有得天独厚的优势资源。2011年6月30日,国务院正式批准设立舟山群岛新区,在这样的背景下,舟山海洋旅游产业发展更能显著改善当地固定资产投资、推动人力资本改善、推动政府支出的改善,助推区域经济增长。

二是海洋文化与旅游融合发展的探索。2009年国务院发布的《关于加快发展旅游业的意见》规定:"大力推进旅游与文化,体育、农业、工业、林业、商业、水利、地质、海洋、环保、气象等相关产业和行业的融合发展"。这为浙江探索旅游业和其他产业融合发展提供了契机。舟山旅游产业与海洋文化产业融合在某种意义上来说是一种创新发展[27]。

2000年以来,舟山群岛的海洋旅游项目不断地变得更加多样化、更加复杂,逐渐地,以海岛休闲度假、海洋生态旅游、历史文化旅游、节庆会展、海鲜美食旅游等为主,海洋运动旅游、创意旅游、健康保健旅游、婚庆旅游等为辅的海洋旅游产业布局已基本成型[28]。飞速发展的海洋旅游业为海洋文化产业注入新的发展动力[27]。旅游产品和文化产品融合发展可以产生出多样化的创新型文化产品,其中包括旅游购物相关产品等。其中舟山开发了大量文化创意产品,如海洋主题的工艺品、文化衍生品、纪念品等。这些产品不仅为游客提供了独特的购物体验,促进了经济增长,也带动了文化产业的发展。例如,舟山的"海洋之心"系列饰品、普陀山的佛教文化纪念品等,成为游客喜爱的特色商品。

## 2.4.3 海洋高新技术产业的兴起

一是海洋生物医药产业的崛起。浙江蕴藏着丰富的海洋生物资源,全省有6 500千米的海岸线、26万平方千米的海域面积、可供保健和药用的海洋生物有420余种[29]。浙江海洋生物医药产业始于20世纪70年代末,第一个海洋生物产品是海力生集团（原舟山水产食品厂）1978 年成功获得试剂级的角鲨烯产品。进入 21 世纪以来，全省海洋生物医药工业得到快速发展，到 2012 年时整个产业已初具规模和特色。浙江通过加强科研投入，加快推动海洋生物医药开发。科研机构和企业开展合作，从海洋生物中提取具有药用价值的活性成分，开发出了一系列海洋药物和保健品。如温州以当地养殖的羊栖菜为主要原料采用生物技术进行提取加工，研发了海洋中成药和海洋保健功能食品。

基于以上条件，浙江海洋生物医药业得到了快速发展，其总产值也持续增长。如 2004 年，浙江海洋生物医药业总产值为 32.2 亿元，经过 8 年的发展，2012 年总产值为 145.4 亿元，年均增长 20.7%。2004 年，浙江海洋生物医药业增加值为 9.6 亿元，2012 年增长为 46.06 亿元，海洋生物医药产业总产值增加了 36.46 亿元，增加值实现了两个翻番，年均增长 21.6%[30]。

二是港航服务业发展进一步加强。这一时期，浙江省港口经济和航运服务体系逐步完善，宁波-舟山港、温州港、嘉兴港等区域港口的综合能力大幅提升，形成了以港口为核心的现代化航运服务产业集群。2010 年，时任浙江省省长吕祖善提出，要构建大宗商品交易平台、海陆联动集疏运网络和金融信息服务支撑系统"三位一体"港航物流服务体系[31]。截至 2012 年，宁波-舟山港、嘉兴港、台州港和温州港 4 个沿海港口共有生产性泊位 1 070 个，港口综合通过能力超过 6.6 亿吨，其中万吨级以上深水泊位 143 个，初步形成了以宁波-舟山港为核心，浙北、温台港口为两翼，大中小泊位配套、功能基本齐全的沿海港口群[32]。

2009 年，浙江沿海港口已经初步建立起集装箱、大宗散货和临港工业 3 个方面的物流系统，港口物流业已经发展成为港航服务业的重要组成部分。值得注意的是《宁波-舟山港总体规划》已通过评审，宁波-舟山港基本实现统一品牌、统一规划。以宁波-舟山港为基础，以宁波港集团为核心，通过对嘉兴、温州和台州等港口码头项目的合资建设、合作运营，浙江港口布局优化逐步展开。宁波保税区、宁波保税物流园区和宁波东部新城航运服务集聚区和梅山保税港区等航运服务功能平台建设有序展开，港航服务平台建设得到进一步加速。

## 2.5　2013 年以来产业发展情况

### 2.5.1　海洋经济的深化与升级

#### 2.5.1.1　海洋强省战略的深入实施

一是浙江省"十三五"期间的海洋经济发展目标。2012 年浙江颁布《浙江省海洋事业发展"十二五"规划》，要求紧紧围绕浙江海洋经济发展示范区和舟山群岛新区两大国家战略的实施，统筹推进浙江海洋事业发展。由此，浙江省全面开启了全域陆海统筹经济发展新阶段。此后，浙江利用自身海洋资源优势，发挥先行先试的作用，全面推进舟山群岛新区、中国（浙江）自由贸易试验区等一大批国家涉海战略落地，将海洋资源优势转化为推动国家涉海战略浙江试点的制度成效。"十三五"期间，浙江基本形成了以建设全球一流海洋港口为引领、以构建现代海洋产业体系为动力、以加强海洋科教和生态文明建设为支撑的海洋经济发展良好格局。据初步核算，2020年全省实现海洋生产总值 9 200.9 亿元，比 2015 年的 6 180 亿元增长 48.9%，"十三五"期间年均增长约 8.3%。

二是政府政策对海洋产业集群化发展的引导。浙江省政府在 2013 年后出台了多项与海洋产业集群相关的规划和政策文件，如《浙江省现代海洋产业发展规划（2017—2022)》《甬舟温台临港产业带建设方案》，围绕打造世界级海洋产业集群，提出进一步优化海洋产业布局。2021 年浙江省发布《海洋经济发展"十四五"规划》，要求聚力形成两大万亿级海洋产业集群，即以绿色石化为支撑的油气全产业链集群和临港先进装备制造业集群；培育形成三大千亿元级海洋产业集群，即现代港航物流服务业集群、现代海洋渔业集群和滨海文旅休闲业集群；积极做强若干百亿元级海洋产业集群；至 2035 年形成具有重大国际影响力的临港产业集群，建成世界一流强港。此外，为推进海洋产业重大项目，浙江成立海洋产业项目招引培育工作专班，研究制定《浙江省加快海洋产业项目招引培育工作实施意见》，推进实施"引航、盯引、筑基、育强"四大行动，招引落地舟山绿色石化基地二期等一批重大项目，2022 全年完成海洋经济重大项目投资 2 223.8 亿元[33]。"十四五"时期，浙江进一步围绕加快构建"双循环"新发展格局和建设海洋强省制定发展任务，明确发展重点，以科技创新为发展动力，构建现代海洋产业体系，打造绿色可持续海洋生态环境，塑造开放包容的海洋合作局面，辐射带动周边地区发展，推进海洋经济向高质量方向发展。

### 2.5.1.2 海洋产业结构的合理优化

一是浙江海洋三次产业结构比例由 2002 年的 21∶36∶43 转变为 2022 年的 5.9∶39.4∶54.7，结构进一步优化。浙江省继续推动海洋传统产业转型升级，做大做强海洋渔业、船舶修造业、海洋旅游业等传统优势产业，大力发展船舶海工、海洋生物医药、港航物流、临港石化、海洋电子信息、海洋新能源新材料等新兴产业，不断提升其对浙江经济的贡献度[34]。海洋优势产业逐步显现，推进船舶工业转型提升，2022年海洋船舶工业增加值383亿元，同比增长14.7%；加快海洋渔业提质增效，大力推进渔场修复振兴，获批国家级海洋牧场示范区9个，2022年海水养殖产量达152万吨，同比增长9%。加快发展海洋新兴产业，2022年海洋药物和生物制品业增加值339.4亿元，同比增长7.8%，海水利用业增加值526.6亿元，同比增长14.5%[33]。自2012年以来，浙江省传统海洋产业在政府政策的引导下，积极推进转型升级和创新驱动，取得了显著成效。渔业、海洋捕捞、海洋盐业等传统产业通过技术改造、产业链延伸和市场拓展，实现了从粗放型生产向集约化、现代化发展的转变。

二是传统海洋产业的转型升级与创新驱动。在政府政策的引导下，积极推进浙江传统海洋产业转型升级和创新驱动，取得了显著成效。海洋渔业、海洋盐业等传统产业通过技术改造、产业链延伸和市场拓展，实现了从粗放型生产向集约化、现代化发展的转变。如浙江省海洋水产养殖研究所集成创新了海水池塘多营养层次综合养殖模式、陆基多生态位高效循环养殖模式、紫菜冷藏网反季节养殖模式、大黄鱼深远海养殖模式四大生态高效养殖模式，创新了"贝苗集约化中间培育""海水池塘跑道式鱼贝混养""缢蛏底铺网养殖""养殖尾水处理"等16项实用新技术，树立了水产绿色养殖新样板，在2023年全国水产绿色健康养殖技术推广"五大行动"现场会上，赢得了行业领导和专家的一致好评[35]。此外，随着新时代的发展，数字化成为现代渔业发展的关键。在数字渔业方面，浙江紧紧围绕供给侧结构性改革，以数字经济"一号工程"为抓手，通过大数据、云计算、物联网、区块链等技术赋能渔业，打造了宁波海上鲜"北斗＋互联网＋渔业"一站式数字渔业服务平台、湖州庆渔堂"物联网＋"模式等一批数字渔业典型，为全省经济高质量发展增添新动力，为全国数字渔业发展创建了浙江样板[36]。

## 2.5.2 港口的国际化与物流发展

### 2.5.2.1 宁波-舟山港的全球影响力

一是宁波-舟山港货物吞吐量与港口排名的不断提升。自2013年以来，宁波-舟山港在中国港口体系和全球航运网络中扮演着越来越重要的角色。凭借持续的基础设施扩建、技术创新、服务提升以及与国际市场的深度融合，宁波-舟山港的全球影响力显著增强。2015年浙江省海港集团成立，成为省级海洋港口资源开发建设投融资主平台。同年，整合组建宁波-舟山港集团。2016

年，省海港集团与宁波-舟山港集团深化整合，实行"两块牌子、一套班子"运作，浙江港口运营实现全面一体化。2017 年，宁波-舟山港成为全球首个年货物吞吐量突破 10 亿吨的港口[37]。2023 年浙江成立世界一流强港领导小组，召开全省加快实施世界一流强港建设工程动员部署会，出台《世界一流强港建设工程实施方案（2023—2027 年）》。同年，宁波-舟山港完成货物吞吐量 13.2 亿吨，完成集装箱吞吐量 3 530 万标准箱。2024 年 8 月 21 日，最新一期新华·波罗的海国际航运中心发展指数在上海发布。指数结果显示，宁波-舟山港再次实现晋级进位，排名上升至全球第八位[38]。此外，为应对全球环境保护要求，宁波-舟山港在推动港口绿色化发展方面也取得了重要进展。通过推广岸电系统、应用清洁能源、实施节能减排措施，港口大幅降低了运营对环境的影响。绿色港口的建设，不仅提升了港口的可持续发展能力，也增强了其国际形象和吸引力。

二是宁波-舟山港国际合作与航运网络扩展。在"一带一路"倡议的推动下，宁波-舟山港积极开展国际合作，并大力扩展其航运网络。通过与"一带一路"共建国家和地区的深度合作，宁波-舟山港进一步巩固了其全球港口网络的枢纽地位，成为连接中国与世界的重要海上通道。2024 年上半年，宁波-舟山港新开辟 3 条国际航线，全港航线总数超过 300 条，"一带一路"航线数量达 130 条，连接全球 200 多个国家和地区的 600 多个港口[38]。此外，宁波-舟山港通过调整航线布局，将更多的国际航线连接到枢纽港口，形成了以宁波-舟山港为核心的多级航运网络。港口通过合理布局支线和干线航线，实现了货物的快速中转和分拨，提升了航运网络的整体效率和服务水平。在多式联运枢纽的建设方面，宁波-舟山港积极建设多式联运枢纽，将海运、铁路、公路、内河航运有机结合，形成高效的物流体系。通过在港口区域内建设物流园区、集装箱中心站等多式联运设施，宁波-舟山港实现了货物的高效转运和多样化配送，提升了港口的物流服务能力和国际竞争力。

## 2.5.2.2 智慧港口与绿色航运

一是数字化与自动化技术在港口管理中的应用。宁波-舟山港应用先进的集装箱自动调度系统，利用大数据、人工智能（AI）和物联网（IoT）技术，实现了集装箱的智能调度和实时监控。通过该系统，港口可以优化集装箱的堆场布局，减少集装箱的转移次数，提升装卸效率。系统还可以根据船舶的到港和离港时间，智能安排集装箱的装载和卸载顺序，提高了集装箱作业的整体效率。此外，宁波-舟山港在绿色港口建设中，利用数字化技术，完善了能源的智能化管理。港口通过实时监控和优化港口的能源消耗，制定科学的节能减排计划，降低碳排放。系统还利用数据分析，优化能源使用模式，推广可再生能源的应用，提高了能源利用效率。不仅如此，港口引入了污染监测系统，通过传感器网络实时监控港口内外的空气、水质和噪声等环境指标，减少对环境的影响。

二是绿色航运与环保措施的推进。宁波-舟山港作为全球领先的港口，通过一系列绿色航运和环保措施，不断推动港口和航运业的绿色转型，力求在减少环境影响的同时提升运营效率和竞争力。在岸电系统应用方面，宁波-舟山港在多个码头和泊位上安装了岸电设施。通过大力推动船舶使用岸电，港口减少了大量的氮氧化物、硫氧化物和颗粒物的排放，改善了港口及周边地区的空气质量。港口还提供了政策和经济激励，鼓励船舶在停泊期间接入岸电系统，推动岸电技术的广泛应用。2024 年一季度，宁波-舟山港集团单季岸电使用量首次突破 500 万千瓦时，达 507 万千瓦时，同比增长 475%，相当于减少碳排放约 4 700 吨，减少二氧化碳排放约 3 900 吨[39]。据预测，2025 年，宁波市岸电使用量将在 2019 年的基础上翻两番；"十四五"期间，宁波岸电总使用量将超过 1 500 万千瓦时，替代燃油约 2 800 吨，实现减碳约 7 000 吨[40]。

### 2.5.3　海洋产业新兴领域的发展

一是海水淡化产业。浙江的海水淡化之路起步于 20 世纪 90 年代。1997 年 10 月，由杭州水处理负责建设的海水淡化工程在浙江嵊山岛建成投产，这是我国第一座日产 500 吨淡水的海水淡化工程[41]。此后，浙江加快发展海水淡化产业，杭州水处理"膜法"也从浙江走向全国，进而走出国门。根据自然资源部最新发布的《全国海水利用报告》，截至 2020 年底，浙江省是我国海水淡化工程规模最大的省份，现有海水淡化工程规模 41.39 万吨/日，占全国比重达 25%[42]。目前，浙江海水淡化技术及装备已出口至东南亚、南美洲、非洲等多个国家及地区。如 2022 年，杭州水处理承建了印度尼西亚打拉根港海水淡化项目；2020 年，杭州水处理在菲律宾承建的日产 1.5 万吨淡水的海水淡化系统顺利出水，保障了当地的淡水需求；2018 年 2 月，杭州水处理日产 10 560 吨海水淡化项目在南美北部调试出水，并接入市政自来水管网，切实解决了当地居民生活用水问题，同时满足当地食品、饮料、制冰等行业专用水的要求，缓解了当地因水资源匮乏对经济社会产生的不利影响[41]。这不仅在浙江海水淡化产业历史中具有重要意义，也对中国水处理企业在海外工程的实施起到示范作用，取得了显著的经济效益、社会效益和生态效益。

二是海洋工程装备产业。海洋工程装备是先进制造、信息、新材料等高新技术的综合体，是未来我国海洋科技需要着力突破的领域[43]。自"八八战略"实施以来，浙江把制造业作为富民强省之本，坚持先进制造业基地建设"一张蓝图绘到底"，全省制造业综合实力和发展质量显著增强。"十三五"期间，浙江海洋工程装备产业规模效益持续增长，对全省海洋经济的支撑作用不断增强。高端装备制造业是维护国家产业安全、经济安全、国际地位的重要保障，因此强化海洋装备创新发展更具有重要意义。2021 年印发的《浙江省高端装备制造业发展"十四五"规划》提出，重点发展自升式海洋平台、浮式天然气液化存储装置（FLNG）、海洋风能利用工程建设装备和海水淡化产业化装备。发展专业化、规模化、特色化船舶与海工配套装备，开发船用双燃料发动机、纯气体（LNG、LPG）发动机、新型电池、燃料电池动力系统等动力设备[44]。2024 年，浙江印发《浙江省高端船舶与海工装备产业集群建设行动方案》，提出到 2027 年，产值规模突破 800 亿元，造船完工量突破 700 万载重吨等目标。要求加快培育海洋工程装备总体设计开发、建造总包与安装调试能力，发展深海勘探和油气资源开发装备、浮式天然气生产液化储存装置（FPSO/FSRU/FLNG），前瞻布局海上风电场、海流能装备、深远海养殖装置、清洁能源浮岛、海上碳捕捉封存装备等新型海工装备[45]。

三是海洋新材料产业。我国海洋新材料研发起步晚，但行业发展迅速，从发展区域来看，海洋新材料产业主要集中在东部沿海地区，如浙江、山东、广东、江苏、河北等地区。其中浙江相关研发机构有宁波海洋研究院、中国科学院宁波材料研究所等。其中国科学院海洋新材料与应用技术重点实验室紧扣国家海洋强国战略，聚焦深海、南海、极地等极端环境海洋材料重大基础研究和关键技术突破，系列关键使役材料有望为临海、深远海和极地领域的战略布局提供重要支撑，同时通过构建世界一流水平涉海新材料创制平台，力争在我国海洋材料发展中发挥不可替代的作用[46]。2013 年以来，浙江海洋新材料产业逐步走向国际市场。通过参与国际展会、建立海外分支机构、与国际企业合作，浙江的海洋新材料产品逐步打开了欧美、东南亚等国际市场。特别是在海洋涂料、复合材料和生物材料领域，浙江的产品以其优良的性能和竞争力在国际市场上赢得了广泛认可。2021 年浙江省政府印发的《浙江省海洋经济发展"十四五"规划》规定，要求在宁波、绍兴、舟山等地打造一批海洋新材料基地，建设一批海洋新材料"高尖精特"实验室、研发中心[47]。在这样的背景下，各地也加快重点培育海洋新材料产业。如《杭州市海洋经济高质量发展倍增行动实施方案》提出，以建德市为主，开展深海等领域关键海洋材料技术研究，聚焦海洋防护材料、防腐涂料、附着材料制造，深化新技术融合运用，推动装备生产智能化、数字化[48]。

## 参考文献

[1] 中国哲学书电子化计划. 越语下 [EB/OL]. (2016 - 10 - 10) [2024 - 11 - 03]. https：//ctext. org/guo - yu/yue - yu - xia/zhs? filter＝512033.

[2] 中国哲学书电子化计划. 王制 [EB/OL]. (2016 - 10 - 10) [2024 - 11 - 03]. https：//ctext. org/xunzi/wang - zhi/zhs? filter＝488780.

[3] 曹学佺. 大明一统明胜志 会稽 [EB/OL]. [2024 - 08 - 18]. https：//www. shidian-guji. com/book/HY0113/chapter/1kbmj5tu6dyxn? keywords＝％E6％B0％B4％E5％B1％85&refreshId=1730229928931&isSearchCurChapter=1.

[4] 中国哲学书电子化计划. 嘉泰会稽志 第 17 卷 [EB/OL]. (2016 - 10 - 10) [2024 - 08 - 18]. https：//ctext. org/wiki. pl? if＝gb&chapter＝386966&remap＝gb.

[5] 陈高华，史卫民. 中国经济通史 元代经济卷 [M]. 北京：经济日报出版社，2000：368.

[6] 中国哲学书电子化计划. 大德昌国州图志 第 3 卷 [EB/OL]. (2016 - 10 - 10) [2024 - 08 - 18]. https：//ctext. org/wiki. pl? if＝gb&chapter＝701209&remap＝gb.

[7] 李春园. 元代的盐引制度及其历史意义 [J]. 史学月刊，2014 (10)：35 - 45.

[8] 白斌. 清代浙江海洋渔业行帮组织研究 [J]. 宁波大学学报（人文科学版），2011 (6)：78 - 82.

[9] 陈子龙. 皇明经世文编 第 283 卷 王司马奏疏 [M]. 北京：中华书局，1985：2997.

[10] 陈子龙. 皇明经世文编 第 267 卷 胡少保海防论 [M]. 北京：中华书局，1985：2826.

[11] 白斌. 明清以来浙江海洋渔业发展与政策变迁研究 [M]. 北京：海洋出版社，2015：93.

[12] 浙江省银行经济研究室编. 浙江经济年鉴 民国三十六年 [M]. 杭州：浙江省银行经济研究室，1947.

[13]《浙江通志》编纂委员会编. 浙江通志 第 44 卷 渔业志杭州 [M]. 杭州：浙江人民出版社，2020：4.

[14] 阳立军，李舟燕. 浙江海洋渔业的发展与未来走向 [J]，渔业经济研究，2010 (2)：50 - 53，24.

[15] 李泽明. 锐意改革、加快发展，为浙江提前实现第二步战略目标而奋斗 [R]. 杭州：中国共产党浙江省第九次代表大会报告，1993.

[16] 谢慧明，马捷．海洋强省建设的浙江实践与经验 [J]．治理研究，2019（3）：20.

[17] 张德江．高举邓小平理论伟大旗帜，为加快实现现代化而努力奋斗 [R]．杭州：中国共产党浙江省第十次代表大会报告，1998.

[18] 中国日报．从"腾笼换鸟、凤凰涅槃"到高质量发展 [EB/OL]．（2018 - 07 - 19）[2024 - 08 - 18]．http：//zj. chinadaily. com. cn/2018 - 07/19/content _ 36605758. htm.

[19] 浙江省发展和改革委员会．浙江省人民政府关于印发浙江海洋经济强省建设规划纲要的通知 [Z]．（2005 - 04 - 29）[2024 - 08 - 18]．ttps：//zjjcmspublic. oss - cn - hangzhou - zwynet - d01a. internet. cloud. zj. gov. cn/jcms _ files/jcms1/web3185/site/picture/old/1204031342007446361. pdf.

[20] 共产党员网．习近平的"蓝色信念" [EB/OL]．（2018 - 06 - 15）[2024 - 08 - 18]．https：//news. 12371. cn/2018/06/15/ARTI1529042534875218. shtml.

[21] 郭占恒．浙江 70 年发展的历史变革 [EB/OL]．（2019 - 09 - 17）[2024 - 08 - 23]．http：//www. rmlt. com. cn/2019/0917/557033. shtml.

[22] 魏天舒．向"世界一流港"加速进发 [EB/OL]．（2022 - 08 - 16）[2024 - 08 - 23]．http：//www. qstheory. cn/dukan/qs/2022 - 08/16/c _ 1128913897. htm.

[23] 中国政府网．交通运输部：宁波-舟山港货物吞吐量跃居世界第一 [EB/OL]．（2010 - 02 - 03）[2024 - 08 - 23]．https：//www. gov. cn/jrzg/2010 - 02/03/content _ 1527367. htm.

[24] 宁波市交通运输局官网．宁波-舟山港荣登吞吐量榜首 [EB/OL]．（2013 - 01 - 31）[2024 - 08 - 23]．http：//jtj. ningbo. gov. cn/art/2013/1/31/art _ 1229093510 _ 45278799. html.

[25] 韩强，陈家旺，杨新利．浙江发展海上风电的思考与建议 [J]．风能，2012（1）：52 - 55.

[26] 中海浙江宁波液化天然气有限公司．浙江 LNG 接收站二期工程开工建设 [EB/OL]．（2018 - 06 - 27）[2024 - 08 - 25]．https：//mp. weixin. qq. com/s/45t6UM5G5Cm6 - 0NBsLxxwQ.

[27] 李智，马丽卿．产业融合背景下的舟山海洋文化产业新发展 [J]．海洋开发与管理，2018（1）：28 - 32.

[28] 何坤．舟山市海洋旅游业对经济增长的贡献研究 [D]．舟山：浙江海洋大学，2023：20 - 21.

[29] 张立军．加快浙江海洋生物医药产业发展 [J]．浙江经济，2014（8）：52 - 53.

[30] 王志文，茅克勤，段鹏琳．浙江省海洋生物医药产业发展对策研究 [J]．海洋开发与管理，2015（8）：73 - 75.

[31] 交通运输部官网．浙江省交通运输厅厅长郭剑彪：率先建成现代交通运输体系 [EB/OL]．（2010 - 12 - 29）[2024 - 08 - 25]．https：//zizhan. mot. gov. cn/zhuzhan/gongzuohuiyi/quanguojiaotong _ GZHY/2011jiaotonggongzuo _ HY/zhuanjiafangtan/201012/t20101229 _ 891884. html.

[32] 上海口岸服务平台官网.2012 年浙江省集装箱短途海运市场发展现状调查分析［EB/OL］.（2012－05－24）［2024－08－25］. https：//kab. sww. sh. gov. cn/xwzx/001001/20120524/231ECBD8－5A9C－462E－AD4E－1B126A71662F. html.

[33] 中国发展观察官网，浙江海洋强省建设实践、短板弱项及提升思路［EB/OL］.（2024－01－28）［2024－08－26］. https：//cdo. develpress. com/? p＝15070.

[34] 叶芳，曹猛，高鹏. 陆海统筹："八八战略"引领浙江海洋经济发展的历程、成就与经验［J］. 浙江海洋大学学报（人文科学版），2023（6）：23－30.

[35] 闫茂仓，周朝生，丁文勇. 浙江省海洋水产养殖研究所 争当科技创新排头兵 助力浙江渔业现代化先行［J］. 今日科技，2023（12）：48－49.

[36] 高令梅，郭建林，陈建明，等. 浙江省渔业经济发展对策研究［J］. 中国渔业经济，2021（6）：28－34.

[37] 中国政府网. 宁波舟山港成为全球首个"10 亿吨"大港［EB/OL］.（2017－12－27）［2024－08－26］. https：//www. gov. cn/xinwen/2017－12/27/content_5250907. htm.

[38] 中国经济网. 全球视野"指"在"浙"里："新华·波罗的海国际航运中心发展指数全球行"活动在杭举行［EB/OL］.（2024－08－28）［2024－08－26］. http：//www. ce. cn/xwzx/gnsz/gdxw/202408/28/t20240828_39120415. shtml.

[39] 中国水运网. 岸电涌动宁波港，海事部门助推绿色航运新时代［EB/OL］.（2024－05－17）［2024－08－29］. https：//www. zgsyb. com/news. html? aid＝682786.

[40] 东方财富网. 宁波市舟山港集装箱港区实现高压岸电全覆盖全投用：绿色港口低碳建设稳步推进［EB/OL］.（2024－02－17）［2024－08－29］. https：//finance. eastmoney. com/a/202402172987385062. html.

[41] 浙江省自然资源厅官网. 蓝色"膜法"：记杭州水处理海水淡化技术的研发与应用［EB/OL］.（2022－05－17）［2024－08－29］. https：//zrzyt. zj. gov. cn/art/2022/5/17/art_1289955_58991122. html.

[42] 新浪财经官网.2022 年浙江省海水淡化行业发展现状分析 我国海水淡化第一省【组图】［EB/OL］.（2022－02－11）［2024－08－29］. https：//finance. sina. cn/2022－02－11/detail－ikyakumy5365124. d. html? from＝wap.

[43] 严小军. 经略海洋应向"新"而行.（2024－06－19）［2024－08－31］. https：//epaper. gmw. cn/gmrb/html/2024－06/19/nw. D110000gmrb_20240619_2－02. htm.

[44] 浙江省人民政府. 浙江省高端装备制造业发展"十四五"规划［Z］.（2021－06－30）［2024－08－31］. https：//zjjcmspublic. oss－cn－hangzhou－zwynet－d01a. internet. cloud. zj. gov. cn/jcms_files/jcms1/web1585/site/attach/0/467267f960124b2888e31674a7cd31cd. pdf.

[45] 搜狐网. 浙江推进高端船舶与海工装备产业集群建设［EB/OL］.（2024－04－13）［2024－08－31］. https：//www. sohu. com/a/771337671_114984；海洋能源网. 浙

江：加快培育海洋工程装备总体设计开发、建造总包与安装调试能力 [EB/OL].
(2024 - 04 - 18) [2024 - 08 - 31]. http：//www. hynyw. com/article/5613. html.

[46] 宁波市科学技术局官网. 为海洋强国战略贡献宁波力量 中科院宁波材料所召开全国
重点实验室组建建议方案专家咨询会 [EB/OL]. (2022 - 07 - 21) [2024 - 08 - 31].
https：//kjj. ningbo. gov. cn/art/2022/7/21/art _ 1229589471 _ 58957220. html.

[47] 浙江省人民政府. 浙江省人民政府关于印发浙江省海洋经济发展"十四五"规划的通知
[Z]. (2021 - 06 - 04) [2024 - 08 - 31]. https：//www. zj. gov. cn/art/2021/6/4/art _
1229019364 _ 2301508. html.

[48] 海洋能源网. 打造五个潜力型海洋产业！杭州市海洋经济高质量发展倍增行动实施方
案发布 [EB/OL]. (2024 - 07 - 23) [2024 - 08 - 31]. http：//www. hynyw. com/ar-
ticle/6715. html.

# 3 浙江省海洋经济产业的
发展现状与问题

## 3.1 浙江省发展海洋经济的基础与优势

### 3.1.1 区位优势

浙江省在发展海洋经济方面具备得天独厚的区位优势。浙江省地处我国沿海中部和长江流域的"T"字接合部,位于经济发达的长江三角洲南翼,东临太平洋,西接长江流域和内陆地区。该区域内外交通便利,紧邻国际航运战略通道,具备深化国内外区域合作、加快开发开放的有利条件。此外,浙江的舟山是我国唯一以群岛建制的地级市,也是国务院批准的首个以海洋经济为主题的国家战略层面新区,未来将逐步发展成为大型仓储、物流、交易中心和重要的现代海洋产业基地。

### 3.1.2 海洋资源优势

浙江省拥有丰富的海洋资源,在海域面积、海岸线长度、深水良港数量及沿海港口货物吞吐量等方面具有显著优势。全省海域面积超过26万平方千米,海岸线长度达到6 696千米,居全国首位。其中,适合建设万吨以上深水泊位的深水岸线达506千米,占全国的30.7%。浙江省拥有宁波-舟山港、台州港、嘉兴港等众多深水良港,其中宁波-舟山港的货物吞吐量已连续13年位居全球首位,集装箱吞吐量连续3年居全球前三。

全省海岸带滩涂资源丰富,潮间带面积广阔,海洋生物多样性丰富,沿海渔业资源尤为丰富,舟山渔场是全球四大渔场之一。海岛数量达到2 878个,约占全国的40%,沿海地区拥有较大的滨海旅游潜力。此外,浙江海域岛屿还蕴藏着丰富的海岛风能、潮汐能、波浪能等海洋新能源，可开发潮汐能装机容量占全国的 40%，潮流能占全国一半以上。

### 3.1.3 经济基础优势

浙江省作为长三角经济的重要组成部分，在该区域经济中占据重要地位。浙江省经济总量连续多年位列全国第四位，人均 GDP 仅次于北京、上海、江苏和福建，位居全国第五位。改革开放以来，浙江省经济取得了快速发展，其整体经济实力在长三角与江苏、上海呈三足鼎立之势。作为我国重要的工业省份，浙江省拥有完备的工业体系和强大的制造业基础，其第二产业在国内的地位已从 1978 年的占全国 3% 上升至 2022 年的 6.9%，全国排名第四。省内与海洋相关的产业链，如船舶建造、海洋工程、海洋仪器仪表等，为海洋强省建设提供了强大的技术支持。

### 3.1.4 政策基础优势

2003 年，时任浙江省委书记习近平在浙江省委十一届四次全体（扩大）会议上正式提出"八八战略"决策部署，明确指出"进一步发挥浙江的山海资源优势，大力发展海洋经济，推动欠发达地区跨越式发展，努力使海洋经济和欠发达地区的发展成为浙江经济新的增长点"。同年 8 月召开的浙江省海洋经济工作会议，标志着浙江加快建设海洋经济强省的序幕正式拉开。

20 年来，浙江省积极探索海洋经济高质量发展之路，先后印发并实施了《浙江省现代海洋产业发展规划（2017—2022）》《浙江海洋强省建设"833"行动方案》和《浙江省海洋经济高质量发展倍增行动计划》。通过 20 年的持续努力，浙江省已经形成了以建设全球一流海洋港口为引领，以构建现代海洋产业体系为动力，以加强海洋科教和生态文明建设为支撑的海洋经济发展良好格局。

## 3.2 浙江省海洋经济发展态势

### 3.2.1 浙江省海洋经济总体规模

#### 3.2.1.1 浙江省海洋生产总值显著上升，但增速明显放缓

2006 年以来，浙江省海洋生产总值整体呈现上升趋势，从 1 856.5 亿元增加至 2021 年的 9 841.2 亿元。2022 年，全省海洋经济总产值首次突破 1 万亿

元大关，截至 2023 年，海洋生产总值达到 11 260 亿元，是 2006 年的 6 倍。

从增速来看，2006—2023 年，全省海洋生产总值的年均增速为 11.79%，高于同期 GDP 年均增速 1.16 个百分点。然而，浙江省海洋经济增速波动明显，呈现出先快后慢的变化趋势，且放缓势头显著。2009 年，全省海洋生产总值同比增速高达 26.73%，2014 年则降至 3.42%。此后，浙江省海洋生产总值增速趋于稳定，但总体维持在 10% 左右（图 3-1）。相较前期的高速增长，浙江省海洋经济增长速度明显放缓。

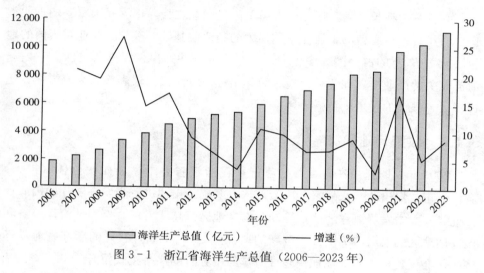

图 3-1　浙江省海洋生产总值（2006—2023 年）

### 3.2.1.2　海洋经济将为浙江经济高质量发展提供重要支撑

浙江省拥有得天独厚的海洋资源优势，发展海洋经济具有广阔的前景和巨大的潜力。在当前经济形势明显放缓的背景下，发展海洋经济、推进海洋强省建设将为浙江省经济高质量发展注入"蓝色动力"。

2006—2023 年，浙江省海洋生产总值占 GDP 的比重总体保持在 14% 左右。从变化趋势来看，浙江省海洋生产总值（GOP）占 GDP 比重在 2006—2023 年间呈现先升后降再上升的趋势。具体而言，2006—2012 年，该比重从 11.81% 上升至 14.27%，年均提高 0.41 个百分点。然而，2012—2020 年，该比重呈现明显下降趋势，从 14.27% 降至 13.04%。自 2020 年以来，该比重再次持续上升，截至 2023 年达到 13.64%（图 3-2），年均增幅 0.2 个百分点。随着海洋强省战略的持续推进，浙江省海洋经济对经济高质量发展的支撑作用将越发凸显。

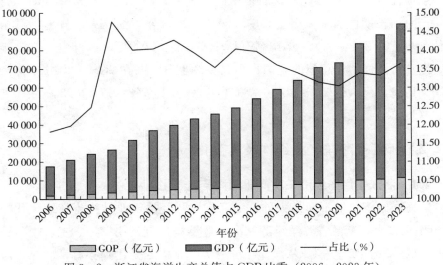

图 3-2 浙江省海洋生产总值占 GDP 比重（2006—2023 年）

### 3.2.1.3 浙江省海洋经济在全国具有重要地位

从海洋生产总值来看，浙江省海洋经济稳居全国第一方阵。2006—2023年，浙江省海洋生产总值占全国 11 个沿海省份海洋生产总值的比重整体呈现上升趋势。尤其是自 2018 年以来，浙江省海洋经济对全国的贡献上升态势十分明显，到 2023 年，浙江省海洋生产总值占全国海洋生产总值的比重达到11.36%（图 3-3）。

图 3-3 沿海省份海洋生产总值比较（2006—2023 年）

从浙江省在全国 11 个沿海省份中的排名来看，2006—2023 年，浙江省海洋生产总值长期位居前五名。其中，2009—2013 年，浙江省的排名提升至第四位。尽管在 2014—2016 年排名有所下滑，维持在第六位，但自 2018 年以来，浙江省海洋生产总值的全国排名又持续上升，并在 2021—2023 年保持在全国第四位，仅次于广东省（18 778.1 亿元）、山东省（17 018.3 亿元）和福建省（12 000 亿元）。

### 3.2.2 浙江省海洋产业结构及其变化

#### 3.2.2.1 浙江省海洋经济三次产业结构及其变化

除海洋经济总量不断扩大外，浙江省海洋经济产业结构也持续优化。自 20 世纪末以来，浙江省海洋经济三次产业结构比例已由"一、三、二"转变为如今的"三、二、一"。从海洋经济三次产业构成变化趋势看，浙江省海洋经济第一产业比重持续下降，至 2021 年，海洋第一产业产值比重仅为 5.3%。海洋经济第二产业占海洋生产总值（GOP）比重呈现先升后降的趋势，而海洋经济第三产业占海洋生产总值的比重则稳步上升，截至 2023 年，海洋经济第三产业 GOP 比重高达 56.7%。

按照主要产业和相关产业分类，2020 年主要海洋产业增加值为 3 100 亿元，海洋科研教育管理服务业增加值为 2 471.6 亿元，海洋相关产业增加值为 2 852.6 亿元（图 3-4）。海洋相关产业增加值占比由 2006 年的 36.7% 降至 2020 年的 33.9%。

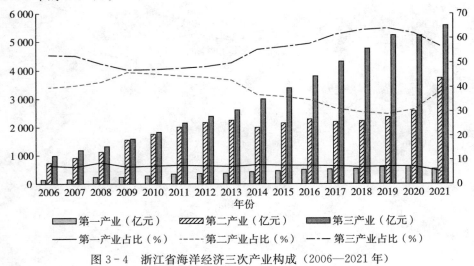

图 3-4 浙江省海洋经济三次产业构成（2006—2021 年）

一是浙江省海洋经济第一产业规模趋于稳定，但产值占比稳步下降。海洋第一产业主要指产品直接依赖自然资源的部分，主要包括海洋渔业。2006—2021年，浙江省海洋第一产业产值呈稳步上升趋势，从137.8亿元增加至523.8亿元，年均增速高达7.2%。

然而，受海洋渔业资源衰退和枯竭的影响，以及党的十八大以来出台的一系列政策，如海洋伏季休渔制度（调整）、海洋渔船"双控"制度、海洋限额捕捞试点、水污染防治等，海洋第一产业产值增速明显放缓。2012—2021年，海洋第一产业产值年均增速仅为4.92%，2021年更是出现负增长，同比降幅高达15.11%（图3-5）。从占比来看，与三次产业结构变化的一般规律类似，海洋第一产业在海洋生产总值中的比重稳步下降，由2006年的7.4%降至2021年的5.3%。

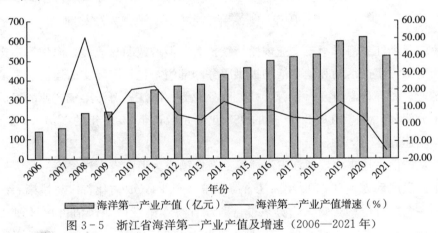

图3-5　浙江省海洋第一产业产值及增速（2006—2021年）

二是浙江省海洋第二产业增速显著，产值占比呈倒"S"形变化。海洋第二产业是指对取自海洋的生物资源进行加工和开发利用海洋非生物资源的部门，包括海洋油气业、海滨砂矿业、海洋盐业、海洋化工业、海洋生物医药业、海洋电力和海水利用、海洋船舶工业、海洋工程建筑业等。

2006—2021年，浙江省海洋第二产业产值呈现显著上升趋势，从736.1亿元增长至3 741.3亿元，年均增速超过18%（图3-6）。其中，2014年第二产业产值出现明显下降，比2013年减少了203.7亿元，降幅达到8.9%。从海洋第二产业占海洋生产总值（GOP）比重来看，2006—2021年，浙江省海洋第二产业产值呈倒"S"形变化。其中，在2009年，第二产业产值占比达到最高点46%，随后逐年下降，至2019年降至最低的28.9%。此后，该比重呈快速抬升态势，至 2021 年达到 38％，仅比海洋第三产业产值占比低 17.3 个百分点。

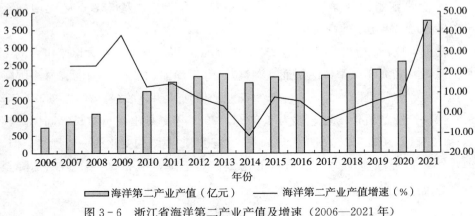

图 3-6　浙江省海洋第二产业产值及增速（2006—2021 年）

三是浙江省海洋第三产业规模持续扩大，但增速明显放缓。海洋第三产业是指对海洋生产活动和消费活动提供服务的部门，包括海洋交通运输业、滨海旅游业、海洋科学研究、教育、社会服务业等。浙江省海洋第三产业的发展态势十分明显，其产值从 2006 年的 982.6 亿元增长至 2021 年的 5 576.1 亿元，年均增速高达 13.9％。

从产值占比来看，浙江省海洋第三产业已成为浙江省海洋经济的最大构成和主要发展动力。自 2002 年浙江省海洋第三产业 GOP 占比首次超过第一产业后，一直居首位。从变化趋势来看，浙江省海洋第三产业产值占比呈现"S"形变化。2006—2009 年，第三产业产值占比由 52.9％降至 47％；随后逐年上升，至 2019 年达到历史最高的 63.9％，随后降至 2021 年的 56.7％。从增速来看，浙江省海洋第三产业产值增速明显放缓。2007 年，第三产业产值增速超过 20％，但至 2020 年增速为负，到 2021 年也仅为 6.77％（图 3-7）。

### 3.2.2.2　浙江省海洋三次产业内部结构及其变化

（1）海洋第一次产业内部结构情况

浙江省是海洋渔业大省，2022 年海洋捕捞与海水养殖产值占全国比重高达 13％，仅次于福建（21％）、山东（20.8％）和广东（14％）。从动态趋势来看，21 世纪头 20 年，浙江省海洋渔业取得了显著发展，海洋渔业总产值从 2003 年的 239.4 亿元提高至 2022 年的 925.6 亿元，年均增速超过 10％（图 3-8）。

从结构上看，浙江省海洋渔业一直以"轻养重捕"为主，且这一现象愈发

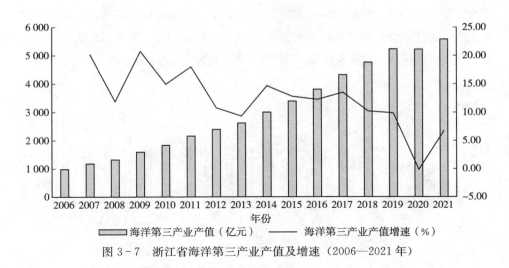

图 3-7 浙江省海洋第三产业产值及增速（2006—2021 年）

凸显。2006 年，海水养殖与海洋捕捞产值比例为 37.5：62.5，到 2022 年，这一比例调整为 29：71。与全国平均水平相比，浙江省海洋捕捞产值占海洋渔业总产值的比重高出全国 6 个百分点。由于捕捞强度超过了渔业资源的再生繁殖能力，全省海洋渔业资源不断减少。因此，"以养代捕"以及"远洋捕捞替代国内捕捞"的策略亟待实行。

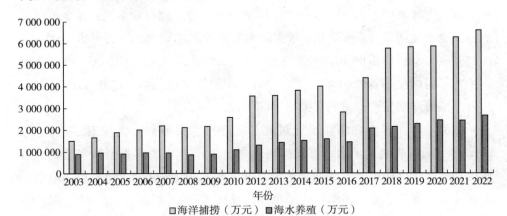

图 3-8 浙江省海洋渔业产值（2003—2022 年）

海水养殖。浙江省拥有较大的海域面积和适中的水深，有利于多种养殖品种的生长。作为全国最重要的海水养殖基地之一，浙江省海水养殖业在全国具有显著影响力。国家统计局的数据显示，2022 年全省海水养殖面积达到 8.34 万公顷，海水养殖产量为 149.6 万吨，分别占全国 11 个沿海省份海水养殖面积的

4.02％和海水养殖产量的 6.57％（图 3-9），位居全国第七位和第六位。从动态趋势来看，浙江省海水养殖规模受宏观政策的影响较为明显。2001—2022 年，海水养殖规模持续压减，海水养殖面积从 11.27 万公顷减至 8.34 万公顷。

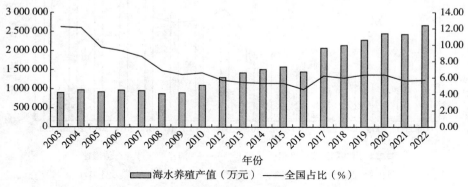

图 3-9 浙江省海水养殖产值及其占比（2003—2022 年）

浙江省海水养殖以贝类为主，2022 年贝类养殖产量高达 115.5 万吨，占海水养殖总产量的 77.2％。从养殖水域来看，浙江省主要集中于海上养殖，养殖产量占总产量的 48.97％。从养殖方式来看，主要采用筏式、池塘和底播三种方式，这三类养殖方式的产量占海水养殖总产量的比重累计高达 93.6％。

国内海洋捕捞。浙江省素有"中国鱼仓"美誉，拥有众多国内著名的优质渔场。全省岛屿港湾众多，200 米水深大陆架面积达到 22.27 万平方千米，约占整个东海渔场面积的 42.3％。在海洋捕捞产值及产量规模方面，浙江省已连续多年稳居全国首位。2022 年，全省海洋捕捞水产品总量达到 257.2 万吨，约占全国海洋捕捞总产量的 27％（图 3-10）。

然而，浙江省面临海洋渔业过度和无序捕捞等问题。为应对这些挑战，2014 年，浙江省启动了渔场修复振兴计划。2017 年，浙江省全面实施幼鱼资源保护战、伏休成果保卫战和禁用渔具剿灭战"三大战役"，同时启动减船减产政策。全省已有近万名渔民主动退出海洋捕捞，正因如此，自 2017 年以来，全省海洋捕捞产量显著下降。

从海洋捕捞产品种类来看，浙江省海洋捕捞产品以鱼类为主。2022 年，全省海洋捕捞鱼类产量为 167.6 万吨，占总产量的 65％。从捕捞使用渔具类型来看，浙江省海洋捕捞主要以拖网为主，刺网及张网等多种形式为辅，捕捞方式相对粗放。2022 年，全省海洋捕捞中拖网渔具捕捞产量为 147.2 万吨，占总产量的 57.2％。从捕捞海域来看，浙江省海洋捕捞主要集中在东海海域。

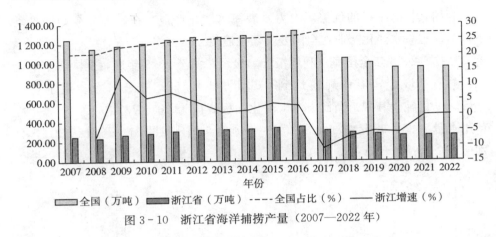

图 3-10　浙江省海洋捕捞产量（2007—2022 年）

2022 年，全省在东海海域实现捕捞产量 243.7 万吨，占总捕捞量的 97.6%。

　　远洋渔业。远洋渔业是践行"一带一路"倡议和"走出去"战略的重要产业。农业农村部统计数据显示，2009—2022 年，浙江省远洋渔业捕捞总产量占全国远洋渔业总产量的比重从 11% 上升至 29.4%；远洋渔业总产值从 11.2 亿元增加至 73.5 亿元，占全国远洋渔业总产值的比重从 12.2% 提高至 30.1%。2022 年，全省远洋捕捞年产量达到 68.6 万吨（图 3-11），产值为 73.5 亿元，自捕鱼回运率达到 96.3%，均位居全国首位。

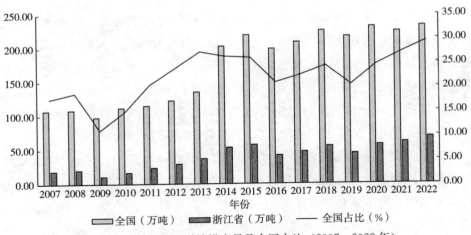

图 3-11　浙江省远洋捕捞产量及全国占比（2007—2022 年）

　　（2）海洋第二次产业内部结构情况

　　海水利用业。浙江省地处东南沿海，降水丰富，但部分县、市缺乏地表河流，导致雨水长期无法有效收集。为了解决部分地区严重缺水的问题，浙江省充分利用其长海岸线的优势，大力发展海水淡化产业。在政策和规划的推动下，浙江省海水淡化产业在全国处于领先地位。

根据《2023 年全国海水利用报告》显示，截至 2023 年底，全国海水淡化工程共有 156 个，工程规模达到 2 522 956 吨/日，年海水冷却用水量为 1 853.79 亿吨。其中，浙江省海水淡化工程规模为 801 473 吨/日，年海水冷却用水量为 355.97 亿吨（图 3-12），分别占全国比重的 31.8%和 19.2%，分别位居全国首位和第二位。

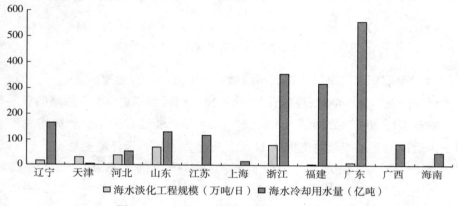

图 3-12　沿海 11 省份海水利用（2023 年）

船舶工业。2011 年，浙江省船舶工业总产值超过千亿元，造船完工量超过千万载重吨，位居全国第三位。然而，随着全球航运业陷入低谷，以及受新冠疫情全球蔓延、世界经济复苏放缓、生产成本迅速上升等因素的影响，浙江省船舶工业虽保持平稳健康发展，但仍面临严峻挑战。2020 年，全省造船完工量、新接订单量和手持订单量分别为 233.9 万载重吨、227.8 万载重吨和 481.3 万载重吨，仅为 2011 年的 20.8%、26.2%和 18.5%。

2021 年的《浙江省海洋经济"十四五"规划》明确提出，"聚力突破船舶与海洋工程关键技术瓶颈，支持发展高端特种船舶制造业"。2022 年，浙江省将高端船舶与海工装备产业作为 15 个特色产业集群之一纳入"415X"先进制造业集群。截至 2023 年，浙江省船舶工业完成主营业务收入 568 亿元，比上年增长 33.4%。其中，规模以上船舶企业共完工 413.8 万载重吨，新承接船舶订单 742.3 万载重吨，手持订单 1 136.3 万载重吨（图 3-13）。三大造船指标占全国比重分别为 9.7%、10.4%和 8.1%。从完工量来看，浙江省排名重返第三位。

从细分行业来看，浙江省船舶制造、船舶修理、船舶配套和海工装备制造继续保持较快较好的发展态势，产值分别比上年增长 6.8％、18.4％、20.1％和 127.1％。其中，浙江省船舶修理产业占全国修船产值的份额为 47％，连续五年居全国第一。

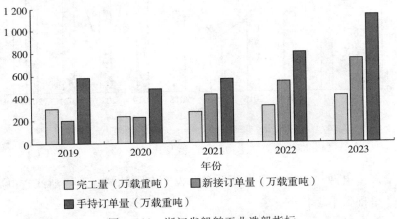

图 3-13　浙江省船舶工业造船指标

海洋生物药业。随着海洋生物研究和深海装备技术的发展，海洋生物医药成为当前最具发展潜力的领域之一。海洋生物医药产业是浙江省重点发展的战略性海洋新兴产业，《浙江省海洋经济发展"十四五"规划》明确提出，"聚焦鱼油提炼、海藻生物萃取、海洋生物基因工程等核心技术，力争在海洋生物医药领域的研发应用取得显著突破"，形成百亿元级海洋生物医药产业集群。

依托浙江丰富的海洋生物资源，浙江海洋生物医药产业取得了较快发展。2013—2022 年，浙江省海洋生物药业产值从 17.46 亿元增加至 43.1 亿元（图 3-14），年均增速超过 9％。从动态发展趋势来看，浙江省海洋生物药业呈现波动式增长态势。例如，2019 年全省海洋生物药业产值同比增长超过 70％，但 2020 年同比下降超过 40％。综合而言，海洋生物医药业尚未形成持续、稳定的发展机制。

从地区分布来看，浙江省海洋生物医药产业主要集中在台州、宁波和嘉兴。以 2022 年为例，台州、宁波和嘉兴三市的海洋生物医药产业产值占全省海洋生物医药产业产值的比重分别为 44.1％、25.7％和 22.7％。

海洋电力。2023 年，浙江省全社会用电量达到 6 192 亿千瓦时，全省发电量为 4 353.1 亿千瓦时，其中，火力发电量和核能发电量占比累计超过九成。

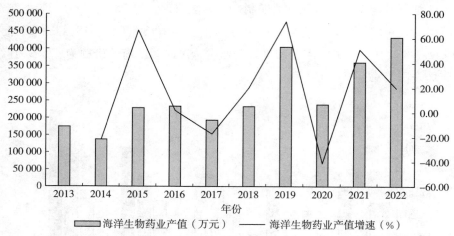

图 3-14　浙江省海洋生物药业产值及其增速（2013—2022 年）

在无新增外来电源、省内机组支持性电源投产有限的情况下，浙江省电力供需形势总体呈现紧平衡状态。

浙江省海域面积辽阔，省内全年季风显著，杭州湾海域、舟山东部海域、宁波象山海域、台州海域和温州海域均具有丰富的海上风能资源，具备建设大型海上风电场的条件。根据国家气候中心的模拟分析，浙江省近海风电技术可开发量约为 43 吉瓦（GW），海上风电开发潜力巨大。

浙江省统计局数据显示，2022 年全省海洋年发电量达到 164.47 亿千瓦时，工业总产值为 70.1 亿元（图 3-15），分别是 2013 年的 24.5 倍和 17.4 倍。浙江省能源局最新数据显示，截至 2024 年 5 月，全省海上风电累计并网容量已达到 473 万千瓦，是"十三五"末期的近十倍。

为进一步推动能源结构绿色转型，浙江省计划到"十四五"期末，海上风电新增装机容量达到 455 万千瓦，其中，宁波、舟山、台州、温州等海域被选为关键区域。为进一步提升海上风电产业的竞争力，浙江省依托风电母港建设，构建了涵盖风电全产业链装备制造、安装运维服务、海工装备设计制造等功能的综合体系。

（3）海洋第三次产业内部结构情况

港口航运。浙江省地处"长江经济带"与大陆沿海东部海岸线的交汇处，紧邻亚太国际主航道要冲。这条主航道承担了国际货物贸易量的 60% 以上和全球 60%～70% 的集装箱运输。截至 2022 年，全省现有宁波-舟山、温州、台州和嘉兴等 4 个沿海港口，码头长度合计 133.6 千米，港口泊位 985 个，其

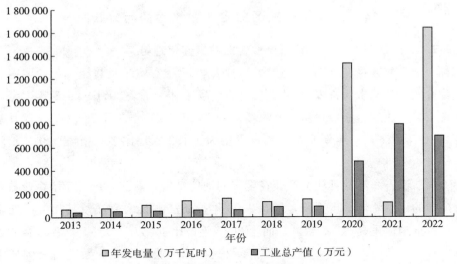

图 3-15 浙江省海洋电力产业年发电量及产值 (2013—2022 年)

中万吨级泊位 236 个。全省基本形成了高速公路、铁路、航空和江海联运、水水中转等全方位立体型的集疏运网络。

2009—2022 年，浙江省沿海港口完成货物吞吐量从 71 462 万吨增加至 154 094 万吨，年均增速超过 7%。宁波-舟山港作为集技术、资本、物流和信息于一体的国际物流中心，2023 年完成货物吞吐量 13.24 亿吨，连续 15 年位居全球第一，完成集装箱吞吐量 3 530 万标准箱，稳居全球第三。目前，航线数量累积达到 287 条，其中，"一带一路"沿线航线 117 条，海铁联运班列 21 条，辐射全国 16 个省份 61 个地级市。

海洋科教。海洋大省迈向海洋强省，创新是核心，人才是基础。近年来，浙江省海洋科研支撑能力不断夯实，海洋研发经费支持力度持续加大。海洋科研机构数量和从业人员数量从 2009 年的 18 个、1 410 人增加至 2021 年的 21 个、2 874 人；全省科学研究与试验发展 (R&D) 经费内部支持从 2011 年的 3.19 亿元增加至 2021 年的 10.78 亿元，年均增速高达 11.75%。R&D 课题数量从 2011 年的 214 项增加至 2021 年的 688 项。浙江省不断完善涉海人才培养体系，截至 2021 年，浙江省本科高校设置了涉海本科专业合计 35 个，高职高专院校设置涉海专业 26 个。浙江省海洋科研成果显著，2009 年专利申请受理数从 31 个增加至 2021 年的 420 个，其中，专利授权数从 2009 年的 17 个增加至 2021 年的 343 个。

### 3.2.3 浙江省海洋及其相关产业企业变化趋势与分布

#### 3.2.3.1 浙江省海洋及其相关产业企业数量变化趋势

一是企业数量变化趋势。过去 20 余年，浙江省海洋及其相关产业取得了显著发展。从从事海洋及其相关产业的市场主体来看，2001—2023 年，海洋及其相关产业的企业数量从 709 家增加到 13 253 家，增长了近 18 倍。尤其是自 2013 年以来，每年新增企业数量平均为 1 193 家，比 2001 年至 2012 年间增长了 4.26 倍。

从浙江省海洋及其相关产业在全国的地位来看，浙江省每年新增企业数量占全国的比重总体呈现下降趋势。2008 年，浙江省新增海洋及其相关产业企业数占全国比重高达 12.47%，而至 2023 年该比重仅为 5.1%。从存续企业数量来看，2001—2023 年，浙江省海洋及其相关产业存续企业数量占全国比重也呈现下降趋势。尤其是自 2011 年以来，这一下降态势更加明显，至 2023 年降至 6.95%（图 3-16）。

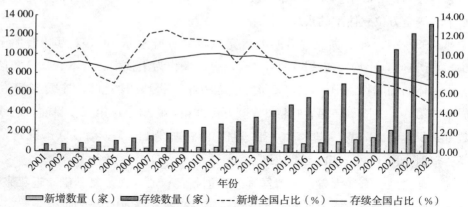

图 3-16　浙江省海洋及相关产业企业数量（2001—2023 年）

二是企业性质。浙江省海洋及其相关产业的市场化程度不断提高，对外开放程度不断增强。从海洋及其相关产业的企业性质来看，民营企业在浙江省海洋及其相关产业中扮演主导作用。全省海洋及其相关产业中，民营企业数量从 2001 年的 497 家增加到 2023 年的 12 460 家，年均增速超过 20%。私营企业的数量占海洋市场主体总数的比重从 71.8% 提高至 97.4%。外商投资企业的影响力不断增强。在海洋及其相关产业中，尽管外商投资企业的比重从 2001 年的 3.18% 下降至 2023 年的 1.49%，但从绝对数量来看，外商投资企业数量从

22 家增长到 190 家, 年均增速达到 11%。香港、澳门及台湾的投资企业增长稳定。2001—2023 年, 香港、澳门及台湾的投资企业数量从 18 家增加至 80 家, 年均增速超过 10%。国有企业和集体企业数量持续减少。2001—2023 年, 国有企业和集体企业数量分别从 45 家和 114 家减少至 40 家和 19 家, 降幅分别为 11.11% 和 83.33%。

三是企业规模。浙江省海洋及其相关产业的企业规模总体偏小。从企业注册资本来看, 注册资本在 500 万~2 000 万元的中型企业为主体, 合计 6 425 家, 占总数的五成。注册资本在 200 万元以下的小微企业共 3 394 家, 占比同样超过 25%。相反, 注册资本在 2 000 万~5 000 万元以及超过 5 000 万元的中大型和大型企业分别为 1 078 家和 703 家 (图 3-17), 合计占比仅为 14%。浙江省海洋及其相关产业企业规模偏小的主要原因是私营企业占据主导地位。最新的数据显示, 全省海洋及其相关产业中私营企业的比例超过 97%。

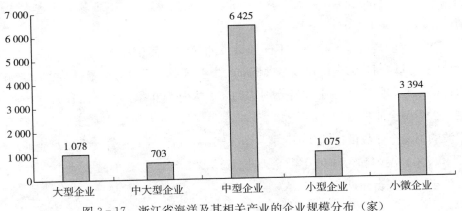

图 3-17　浙江省海洋及其相关产业的企业规模分布（家）

四是行业分布。参考国家统计局的《国民经济行业分类》, 浙江省海洋及其相关产业的企业除卫生和社会工作、公共管理、社会保障和社会组织外, 在其余 17 个行业均有分布。具体而言, 交通运输、仓储和邮政业的企业占据主导地位, 2023 年, 该行业企业数达到 4 823 家, 占比超过 36%；信息传输、软件和信息技术服务业增速最快, 2001—2023 年, 该行业的企业数量从 2 家增加至 1 094 家, 年均增速超过 30%；科学研究和技术服务业企业的体量大且增速迅猛, 在 21 世纪的头 20 年间, 该行业的企业数量增至 4 013 家, 占比超过三成, 且年均增速超过 20%；涉海制造业发展相对平稳, 制造业企业数量从 2001 年的 142 家增加至 2023 年的 1 006 家, 年均增速为 10.8%, 2023 年占比为 7.59％；近期受环境规制政策影响，农林牧副渔业的企业数量在 2023 年降至 766 家，占比从 2001 年的 24.1％缩减至 2023 年的 5.8％；教育，文化、体育和娱乐业，金融业，住宿和餐饮业，水利、环境和公共设施管理业等发展明显不足，截至 2023 年，这五大行业的企业数量仅为 232 家，占比不足 2％。

### 3.2.3.2 浙江省海洋及其相关产业企业的地区分布

一是企业数量地区分布。宁波、舟山、温州、台州等沿海城市是海洋及其相关产业的重要集聚地。从企业数量来看，2023 年，宁波海洋及其相关产业的企业数量为 3 521 家，占浙江省海洋产业企业总数的 30.4％；舟山、温州和台州的企业数量分别为 1 721 家、1 347 家和 988 家，占比分别为 13.6％、10.6％和 7.8％。

相较宁波、舟山、台州和温州等沿海大市，杭州尽管海洋资源相对贫乏，但作为省会城市，经济发展水平较高，对海洋及其相关企业同样具有较高的吸引力。2023 年，杭州海洋及其相关产业的企业数量达到 2 375 家，全省占比超过 18％，仅次于宁波。

二是企业规模地区分布。不同地级市的海洋及其相关产业企业规模存在较大差距。具体而言，舟山在吸引大型和大中型企业方面具有明显优势。2023 年，舟山的大型和大中型企业数量分别达到 254 家和 200 家，占浙江省海洋产业大型、大中型企业总数的 23.6％和 28.4％；中型企业主要集聚在宁波。2023 年，宁波的中型企业数量达到 2 613 家（图 3-18），占浙江省海洋产业中型企业总数的 40.7％。温州和台州的小微企业居多。2023 年，全省小微企业中，近三成聚集于温州和台州两市。

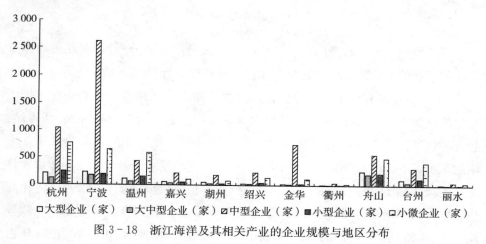

图 3-18 浙江海洋及其相关产业的企业规模与地区分布

三是企业性质与行业地区分布。在浙江省 11 个地级市中，海洋及其相关产业的企业均以私营企业为主。不同地级市的海洋及其相关产业企业所处的行业存在明显差异。具体而言，杭州以科学研究和技术服务业、信息传输、软件和信息技术服务业为主，两个行业合计企业数为 1 731 家，占比超过七成；宁波以交通运输、仓储和邮政业为主，2023 年该行业企业数为 2 391 家，占比近六成；温州在农林牧副渔业中表现最为出色，企业数量达 333 家，占比超过四成；舟山在海洋制造业、建筑业和批发零售业中表现突出，三个行业企业数合计 565 家，占比超过三成；台州的水利、环境和公共设施管理业企业占优势，2023 年该行业企业数为 49 家，占比超过三成。

## 3.3  浙江发展海洋经济存在的问题

### 3.3.1  海洋产业结构有待调整

近年来，浙江省海洋三次产业结构迅速调整。至 2021 年，全省海洋经济三次产业结构为 5.3∶38∶56.7，已经十分接近发达国家海洋经济的发展水平。然而，从内部结构来看，浙江省海洋产业三次产业内部结构仍然不合理，并制约了海洋经济的高质量发展。

具体而言，海水养殖业发展相对滞后。2022 年，全国海洋捕捞与海水养殖产值合计 7 127.75 亿元，捕捞和养殖产值比例为 34.9∶65.1。然而，同年浙江省海洋捕捞产量占海洋渔业的比重为 71.3%，海水养殖仅为 28.7%。伴随着海洋伏季休渔制度调整、海洋渔船"双控"制度、海洋限额捕捞试点、水污染防治等一系列政策的出台，海洋一产产值提升潜力有限。在海洋石油和天然气勘探、开采方面，浙江近海和外海的东海盆地拥有巨大的油气资源。然而，浙江在油气开采方面一直处于空白状态，这也限制了关联产业的发展。现代航运服务业发展偏缓。全省共有沿海货运船舶 2 644 艘、2 655 万载重吨，运力规模稳居全国第一，但散货船占比达 85%，集装箱船队仅占 3%，滚装运输等特种船舶很少。沿海国际运输自有船队主要由 1 100TEU 以下的支线船组成，一般只适合于近洋运输。在远洋运输方面，国际集装箱班轮企业主要经营日韩、东南亚等近洋航线，干散货企业主要经营澳大利亚、巴西、东南亚等航线。远洋货运相对较弱，货运量、货运周转量不及上海的 1/6 和 1/14。航运企业集中度不高，企业"小""散"特征显著，企业发展模式、服务质量、市场决策和管理上同世界一流水平企业存在一定差距。现代航运服务业中，代理服务、船舶供应、修理服务等位居全球前列，但金融保险、海事法律等仍有较大提升空间。

### 3.3.2　海洋生态环境保护形势仍然严峻

海洋生态文明建设和海洋生态环境保护体现了我国在全球环境治理中的重要责任担当。历年《中国海洋生态环境状况公报》数据显示，我国近岸海域水质持续改善。2023年夏季，符合第一类海水水质标准的海域面积占管辖海域面积的接近98％，近岸海域优良水质面积比例达到85％。

浙江省海岸线曲折漫长，港湾岛屿众多，流系复杂，有长江、钱塘江等河流注入，且浙江省经济发达、人口密度大，相较全国其他沿海省市，近岸海域水质亟待改善。根据2023年春季、夏季和秋季三期监测的综合评价结果统计，优良水质（一、二类）面积平均比例仅为56.3％，其中，嘉兴近岸海域水质维持全域劣四类。2023年，全省近岸海域呈富营养化状态的面积占近岸海域面积的38.1％，其中，杭州湾、椒江口等河口港湾海域富营养化程度相对较重。海洋生态环境已然成为制约全省海洋经济高质量发展的不可忽视的因素。

### 3.3.3　滨海旅游业发展存在不足

近年来，浙江省滨海旅游业已经形成了一定的规模和水平，但与国际重要滨海旅游目的地及滨海旅游强省相比，仍存在较大差距。在接待入境旅游方面，2019年，浙江省接待入境过夜游客467.11万人次，落后于上海（734.69万人次）、广西（623.96万人次）和福建（566.03万人次），与广东的3731.39万人次相比，差距更为显著。2020年以来，受新冠疫情影响，浙江省入境旅游人次呈断崖式下跌。截至2022年，全省入境旅游人数仅为22.06万人次，旅游创汇收入1.2亿美元。

在市场经营主体方面，浙江省滨海旅游企业经营规模偏小，综合竞争力不强，缺乏在国内具有较大影响力的旅行社、酒店和旅游企业集团。从现有产品结构来看，浙江省滨海旅游以传统观光游为主，资源依赖性明显，滨海旅游产品的技术创新与价值创造能力有待提升，缺乏对资源内涵的深层次挖掘，旅游产品较为单一，缺少具有足够吸引力和带动性强的旅游龙头产品和精品工程。从旅游资源整合力度来看，已开发景点尚未串联成线或面，景区、景点建设缺乏相互协调，资源开发的整体性不强。旅游线路设计、项目开发等仍停留在陆域和岸上开发阶段，海上观光线路和游船旅游项目开发较少，以海洋和海岛为中心的旅游开发尚未形成规模。从产业要素关联度来看，"吃、住、游、购、娱"等要素布局分散，娱乐、休闲、购物等参与性项目缺乏，难以吸引游客长时间停留。2017 年，浙江省接待入境过夜游客平均停留时间为 2.64 天，仅高于广东和广西。从统筹协调力度来看，滨海旅游中的各种资源分属不同主体，产权关系复杂，很难由旅游部门单独进行整体规划和管理调控。从要素与政策保障来看，滨海旅游开发要素制约明显，土地利用、沿海防护林开发、海岸线保护、无人岛开发利用等政策限制缺乏有效突破，部门归口管理不够明确，导致一些市场前景较好的旅游项目难以壮大发展。

### 3.3.4　海洋经济的科技支撑力有待提高

横向对比来看，浙江省海洋科技和人才现状与全面建成面向全国、引领未来的海洋科技创新策源地的目标仍然存在差距。一是海洋科研力量支撑不足。2021 年，全省海洋科研机构数量和人员数分别为 21 家和 2 874 人，虽位居全国沿海省份第三位，但二者仅为山东的 65.6％和 44％，广东的 55.3％和 34.8％；海洋科研机构的 R&D 人员、R&D 经费内部支出和 R&D 课题数分别为 1 840 人、10.78 亿元和 688 项，分别位居全国沿海省份第七位、第六位和第五位。

二是海洋科技成果数量有限。从专利授权数来看，2021 年全省海洋科研机构专利授权量为 343 件，位列全国第五位，这与浙江海洋经济在全国的地位明显不符。由于缺乏有效的科技实力支撑，浙江丰富的海洋资源和独特的区位优势长期以来难以得到有效发挥，导致浙江海洋经济实力偏弱、产业层次偏低。

三是海洋人才培养力度有待提高。浙江省专门的海洋学院及高等院校内设置的与海洋相关的专业仍然不足，2021 年全省海洋专业高等院校和专任教师数分别为 18 家和 16 543 人，仅多于天津市、福建省和海南省。

### 3.3.5　海洋法制、法规建设有待加强

海洋法制、法规建设的滞后性使浙江海洋经济的未来发展呈现出一些隐忧。总体上看，我国海洋立法相对滞后，尚无法满足新时代海洋安全观的现实发展要求。浙江省作为名副其实的海洋大省，区位优势明显、海洋资源禀赋充足，但与之相伴的是相应的监督和管理难度。

一方面，浙江省海洋工作存在严管严控围（填）海政策法规规划落实不到

位、海域使用审批不规范、监管不到位等问题。早在 2018 年 7 月，国务院发布通知，明确严控新增围（填）海造地，除国家重大战略项目外，全面停止新增围（填）海项目审批，地方围（填）海已成一道不可逾越的红线。然而，省内部分地区通过化整为零、分散审批的方式避免国务院审批，通过建设围堤、促淤堤等方式人为加速堤内海域淤积，在未经批准利用的无居民海岛和海域开展生产建设活动，围（填）海空置不用等问题依然存在。

另一方面，海洋生态环境法律法规、政策标准仍不健全，难以完全适应新时期海洋生态环境保护的客观需要。现有海洋法规缺乏宏观上的协调和规划，也缺乏对海洋资源的综合性保护与污染防治。陆海统筹机制尚未完善，跨行政区域的海域和流域综合协同治理机制不成熟。监测信息化水平和共享程度不高，风险防范和应急响应能力薄弱，预警预测能力建设滞后。监管能力不足，全省统一的执法队伍体系尚未形成。现行法律规定的处罚，不足以弥补海洋生态环境的损失和修复需要的成本，"守法成本高、违法成本低"的现象亟待破局。

# 4 浙江省海洋产业的创新生态

浙江省作为中国东部沿海的重要省份之一，东临东海，拥有丰富的海洋资源和得天独厚的地理位置，其海洋产业不仅在区域经济发展中扮演着重要角色，在全球经济一体化的大背景下，更是展现出巨大的发展潜力和创新活力。随着国家"海洋强国"战略的实施和浙江省"海洋经济强省"建设的推进，浙江省海洋产业的发展进入了一个新的阶段。在海洋渔业、海洋交通运输业、海洋旅游业、海洋工程建筑业等传统海洋产业不断壮大的同时，海洋生物医药、海洋新能源、海洋高端装备制造等新兴产业也呈现出良好的发展势头。

海洋产业的创新生态是一个动态的、多维度的系统，涉及海洋资源的开发利用、政策支持、技术创新、人才培养等多个方面。浙江省坚持创新是海洋产业发展的核心力量，通过完善政府—企业—研究机构—投资者的完整创新机制链条，强调了多元主体协同发展是实现可持续发展的关键，以期打造具备高竞争力、高活力的海洋产业创新生态，并实现浙江海洋产业的提质提档。

## 4.1 海洋产业创新生态网络及现状

如图 4-1 所示，在海洋产业的创新生态系统中，政府、企业、研究机构和投资者构成了一个紧密相连的网络。政府作为政策的制定者和执行者，通过提供资金支持、税收优惠等措施，为企业、研究机构等主体的创新活动创造条件。企业作为市场最广泛、最具创新能力的主体之一，充分利用政策优势，加大研发投入，推动技术创新和产品升级，以适应市场需求和提高竞争力。研究机构专注于海洋科学的基础和应用研究，为企业乃至整个社会提供科技支撑和解决方案，同时也为政府提供决策咨询。投资者则为这个生态系统注入资金，帮助企业扩大规模、增加研发投入，也为研究机构的科研项目提供资金支持，促进科技成果的转化和应用。通过以上四类主体的相互作用、协同发展，浙江海洋产业得以在创新的道路上不断前行，实现可持续、高质量发展。

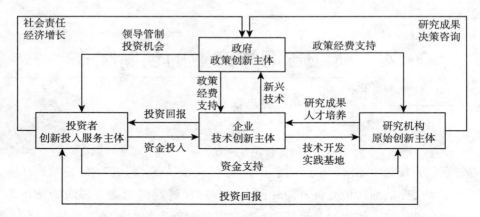

图 4-1　海洋产业各类主体创新生态网络图

## 4.1.1　政府支持政策情况

浙江省政府在海洋产业的科技创新方面发挥了至关重要的作用。具体来看，其通过政策引导、科技创新、科技成果转化和资金扶持等措施，为海洋经济创新发展营造了良好的外部环境和条件。

政策引导方面，浙江省政府制定并实施了一系列政策文件。如《浙江省海洋经济发展"十四五"规划》，明确提出到 2025 年深入推进海洋强省建设的目标，以及到 2035 年基本建成海洋强省的远景目标，并在海洋经济、海洋创新、海洋港口、海洋开放、海洋生态文明等领域建设成效显著。再如《浙江省科技兴海引领行动方案》，部署了六大工程 22 项行动，以构建特色鲜明、实力突出的海洋科技创新体系。并力争于 2025 年全省海洋研发投入（R&D）占 GDP 的比重达到 3.3％[1]，计划将海洋科技创新能力提升至国内领先行列。浙江省政府的政策引导还包括了对海洋经济重大项目的支持，如舟山绿色石化基地和生态海岸带示范段等，体现了对海洋产业发展的高度重视和前瞻性规划。

科技创新方面，浙江省政府重视科技基础能力建设，近年来成功争创海洋领域全国重点实验室 1 家、国家重点实验室 1 家，并部署省实验室 3 家、省技术创新中心 2 家、省级重点实验室 32 家[2]。以舟山市政府主办，并联合浙江大学、自然资源部第二海洋研究所共同建设的东海实验室为例，2023 年，浙江省安排专项资金 3 亿元，支持东海实验室等高能级创新平台建设。东海实验室聚焦海洋环境感知、海洋动力系统、海洋绿色资源三大领域，旨在开展前沿科学理论与应用基础研究、关键核心技术攻关和科技成果转化应用，建设高能级海洋科技创新平台。同时，省政府将进一步提升海洋科技的创新能力，支持省内优势科研主体承接国家任务，推动在海洋环境感知、海洋动力学、深海材料、海洋声学等领域形成独特优势，加强与国内外知名涉海科研院所的交流合作。

科技成果转化方面，浙江省积极探索科技成果转化的新机制，如实施"先用后转"机制，推动高校院所面向中小企业实施科技成果的高效转化。数据显示，浙江省科技成果转化总指数从 2020 年的基期 100 增长至 2022 年的 136.08，年均增速保持在 16.65%。这一增长得益于技术合同交易额、技术合同项目数等多方面的优异表现，尤其是成果交易分指数增长高达 36.22%[3]，反映出科技成果转化综合水平的持续提高和转化效果的显著增长。

资金扶持方面，浙江省政府设立了专项基金，并印发《浙江省产业基金管理办法》，明确省产业基金的运作模式和要求，以更好地发挥省产业基金的引导作用，提高投资运作效率。省政府还注重提升科技型企业的间接融资服务质效，支持金融机构加大对海洋医药企业的信贷支持力度，引导金融机构创新科技金融产品和服务模式，以深入实施"融资畅通工程"。此外，《浙江省海洋（湾区）经济发展资金管理办法》明确了用于支持全省海洋（湾区）经济发展的转移支付资金的分配原则，包括海洋经济因素、大湾区因素和绩效评价因素，资金分配也将综合考虑沿海市、县（市、区）的海洋生产总值、海岛面积、人均可用财力等，并将绩效目标完成情况和相关重点工作督查激励结果作为依据。

## 4.1.2　企业发展情况

浙江省海洋企业是推动海洋产业创新生态发展的关键力量，其在技术研发、产业链整合和市场拓展等方面发挥着重要作用。图 4-2 展示了浙江省海洋及其相关产业企业存量逐年增长的趋势，可知 2021 年企业存量首次实现万家的突破，并于 2023 年达到近年高点 13 253 家。企业存续数量的增加为海洋技术创新提供了更多的可能性。近年来，浙江省海洋企业积极响应国家和地方政府号召，通过技术创新和产业升级，不断增强自身的核心竞争力。

专利是衡量企业创新能力的重要指标之一。在专利申请与授权数量上，浙江省海洋企业呈现出持续增长的趋势。由图 4-3 可知，2012—2021 年，浙江省海洋企业专利申请受理总数由 855 件增至 4 430 件，年均增长幅度达

图 4-2 2014—2023 年浙江省企业存量变化图
（数据来源：企研·社科大数据平台）

20.06%；专利授权总数则由 575 件增至 3 422 件，年均增长幅度 21.92%。而在全国的占比上，浙江省总体保持稳定，专利申请数在经历 2012—2016 年的波动后，于 2020 年、2021 年突破 9%，达到了 9.75%、9.44%；专利授权数占比自 2014 年以来，均在 8.86%±0.43% 区间内。整体而言，浙江省企业在专利及授权上取得了一定的增长和成绩。

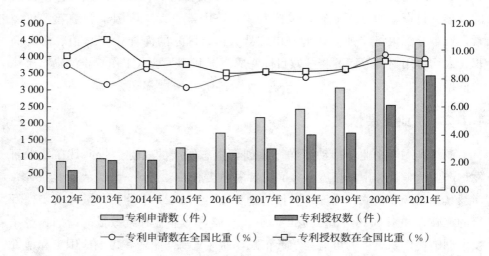

图 4-3 2012—2021 年浙江专利申请、授权数及其在全国的占比
（数据来源：企研·社科大数据平台）

在科技应用创新上，浙江省海洋企业不论是在传统的海洋捕捞、海水养殖上，还是在海洋新能源、海洋工程装备等高新技术方向上，均积极向新而行。

2024 年 6 月投运的象山县渔山列岛深远海半潜式智能化养殖平台，系完全由民营企业浙江深蓝海洋科技有限公司投资、宁波环海重工有限公司建造，是我国第一套民营企业深远海半潜式智能化养殖平台；由宁波欧亚远洋渔业有限公司投资，宁波博大船业有限公司建造的"甬利"号南极磷虾捕捞加工船，同样为我国首艘自主研发设计的南极磷虾捕捞加工船，其采用的连续泵吸捕捞系统及现代化、智能化生产流水线技术，可以实现不间断捕捞作业，极大提高捕捞效率。

同时，面对全球经济一体化和市场需求的变化，海洋企业积极参与国际技术合作，引进国外先进技术，提高自主创新能力，不断进行产业升级和转型。以线缆生产为例，浙江蓝梭海洋科技有限公司通过投入超 2 000 万元引进特种设备，极大提升了线缆设备生产的自动化水平，其生产的突破万米级"卡脖子"产品在马里亚纳海沟载人深潜直播项目中达到 10 909 米工程应用深度，年均大深度下潜 25 次以上；万米级千兆传输网线组件实现国内首次 127 兆帕的压力在线稳定传输测试。

此外，浙江省海洋企业对外充分利用宁波-舟山港等港口优势，积极拓展国内外市场。通过参与国际展会、建立海外营销网络等方式，将产品销往全球；并加大与国际知名企业建立合作关系，共同开发新产品，提升品牌的国际知名度。对内，浙江省海洋企业高度重视与高校和研究机构的合作，以项目为纽带，积极开展具有重大产业前景示范项目的推广应用，探索新领域市场应用和项目开发，实现了海洋经济各类主体资源共享、产业互促、优势互补、协同发展。

### 4.1.3　研究机构情况

研究机构是海洋产业创新生态网络中的核心节点，其通过开展基础科学研究和应用研究，既可以为海洋产业创新提供新的理论方法与技术，也能推动产业开发出新的技术与工艺，为海洋产业的创新发展提供强有力的科技支撑。通过与其他企业、政府部门和非政府组织合作，可形成跨领域的协同创新网络，解决复杂的海洋产业问题。

由图 4-4 可知，2021 年中国海洋研究与开发机构 R&D 课题总数高达 21 267 个，其中两个行业实现课题数破万，四个行业课题数破千，分别是海洋基础科学研究、海洋自然科学和海洋生物医药、海洋工程技术研究、其他海洋工程技术、海洋农业科学及海洋化学工程技术、海洋生物工程技术和海洋能源开发技术。由此可知，目前中国研究机构主要围绕基础科学、生物医药、工程技术及能源开发四个方向展开研究，海洋基础科学研究、海洋自然科学和海洋生物医药两个行业课题数破万个，远超其他行业，表明其更是当前研究的重中之重。浙江省的研究机构同样聚焦海洋领域的前沿技术和关键核心技术，开展科研攻关。2022 年，浙江省海洋研究与开发机构共发表科技论文 559 篇，出版科技著作 6 种。研究机构通过跨学科、跨领域的合作，取得了一系列技术突破，为海洋产业的创新发展提供了技术保障，在海洋生物技术、海洋新材料、海洋能源利用等方面皆取得了显著成果。

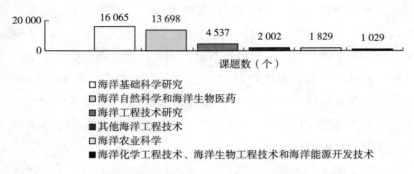

图 4 - 4　2021 年中国海洋研究与开发机构 R&D 课题数前六行业
（数据来源：企研·社科大数据平台）

　　研究机构重视人才培养与学术交流，不断加强与高校的合作，共同培养海洋科技领域的高层次人才。二者通过设立奖学金、开展联合培养项目等方式，吸引优秀学生投身海洋科学研究。从图 4 - 5 可知，2019—2021 年，浙江省海洋研究与开发机构数、从业人员数、从事科技活动人员数均保持较为稳定的增长趋势。其中，机构数由 16 个增至 21 个，从业人员与从事科技活动人员也分别增至 2 874 人与 2 588 人，创历史新高。研究机构还积极参与国际学术交流，与国外研究机构建立合作关系，提升科研水平。

　　此外，研究机构高度重视科研成果的转化应用，通过建立技术转移办公室、孵化器等平台，推动科研成果的商业化和产业化。同时，机构不断加强与企业之间的紧密合作关系，将科研成果转化为实际生产力，提升企业的创新能力。

## 4.1.4　投资者情况

　　政府的积极引导和政策支持为投资者提供了广阔的投资机会和良好的投资环境。《浙江省海洋经济发展"十四五"规划》等政策文件的出台，更是明确了海洋产业的发展方向，包括海洋经济、海洋创新、海洋港口、海洋开放和海洋生态文明建设等，为投资者指明了投资的重点领域。

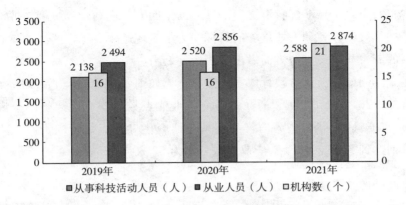

图 4-5  2019—2021 年浙江省机构数、从业人员、从事科技活动人员数变化图
（数据来源：企研·社科大数据平台）

投资者在投资活动中，首先关注的是产业的增长潜力和政策导向。2023 年，浙江省海洋生产总值达 11 260 亿元，居全国第一方阵；出口总值跃居全国第二，均显示了浙江省海洋产业强劲的发展势头。政府对于海洋科技创新的重视，致力于打造世界级临港产业集群，如绿色石化、临港先进装备制造业、现代港航物流服务业等，加大对海洋科技领域关键核心技术攻关的投入，推动科技成果的转化应用，都在不断为投资者带来投资信心。

同样，投资者对产业的发展的信心越大，投资意愿与投资力度相应也会变大，并形成良性的双向互动，对浙江海洋产业的发展起到极大的推进作用。通过资本运作，投资者对产业链完善和产业集群形成的关注，可间接推动产业内的资源整合和协同创新，推动产业向高端化、智能化发展。成立于 2015 年，总部位于宁波的宁波海上鲜信息技术股份有限公司就受到知名投资者雷军的投资加持，其在 2024 年 6 月向香港证券交易所主板提交了上市申请，有望成为"中国内地数字渔业第一股"。

此外，投资者在追求经济效益的同时，同样注重整个行业或企业的社会责任和可持续发展，投资者通过投资海洋环保项目、海洋资源的可持续利用等方式，实现经济利益与社会责任的双重收获。

## 4.2  海洋产业创新动力

### 4.2.1  教育体系的日渐完善

浙江省海洋产业的蓬勃发展对专业人才的培养提出了更高要求。2021 年，浙江省政府出台了《浙江省海洋经济发展"十四五"规划》等政策文件，明确提出了加强海洋教育和人才培养的目标。为了实现这一目标，浙江省政府在教育体系的完善与政策支持方面做出了积极的努力。

在海洋领域，浙江省教育体系日渐完善。如图4-6所示，除2019年有较小波折外，2017—2021年，浙江省各海洋专业点数与毕业人数整体呈现上升的趋势。2021年，浙江省各海洋专业博士研究生专业点数与硕士研究生专业点数分别达到7个与34个，毕业人数分别为37人与375人。

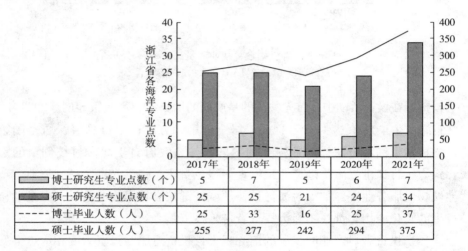

| 浙江省各海洋专业点数 | 2017年 | 2018年 | 2019年 | 2020年 | 2021年 |
| --- | --- | --- | --- | --- | --- |
| 博士研究生专业点数（个） | 5 | 7 | 5 | 6 | 7 |
| 硕士研究生专业点数（个） | 25 | 25 | 21 | 24 | 34 |
| 博士毕业人数（人） | 25 | 33 | 16 | 25 | 37 |
| 硕士毕业人数（人） | 255 | 277 | 242 | 294 | 375 |

图4-6　2017—2021年浙江省海洋专业硕士、博士毕业人数及专业点数变化图
（数据来源：企研·社科大数据平台）

由图4-7可知，2020年，浙江省普通高等教育各海洋专业本科学生与专科学生专业点数分别为28个与33个，毕业人数分别为1 023人与2 919人。且本科学生专业点数与毕业人数均实现了新的突破，专业点数达到35个，毕业人数达到1 393人。高校开设海洋科学、海洋工程、海洋生物技术等相关专业，构建了从专科、本科到博士的完整教育链条。这些专业课程不仅注重理论知识的传授，更强调实践能力和创新思维的培养，以适应海洋产业的发展需求。

浙江省政府对海洋教育的投入不断增加，为海洋教育提供了坚实的物质基础。2022年，浙江省地方教育经费总投入为3 444.01亿元，占全国教育经费总投入的5.62%，较上年的3 165.18亿元增长8.81%，增幅高于全国2.84个百分点[4]。全力支持浙江省唯一以海洋命名的浙江海洋大学，"十三五"期间，针对海洋科学"水产"等省一流学科（A类），以及"食品科学与工程"

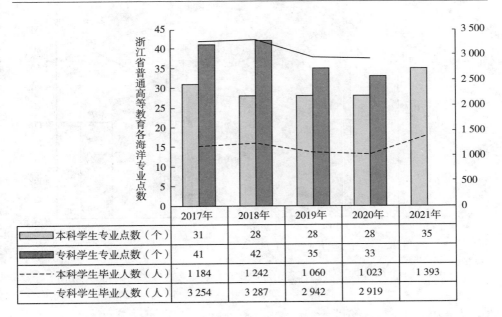

图 4-7 2017—2021 年浙江省海洋专业本科、专科毕业人数及专业点数变化图
（数据来源：企研·社科大数据平台）

"船舶与海洋工程"等 6 个省一流学科（B 类），省财政每年补助经费达到
1 200 余万元。

继续教育和职业培训也是浙江省政府关注的重点。为了满足在职人员提升
职业技能的需求，政府支持开展海洋产业相关的继续教育和职业培训项目，这
些项目紧密结合海洋产业的最新发展，帮助在职人员更新知识、提升技能。由
图 4-8 可知，近年来浙江省中等职业教育各海洋专业在校学生数持续增加，
尽管毕业人数存在减少趋势，但也有恢复的迹象，2022 年浙江省中等职业教
育各海洋专业在校学生数与毕业生数分别为 1 760 人、307 人，较 2021 年都有
了显著提高。

## 4.2.2　产学研合作的逐步深化

产学研合作是支撑浙江省海洋产业持续创新的核心策略，政府高度重视并
鼓励高校与企业建立紧密的产学研合作关系。早在 2018 年，浙江省人民政府
就印发了《关于深化产教融合的实施意见》，提出到 2025 年，产教融合发展长
效机制基本建立，并培育 10 个以上在全国具有广泛知名度和影响力的产教融
合联盟，建成 100 个以上装备水平国内一流、产教深度融合的实验实习实训基

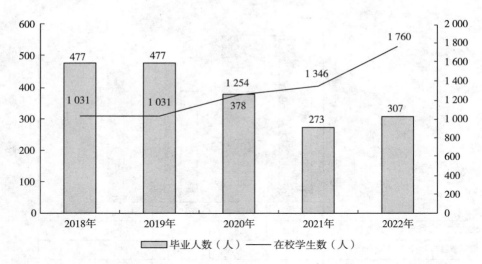

图 4-8　2018—2022 年浙江省中等职业教育毕业人数与在校学生数变化图
（数据来源：企研·社科大数据平台）

地，培育 300 家以上产教融合型企业，实施 500 个以上产学合作协同育人项目。到 2035 年，总体实现产教统筹融合，校企协同育人机制全面推行，需求导向人才培养模式健全完善，支撑高质量发展的现代人力资源体系全面建立，职业教育、高等教育对创新发展和产业升级的贡献显著增强。

一是推动高校与海洋产业企业的合作，通过建立联合实验室、研究中心和实习基地，为学生提供实践平台，让学生在实际工作环境中学习和成长。这种模式不仅使学生能够及时了解行业动态和技术需求，还能帮助他们培养解决实际问题的能力。

二是鼓励企业参与高校的课程设置和教学活动，使教育内容更加符合市场需求。企业专家的参与在为学生带来了丰富的行业经验和前沿技术知识的同时，也为企业自身培养了潜在的优秀人才。

三是在科研项目的共同开发上。高校和研究机构与企业共同承担国家和地方的科研项目，这些项目往往与海洋产业的实际需求紧密相关，使得研究成果能够快速转化为实际生产力，推动产业技术进步和产品创新。

四是构建海洋知识产权新格局。如近年来舟山市以海洋产业为抓手，承接省级数据知识产权制度改革试点，通过深挖海洋大数据资源，积极创新海洋数据开发利用方法，全面推进海洋大数据知识产权制度改革省级试点工作，加速赋能海洋数据要素流通。

通过以上举措，教育、研究和产业界能够实现资源共享、优势互补，共同推动海洋产业的创新发展。同时，产学研合作的深化还促进了浙江省海洋产业的集聚发展，助力形成了一批以海洋产业为特色的高新技术产业园区，这些园区成为人才、技术、资本等创新要素的集聚地，有效地促进了海洋产业人才培养和技术创新，不仅为海洋产业的创新发展提供了良好的生态环境，还为海洋产业的可持续发展提供了强有力的支持。

### 4.2.3 人才队伍建设的持续推进

总体来看，浙江省人才引进政策涵盖了从海外高层次人才到本土优秀人才的全方位引进。政府通过提供有吸引力的薪酬待遇、科研经费、住房条件等激励措施，吸引国内外优秀人才来浙工作和创业。并通过设立人才发展基金、提供职业培训和继续教育机会，鼓励人才不断提升自身专业技能和创新能力。2021 年，浙江全省技能人才总量 1 097.4 万人，新增高技能人才 32.6 万人，高技能人才总量达 354.4 万人，占技能人才总量的 32.3%，较上年提高 0.6 个百分点[5]。

浙江省海洋产业的蓬勃发展以及海洋经济创新的持续推进对海洋人才队伍建设提出了更高要求。为了吸引和培养高层次的海洋专业人才，浙江省实施了一系列具有竞争力的人才引进政策，旨在构建一支结构合理、素质优良的海洋人才队伍。

首先是海洋领域人力资源服务平台的打造。2023 年 12 月，浙江舟山海洋经济人力资源服务产业园正式启用，立足于船舶海工、海事服务、海洋旅游等产业优势，舟山将全力打造全省首个海洋领域人力资源服务平台。其次，依托浙江大学等高校和科研机构，浙江重点打造海洋科技原始创新策源地，加快集聚涉海高水平大学、高能级科创平台和高层次人才，促进海洋人才的分类培养和使用。最后是在海洋人才引进和队伍建设过程中，浙江省政府充分发挥引导和服务作用。实施如"东海人才"工程等系列措施，全面加强海洋经济领域"三支队伍"建设，即海洋科技人才、海洋管理人才和海洋技能人才，以赋能新质生产力发展，推动海洋经济的转型升级。并通过建立人才服务中心、提供一站式服务等措施，为海洋人才解决了工作和生活中的问题，创造了良好的人才发展环境。

此外，省政府通过举办各种人才交流会、论坛、峰会和展览等活动，为海洋人才提供了交流思想、分享经验、建立合作的机会。2023 年中国浙江海洋经济人才峰会，通过赛会联办的模式，举办了包括第七届·中国舟山全球海洋经济创业创新大赛总决赛、第五届·中国（浙江）自贸试验区海洋经济国际青年学者论坛、2023年中国海外学子报国行（舟山站）在内的20余场人才主题活动，成功为舟山海洋人才招引搭建了一个高质量桥梁。

### 4.2.4　海洋文化和生态文明教育的不断强化

海洋文化教育与生态文明建设是浙江省推进构建海洋创新生态的重要组成部分。其不仅为海洋人才培养提供了丰富的文化土壤和实践平台，也为海洋产业持续创新奠定了坚实的社会基础。

浙江省在海洋文化教育方面采取了多元化措施。一是通过将海洋文化融入学校教育，开设相关课程，举办海洋知识竞赛和讲座，加深了青少年对海洋的认识和兴趣。并通过博物馆、科技馆等公共文化设施，展示海洋生物多样性和海洋科技成就，提高公众对海洋文化的认知和欣赏。二是在生态文明建设方面，浙江省注重培养公众的海洋环保意识。通过组织海滩清洁、海洋生物保护等志愿活动，鼓励公众参与海洋环境保护。同时，政府和教育机构合作，开展海洋生态保护的教育项目，如海洋保护区的建立和管理，海洋污染的防治等，以实际行动保护海洋生态环境。三是强调海洋法律法规的教育，通过教育引导公众和海洋产业从业者了解和遵守相关法律法规，保障海洋资源的合理开发和利用。并通过媒体宣传、社区活动等形式，普及海洋权益和海洋安全知识，提高公众的海洋法律意识。四是鼓励和支持海洋文化创作，如海洋题材的文学、艺术作品等，通过文化产品传递海洋文化的价值和意义，进一步提升海洋文化教育的效果。同时，通过国际交流和合作，推广本地海洋文化，吸收借鉴国际先进的海洋文化教育理念和实践经验。

## 4.3　海洋产业新兴技术

### 4.3.1　海洋能源技术的创新与实践成果

在海洋能源技术领域，特别是在海上风电技术的应用与开发上，浙江省取得了显著的成果。政策层面，浙江省出台了一系列扶持政策，如税收优惠和资金支持，鼓励企业积极投资海洋能源项目。这些政策极大地激发了企业的创新活力和投资热情。教育和研究机构也积极参与到海洋能源技术的研发中，与企业合作，推动了科技成果的转化和应用。技术创新层面，浙江省通过产学研合作，推动了一系列关键技术的研发和应用，包括高效能风力发电技术、智能化海上风电运维技术等。这些技术的应用不仅提高了发电效率，还降低了运维成本，增强了海洋能源开发的经济性和可持续性。

通过引进国际先进技术与自主研发相结合，目前，浙江省海上风电技术已实现规模化发展，为区域经济的绿色转型提供了强大动力。如位于舟山海域的风电场，不仅使清洁能源的供应能力大大提高，还促进了当地就业和产业链的发展。

此外，浙江省在潮汐能和波浪能的开发上也取得了实质性进展，通过建设试验平台和示范项目，积极探索和验证了新技术的可行性。这些项目的成功实施，为未来海洋能源的商业化和规模化开发提供了宝贵经验。

### 4.3.2　海洋生物技术的产业化进展

浙江省在海洋生物技术领域的产业化进展同样值得关注。在海洋生物医药方面，浙江省成功研发了多种海洋源新药，部分已进入临床试验阶段，展现了良好的市场前景。这些新药的开发，不仅丰富了医药市场的产品种类，也为治疗相关疾病提供了新的选择。在海洋功能性食品和生物制品方面，浙江省推出了一系列以海洋生物为原料的健康产品，如海洋胶原蛋白、海藻保健食品等。这些产品在市场上受到了消费者的广泛欢迎，满足了人们对健康生活的追求。

浙江省还建立了多个海洋生物技术产业园区，如宁波海洋生物产业园，为海洋生物技术的产业化提供了良好的平台。园区内同样聚集了众多海洋生物技术企业，形成了从研发到生产的完整产业链，推动了产业集群的形成和区域经济的发展。

此外，浙江省还加强了海洋生物资源的保护和可持续利用，通过制定相关政策和措施，保护海洋生态环境，规范海洋生物资源的合理开发和利用，不仅有利于海洋生物多样性的保护，也为海洋生物技术产业的可持续发展奠定了基础。

### 4.3.3　海洋信息技术的集成与创新应用

海洋信息技术的集成与创新应用，为浙江省海洋产业的现代化管理提供了强有力的技术支持。海洋遥感技术的应用，使得浙江省能够更加精确地监测海洋环境，为海洋资源的管理和海洋灾害的预警提供了重要数据支持。通过卫星遥感和无人机监测，浙江省实现了对海洋生态系统、海洋污染等的有效监测，提高了海洋管理的科学性和精准性。海洋通信技术的发展提高了海上作业的通信能力，保障了海上活动的安全性。浙江省通过建设水下通信网络，实现了海洋数据的实时传输和交流，为海上作业提供了稳定的通信保障，提高了海上作业的效率和安全性。

浙江省还建立了海洋大数据平台，整合了海洋观测、海洋经济、海洋管理等多源数据，为海洋决策提供了科学依据。通过大数据分析，浙江省在海洋资源开发、海洋环境保护等方面作出了更加精准的决策，有效促进了海洋资源的合理开发和海洋环境的保护。

人工智能和物联网技术的应用同样推动了浙江省海洋产业的智能化升级。智能渔业管理系统、自动化海洋监测设备等的应用，提高了海洋产业的生产效率和管理水平。这些技术的应用，不仅提高了海洋产业的生产效率，也为海洋产业的可持续发展提供了技术保障。

## 参考文献

[1] 浙江省科学技术厅．关于加强全社会研发投入，引领高质量发展的建议［R/OL］．（2022－08－16）［2024－07－31］．https：//kjt. zj. gov. cn/art/2022/8/16/art＿1229514947＿48898. html.

[2] 浙江省科学技术厅．关于提升海洋科技在我省创新体系中能级的建议［R/OL］．（2024－07－10）［2024－07－31］．https：//kjt. zj. gov. cn/art/2024/7/10/art＿1229225191＿71557. html.

[3] 浙江省科技信息研究院．2023浙江科技成果转化指数［R/OL］．（2024－07－10）［2024－07－31］．https：//www. istiz. org. cn/portal/Detail. aspx? id＝13051.

[4] 浙江省教育厅．浙江省教育厅 浙江省统计局 浙江省财政厅关于2021年全省教育经费执行情况统计公告［R/OL］．（2024－06－07）［2024－07－31］．https：//jyt. zj. gov. cn/art/2024/6/7/art＿1229266680＿5313998. html.

[5] 浙江省人力资源和社会保障厅．2021年度浙江省人力资源和社会保障事业发展统计公报［R/OL］．（2022－07－20）［2024－07－31］．https：//rlsbt. zj. gov. cn/art/2022/7/20/art＿1229249828＿4954857. html.

# 5 浙江省海洋产业发展评估

## 5.1 评估原则与指标选取

### 5.1.1 综合评价原则

综合评价是一种复杂的评估活动，旨在对某个对象、事件或过程进行全面、客观、公正的评估，以提供决策依据或改进建议。为了保证综合评价的质量和效果，需要遵循以下几个原则：

#### 5.1.1.1 科学性原则

科学性是综合评价的基础和前提。评价应当基于事实，采用科学的方法和手段，如调查、实验、统计分析等，进行数据收集和分析。在评价过程中，需要确保数据的真实性、有效性和可靠性，避免个人主观意见和假设的干扰。同时，评价结果也应当经过科学验证和证明，以确保其客观性、准确性和可靠性。

#### 5.1.1.2 系统性原则

系统性是综合评价的核心和要求。评价应当将被评价对象视为一个复杂的系统，从多方面、多角度、多层次进行分析，如结构、功能、过程、环境等。同时，需要考虑被评价对象与其他系统之间的相互关系和影响，以及其在整个系统中的定位和作用。系统性原则要求评价人员具有整体思维和系统思维的能力，能够抓住被评价对象的核心问题和关键因素。

#### 5.1.1.3 目标性原则

目标性是综合评价的指导和标准。评价应当明确评价目标和标准，根据评价目标进行定性和定量分析，评价结果应当能够反映被评价对象是否达到或实现预期目标。目标性原则要求评价人员在评价过程中始终牢记评价目标，并根据评价目标进行数据收集、分析和评估。同时，还要考虑评价目标的可行性和适当性，避免设定过高或过低的评价标准。

### 5.1.1.4 公正性原则

公正性是综合评价的基本要求和道德规范。评价应当公正、平等、无偏见地对待被评价对象，避免个人偏见、利益关系等因素影响评价结果。公正性原则要求评价人员在评价过程中保持客观公正的态度，尊重被评价对象的意见和建议，并予以公正的评估和处理。同时，需要避免因个人利益或其他因素导致的评价结果的歪曲或失真。

### 5.1.1.5 可操作性原则

可操作性是综合评价的实用性和目的性的体现。评价应当提出可行的建议和改进措施，使得评价结果能够为实践提供指导和参考。可操作性原则要求评价人员在评价过程中考虑被评价对象的实际情况和限制条件，提出具体可行的改进措施和建议，以便被评价对象能够根据评价结果进行改进和提高。

### 5.1.1.6 持续性原则

持续性是综合评价的动态性和长期性的体现，要求评价人员在评价过程中考虑被评价对象的长期发展和变化趋势，并根据评价结果进行定期跟踪和评估，以便不断提高被评价对象的水平和质量。

## 5.1.2 评价指标体系

已有的文献从两个维度测度海洋经济综合发展水平。一是以我国沿海省域为评估单元，比较不同省域的海洋经济综合发展水平，如韦有周和杜晓凤[1]（2020）、赵梦等[2]（2020）、胡麦秀和袁小丹[3]（2021）等；二是聚焦某一沿海省份，考察该省域海洋经济综合发展水平的动态趋势，如王国钦等[4]（2024）、赖美玲等[5]（2023）、高升等[6]（2022）、刘波等[7]（2020）。

本报告将主要从两个层面评估浙江省海洋经济综合发展水平。一是从动态视角通过综合评估我国沿海 11 个省（自治区、直辖市）的海洋经济综合发展水平，重点考察浙江省海洋经济综合发展水平在我国沿海 11 个省份中的地位及其变化；二是以浙江省沿海城市为评估对象，横向比较浙江省沿海城市海洋经济综合发展水平。

### 5.1.2.1 省级海洋经济综合评价指标体系

海洋经济的内涵非常广泛。2003 年《全国海洋经济发展规划纲要》指出，海洋经济是一种多元的经济活动，涵盖海洋渔业、海洋交通运输、石油天然气开发、滨海旅游、海洋船舶制造、海盐加工、海水处理、海洋生物技术、研发（R&D）等多个领域。2006 年《海洋经济统计分类与代码》将海洋经济界定为各种工业和海洋开发、利用和保护海洋及其相关的各种活动。

参考海洋经济的内涵以及借鉴李大海等[8]（2018）、李彬等[9]（2016）、鲁亚运等[10]（2019）、闵晨和平瑛[11]（2023）等研究，本报告将从海洋经济发展潜力、海洋经济发展水平、海洋科技创新能力和海洋生态环境支撑能力四个方面，构建海洋经济发展水平综合评价指标体系（表 5-1），为海洋经济发展提供决策支持和政策参考。

表 5-1　省级海洋产业综合评估指标体系

| 一级指标 | 二级指标 | 时间范围 | 单位 | 属性 |
| --- | --- | --- | --- | --- |
| 发展潜力 | 大陆海岸线总长度 | 2015—2023 年 | 千米 | 正向 |
| | 沿海主要规模以上港口码头长度 | 2013—2021 年 | 千米 | 正向 |
| 海洋经济 | 海洋生产总值 | 2015—2023 年 | 亿元 | 正向 |
| | 海洋二、三产占比 | 2013—2021 年 | ％ | 正向 |
| | 海洋及其相关产业企业数量 | 2015—2023 年 | 家 | 正向 |
| | 海洋生产总值占 GDP 比重 | 2015—2023 年 | ％ | 正向 |
| 科技创新 | 海洋科研机构数 | 2013—2021 年 | 家 | 正向 |
| | 海洋科研人员数 | 2013—2021 年 | 人 | 正向 |
| | 海洋及其相关企业专利授权数 | 2014—2022 年 | 个 | 正向 |
| | 海洋及其相关企业发明专利授权数占比 | 2014—2022 年 | ％ | 正向 |
| 海洋生态环境 | 近岸海域优良水质面积占比 | 2015—2023 年 | ％ | 正向 |
| | 直排海污染源污水量 | 2015—2023 年 | 万吨 | 负向 |
| | 近海与海岸湿地面积 | 2015—2023 年 | 千公顷 | 正向 |
| | 环境污染治理投资额占 GDP 比重 | 2014—2022 年 | ％ | 正向 |

（1）海洋经济发展潜力

海洋经济发展潜力是指被评价对象在海洋空间中拥有的发展潜力和优势。本报告从海岸线总长度、沿海主要规模以上港口码头泊位数两个方面表征海洋经济的发展潜力。

海岸线总长度。海岸线总长度是沿海省份海岸线的总长度，反映其海洋资源丰富程度和海洋经济发展潜力。海岸线总长度是一个正向指标，海岸线越长，说明该省份拥有更丰富的海洋资源和更广阔的海洋空间。

沿海主要规模以上港口码头泊位数。沿海主要规模以上港口码头泊位数反映被评价对象海运交通条件和海港经济发展水平。码头泊位数越多，说明该评价对象的海运交通条件越好，海港经济发展水平越高，有利于海洋经济的发展。

（2）海洋经济发展水平

海洋经济发展水平是指被评价对象的海洋经济发展程度和水平。本报告从海洋生产总值，海洋二、三产占比，海洋及其相关产业企业数量和海洋生产总值占 GDP 比重 4 个指标表征海洋经济发展水平。

海洋生产总值。海洋生产总值是被评价对象在海洋空间中实现的生产总值，反映其海洋经济发展水平和规模。海洋生产总值越高，说明该评价对象的海洋经济发展水平越高，海洋经济规模越大。

海洋二、三产占比。海洋二、三产占比是指被评价对象海洋二、三产业在海洋生产总值中的占比，反映其海洋经济结构优化程度。海洋二、三产占比越高，说明该评价对象的海洋经济结构越优化。

海洋及其相关产业企业数量。海洋及其相关产业企业数量反映了被评价对象的海洋产业集聚程度和发展动力。海洋及其相关产业企业数量越多，说明沿海省份的海洋产业集聚效应越强，海洋经济发展动力越大。

海洋生产总值占 GDP 比重。海洋生产总值占 GDP 比重反映被评价对象海洋产业对国民经济的贡献程度。海洋生产总值占 GDP 比重越高，说明该评价对象的海洋产业对国民经济的贡献越大，二者成正相关关系。

（3）海洋科技创新能力

科技创新是发展海洋经济的重要引擎，海洋大省在向海洋强省迈进过程中，创新是关键。本报告从海洋科研机构数、海洋科研人员数、海洋及其相关企业专利授权数、海洋及其相关企业发明专利授权数占比 4 个指标评估海洋科技创新能力。

海洋科研机构数。海洋科研机构数反映被评价对象的海洋科技创新能力和科创基础设施建设水平。海洋科研机构数越多，说明该评价对象的海洋科技创新能力越强，海洋科技创新基础设施建设水平越高。

海洋科研人员数。海洋科研人员数反映被评价对象的海洋科技人才储备和创新能力。海洋科研人员数越多，说明该被评价对象的海洋科技人才储备越丰富，海洋科技创新能力越强。

海洋及其相关企业专利授权数。海洋及其相关企业专利授权数反映被评价对象的海洋科技成果转化能力和创新水平。海洋及其相关企业专利授权数越多，说明该被评价对象的海洋科技成果转化能力越强，海洋科技创新水平越高。

海洋及其相关企业发明专利授权数占比。发明专利授权数占比反映了创新活动的产出和质量，间接体现了创新对经济和社会发展的贡献。海洋及其相关企业发明专利授权数占比越高，说明被评价对象的海洋科技创新能力越强，创新成果质量越高。

（4）海洋生态环境支撑能力

经济的发展始终以生态环境保护为核心，"生态优先"成为经济发展的重要准则，可持续成为发展的"第一要义"，我国海洋经济的快速发展要以海洋生态环境保护为前提。海洋生态环境支撑能力是指被评价对象在海洋环境保护和治理方面的能力以及成效，本报告采用近岸海域优良水质面积占比、直排海污染源污水量、近海与海岸湿地面积和环境污染治理投资占 GDP 比重 4 个指标评估海洋生态环境支撑能力。

近岸海域优良水质面积占比。近岸海域优良水质面积占比是被评价对象近岸海域优良（一、二类）水质面积在总海域面积中的占比，反映其海洋环境质量和生态保护水平。近岸海域优良水质面积占比越高，说明被评价对象的海洋环境质量越好，海洋生态保护水平越高。

直排海污染源污水量。直排海污染源污水量是一个重要的环境指标，反映了被评价对象直接向海洋排放的污染物总量。直排海污染源污水量是一个负向指标，直排海污染源污水量越少，说明该评价对象的海洋环境治理和控制能力越强。

近海与海岸湿地面积。近海与海岸湿地是湿地资源的一种重要类型，近海与海岸湿地是海洋生态系统的重要组成部分，具有生态环境保护、生物资源保护和碳排放减少等功能，对海洋经济的可持续发展具有重要意义。

环境污染治理投资额占 GDP 比重。环境污染治理投资额占 GDP 比重反映环境污染治理投资在经济总量中的占比，是衡量环保投入强度的指标。环境污染治理投资额占 GDP 比重越高，说明被评价对象的海洋环境治理和经济发展协调能力越强。

## 5.1.2.2 市级海洋经济综合评价指标体系

基于数据可得性原则，本报告在省级海洋经济综合评价指标体系的基础上，构建了包含海洋经济发展潜力、海洋市场主体集聚度、海洋产业发展水平、海洋科技创新能力和海洋生态环境支撑能力 5 个一级指标及 14 个二级指标的沿海城市（地级市）海洋经济综合评价指标体系（表 5-2）。

**表 5-2　市级海洋经济综合发展评价指标体系**

| 一级指标 | 二级指标 | 年份 | 单位 | 属性 |
|---|---|---|---|---|
| 发展潜力 | 海岸线长度 | 2022 年 | 千米 | 正向 |
| | 海域面积 | 2022 年 | 平方千米 | 正向 |
| 市场主体 | 海洋及其相关产业企业数量 | 2023 年 | 家 | 正向 |
| | 海洋及其相关产业大中型企业占比 | 2023 年 | % | 正向 |
| 海洋产业 | 海洋渔业产量 | 2022 年 | 万吨 | 正向 |
| | 海洋货物周转量 | 2022 年 | 万吨千米 | 正向 |
| | 海洋生物药业产值 | 2022 年 | 万元 | 正向 |
| | 入境旅游人数 | 2022 年 | 万人次 | 正向 |
| 科技创新 | 海洋及其相关产业企业专利授权数量 | 2022 年 | 件 | 正向 |
| | 发明专利授权数量占比 | 2022 年 | % | 正向 |
| | 专利授权主体数量 | 2022 年 | 家 | 正向 |
| 海洋生态环境 | 优良水质面积占比 | 2022 年 | % | 正向 |
| | 近岸及海岸湿地面积 | 2022 年 | 千公顷 | 正向 |
| | 环境污染治理投资额占 GDP 比重 | 2022 年 | % | 正向 |

其中，海洋经济发展潜力由海岸线长度和海域面积 2 个指标表示；海洋市场主体集聚度主要采用海洋及其相关产业企业数量及其大中型企业占比 2 个指标测度；海洋产业发展水平主要采用海洋渔业产量、海洋货物周转量、海洋生物药业产值和入境旅游人数 4 个指标表示；海洋科技创新能力由海洋及其相关企业专利授权数量、发明专利授权数量占比以及专利授权主体数量 3 个指标表示；海洋生态环境支撑能力具体包括优良水质面积占比、近岸及海岸湿地面积、环境污染治理投资额占 GDP 比重 3 个指标表征。

# 5.2　评估框架与方法

## 5.2.1　综合评价方法及其选择

借鉴闵晨和平瑛[11]（2023）、高升等[12]（2021）、李加林等[13]（2022）等的研究，本报告采用熵权 TOPSIS 综合评价方法评估浙江省海洋经济综合发展水平。熵权 TOPSIS 综合评价方法是基于有限的评估对象与正负理想解之间的接近或远离程度，确定各评价对象的相对优劣，是系统工程中运用距离原理解决有限方案多目标决策分析问题的一种常用数学模型。

相较其他综合评价方法，熵权 TOPSIS 方法的优势主要体现在以下几个方面：

客观权重确定。熵权法是一种基于信息熵的权重确定方法，可以根据评价指标的变化程度自动确定指标权重，避免了人为因素对权重的主观影响，提高了评价结果的客观性和可靠性。

引入理想解和负理想解。TOPSIS 方法引入了理想解和负理想解的概念，通过计算每个评价对象与理想解和负理想解的距离来进行综合评价，使得评价结果更加直观和可视化。

适应性强。熵权 TOPSIS 方法可以适应不同类型的评价指标，包括正向型和负向型指标，并且可以处理不同尺度和单位的指标数据，具有较强的适应性和灵活性。

结果可解释性强。熵权 TOPSIS 方法的评价结果具有较强的可解释性，可以清晰地显示每个评价对象与理想解和负理想解的距离，以及每个指标对综合评价结果的贡献程度，有利于决策者进行决策分析和选择。

## 5.2.2 熵权 TOPSIS 综合评价法流程

采用熵权 TOPSIS 方法进行综合评价的流程主要包括以下几个步骤。

构建初始决策矩阵。根据评价指标和评价对象，构建初始决策矩阵。在矩阵中，每一行代表一个评价对象，每一列代表一个评价指标，矩阵中的元素为评价对象在各个指标下的表现值。

假设被评价对象有 $m$ 个，每个评价对象的评价指标有 $n$ 个，构建标准化评价指标体系矩阵（$X$）：

$$X = (x_{ij})_{m \times n}(i = 1,2,\cdots,m;j = 1,2,\cdots,n) \qquad (5-1)$$

式（5-1）中，$i$ 为被评价对象序号，即沿海省份，$j$ 为评价指标序号，即海洋经济发展水平指标体系中的具体指标；$m$ 为评价对象总数，$n$ 为评价指标总数。

数据标准化处理。由于不同指标的量纲和单位不同，因此需要对初始决策矩阵进行标准化处理，以消除不同指标之间存在的由于量纲和单位不同而导致的指标之间不可比较。常用的标准化方法有线性标准化、最大最小标准化等。参考胡秀麦等[13]（2001）、汪国钦等[14]（2024），本报告采用最大最小标准化方法对判断矩阵进行标准化处理，以放大正向指标收益，压缩负向指标成本，得到标准化矩阵（$R$）：

针对正向指标：

$$r_{ij} = \frac{v_{ij} - \min(v_{ij})}{\max(v_{ij}) - \min(v_{ij})} \qquad (5-2)$$

针对负向指标：

$$r_{ij} = \frac{\max(v_{ij}) - v_{ij}}{\max(v_{ij}) - \min(v_{ij})} \qquad (5-3)$$

$$R = (r_{ij})_{m \times n}(i = 1,2,\cdots,m; j = 1,2,\cdots,n) \qquad (5-4)$$

上式中，$R$ 为标准化后的评价指标体系矩阵，$r_{ij}$ 为第 $i$ 个被评价对象在第 $j$ 个评价指标上的标准值。

计算指标权重。采用熵权法计算每个评价指标的权重。熵权法是一种根据决策矩阵中信息熵的大小来确定指标权重的方法，其基本思想是将信息熵最小化，使得指标权重更加客观公正。

其中，信息熵（$e_j$）的计算公式为：

$$e_j = -k \sum_{i=1}^{m} P_{ij} \ln P_{ij} \qquad (5-5)$$

式（5-5）中，$P_{ij} = \dfrac{x_{ij}}{\sum_{i=1}^{m} x_{ij}}$，$k = \dfrac{1}{\ln m}$。$P_{ij}$ 为矩阵 $R$ 的第 $i$ 个被评价对象的第 $j$ 项评价指标下的指标值比重，定义 $\ln 0 = 0$。

在计算信息熵的基础上，指标权重（$W_j$）计算公式为：

$$W_j = \frac{1 - e_j}{\sum_{j=1}^{n}(1 - e_j)} \qquad (5-6)$$

式（5-6）中，$W_j$ 为指标 $j$ 的熵值。$W_j \in [0,1]$，且 $\sum_{j=1}^{n} W_j = 1$。

确定权重决策矩阵。将标准化后的决策矩阵与指标权重相乘，得到权重决策矩阵（$\boldsymbol{Z}$）：

$$Z = (z_{ij})_{m \times n} \qquad z_{ij} = W_j \times r_{ij} \qquad (5-7)$$

式（5-7）中，$Z_{ij}$ 为第 $i$ 个评价对象在第 $j$ 个被评价指标规范化后的值。

确定理想解和负理想解。根据权重决策矩阵，确定正理想解和负理想解。正理想解是指在所有评价指标下表现最好的评价对象，负理想解是指在所有评价指标下表现最差的评价对象。

$$Z_{ij}^{+} = \max(z_{ij}) \quad (i = 1,2,\cdots,m; j = 1,2,\cdots,n) \qquad (5-8)$$

$$Z_{ij}^{-} = \min(z_{ij}) \quad (i = 1,2,\cdots,m; j = 1,2,\cdots,n) \qquad (5-9)$$

计算各评价对象与正理想解和负理想解的距离。分别计算各评价对象与正理想解和负理想解的距离。距离的计算方法通常采用欧氏距离。

$$D_j^+ = \sqrt{\sum_{i=1}^m w_i (z_{ij} - z_i^+)^2} \qquad (5-10)$$

$$D_j^- = \sqrt{\sum_{i=1}^m w_i (z_{ij} - z_i^-)^2} \qquad (5-11)$$

计算各评价对象的相似度。根据各评价对象与正理想解和负理想解的距离，计算各评价对象的相似度。相似度是评价对象与正理想解的距离与评价对象与负理想解的距离之比。

$$Y_j = \frac{D_j^-}{D_j^+ + D_j^-} \qquad (5-12)$$

按相似度进行排序。根据各评价对象的相似度，对评价对象进行排序，得出综合评价结果。

## 5.2.3 数据来源

在本报告中，省级层面的数据主要源自《中国海洋统计年鉴》、沿海 11 个省（自治区、直辖市）官网与历年统计年鉴、《中国海洋生态环境状况公报》、沿海省份生态环境状况公报以及企研·社科大数据平台等。各二级指标的具体数据来源详见表 5-3。

**表 5-3　二级指标数据来源（省级）**

| 二级指标 | 数据来源 |
| --- | --- |
| 沿海城市数量 | 沿海省份官网 |
| 大陆海岸线总长度 | 沿海省份官网 |
| 沿海主要规模以上港口码头长度 | 前瞻数据库 |
| 海洋生产总值 | 《中国海洋统计年鉴》 |
| 海洋生产总值占 GDP 比重 | 《中国海洋统计年鉴》、沿海省份历年统计年鉴 |
| 海洋二、三产占比 | 《中国海洋统计年鉴》 |
| 海洋及其相关产业企业数量 | 企研·社科大数据平台 |
| 海洋科研机构数 | 《中国海洋统计年鉴》 |
| 海洋科研人员数 | 《中国海洋统计年鉴》 |
| 海洋及其相关企业发明专利授权数占比 | 《中国海洋统计年鉴》 |
| 海洋及其相关企业专利授权数 | 《中国海洋统计年鉴》 |
| 近岸海域优良水质面积占比 | 历年沿海省份生态环境状况公报 |
| 直排海污染源污水量 | 历年《中国海洋生态环境状况公报》 |
| 环境污染治理投资额占 GDP 比重 | 沿海省份历年统计年鉴 |
| 近海与海岸湿地面积 | 沿海省份历年统计年鉴 |

浙江省沿海 5 个市的数据主要源自浙江省沿海 5 个市官网、2023 年《浙江自然资源与环境统计年鉴》以及企研·社科大数据平台等。各二级指标的具体数据来源详见表 5-4。

表 5-4　二级指标数据来源（地市级）

| 二级指标 | 数据来源 |
| --- | --- |
| 海岸线长度 | 沿海 5 个市官网 |
| 海域面积 | 沿海 5 个市官网 |
| 海洋及其相关产业企业数量 | 企研数据库 |
| 海洋及其相关产业大中型企业占比 | 企研数据库 |
| 海洋渔业产量 | 《浙江自然资源与环境统计年鉴（2023 年）》 |
| 海洋货物周转量 | 《浙江自然资源与环境统计年鉴（2023 年）》 |
| 海洋生物药业产值 | 《浙江自然资源与环境统计年鉴（2023 年）》 |
| 入境旅游人数 | 浙江统计局网站 |
| 海洋及其相关产业企业专利授权数量 | 企研数据库 |
| 发明专利授权数量占比 | 企研数据库 |
| 专利授权主体数量 | 企研数据库 |
| 优良水质面积占比 | 《浙江自然资源与环境统计年鉴（2023 年）》 |
| 近岸及海岸湿地面积 | 《浙江自然资源与环境统计年鉴（2023 年）》 |
| 环境污染治理投资 GDP 占比 | 《浙江自然资源与环境统计年鉴（2023 年）》 |

# 5.3　评估结果分析

## 5.3.1　指标权重

### 5.3.1.1　省级指标权重

对数据进行处理，可得各项二级指标权重，如表 5-5 所示。通过对二级指标权重进行加总，可得到 4 个一级指标的权重。从权重的计算结果来看，各一级指标权重从高到低依次为科技创新、海洋经济、发展潜力和海洋生态环境，其权重分别为 28.39%、27.84%、22.58% 和 21.19%。

表 5-5　省级指标权重

| 一级指标 | 二级指标 | 权重（W） |
| --- | --- | --- |
| 发展潜力<br>（22.58%） | 沿海城市数量 | 6.23% |
|  | 大陆海岸线总长度 | 7.83% |
|  | 沿海主要规模以上港口码头长度 | 8.52% |

（续）

| 一级指标 | 二级指标 | 权重（W） |
|---|---|---|
| 海洋经济<br>（27.84%） | 海洋生产总值 | 8.08% |
| | 海洋生产总值占 GDP 比重 | 7.02% |
| | 海洋二、三产占比 | 3.21% |
| | 海洋及其相关产业企业数量 | 9.53% |
| 科技创新<br>（28.39%） | 海洋科研机构数 | 4.82% |
| | 海洋科研人员数 | 6.48% |
| | 海洋及其相关企业发明专利授权数占比 | 10.15% |
| | 海洋及其相关企业专利授权数 | 6.94% |
| 海洋生态环境<br>（21.19%） | 近岸海域优良水质面积占比 | 5.03% |
| | 直排海污染源污水量 | 4.23% |
| | 环境污染治理投资额占 GDP 比重 | 5.64% |
| | 近海与海岸湿地面积 | 6.29% |

### 5.3.1.2 市级指标权重

对浙江省沿海 5 市的数据进行处理，得到各二级指标的权重，详见表 5-6。在加总计算各二级指标权重的基础上，本报告得到一级指标的权重。表 5-6 显示，海洋产业发展水平的权重最大，占 30.58%，其次为海洋环境支撑力和海洋科技创新能力，指标权重均超过 20%；海洋市场主体集聚度和海洋经济发展潜力因二级指标较少，指标权重分别为 15.34% 和 13.53%。

表 5-6  市级指标权重

| 一级指标 | 二级指标 | 权重（W） |
|---|---|---|
| 发展潜力<br>（13.53%） | 海岸线长度 | 7.06% |
| | 海域面积 | 6.47% |
| 海洋市场主体<br>（15.34%） | 海洋及其相关产业企业数量 | 9.90% |
| | 海洋及其相关产业大中型企业占比 | 5.44% |
| 海洋产业发展<br>（30.58%） | 海洋货物周转量 | 7.76% |
| | 海洋渔业产量 | 5.13% |
| | 海洋生物药业产值 | 7.62% |
| | 入境旅游人数 | 10.07% |
| 科技创新<br>（20.17%） | 海洋及其相关产业企业专利授权数量 | 6.25% |
| | 发明专利授权数量占比 | 6.14% |
| | 专利授权主体数量 | 7.78% |

（续）

| 一级指标 | 二级指标 | 权重（W） |
|---|---|---|
| 海洋生态环境<br>（20.37%） | 优良水质面积占比 | 4.05% |
| | 近岸及海岸湿地面积 | 6.57% |
| | 环境污染治理投资 GDP 占比 | 9.75% |

### 5.3.2　浙江省海洋经济综合发展评估结果分析

#### 5.3.2.1　浙江海洋经济综合发展指数

根据熵权 TOPSIS 模型的评估结果（表 5-7），浙江省海洋经济综合发展水平在全国 11 个沿海省份中排居中偏上位置。从动态趋势来看，浙江省海洋经济综合发展指数在沿海省份中的排名稳中有升。2015 年，浙江省在沿海省份中排名第五，至 2023 年，排名上升至第三，仅次于山东和广东。

**表 5-7　海洋经济发展水平浙江排名**

| 年份 | 前三省份 | 浙江排名 |
|---|---|---|
| 2015 | 山东、广东、上海 | 第五 |
| 2016 | 山东、广东、上海 | 第五 |
| 2017 | 广东、山东、上海 | 第四 |
| 2018 | 广东、山东、上海 | 第四 |
| 2019 | 山东、广东、浙江 | 第三 |
| 2020 | 广东、山东、福建 | 第四 |
| 2021 | 山东、广东、福建 | 第四 |
| 2022 | 广东、山东、福建 | 第五 |
| 2023 | 山东、广东、浙江 | 第三 |

#### 5.3.2.2　海洋经济发展潜力评价结果

海洋是高质量发展的战略要地，也是浙江省未来发展的潜力与优势所在。评估结果显示，浙江省海洋经济发展潜力评分位居 11 个沿海省份前列（图 5-1）。具体而言，广东省在海洋经济发展潜力方面具有绝对优势，山东、浙江和福建三省位居第二梯队。

从具体指标值来看，浙江省杭州、宁波、温州、嘉兴、绍兴、台州、舟山7 个地级市均为沿海城市，且舟山市是全国唯一以群岛建制的地级市。2023年，这 7 个地级市的生产总值合计为 68 438 亿元，占全省 GDP 比重高达

82.9％；总人口为 3 820.5 万人，占全省人口比重接近 75％。

浙江省大陆海岸线长度为 2 218 千米，位居全国沿海省份第四位，仅次于广东（4 114 千米）、福建（3 752 千米）和山东（3 343 千米）3 个省。其中，前沿水深大于 10 米的海岸线为 482 千米，约占全国的 30％。沿海港口码头长度合计 107 563 米，位居全国 11 个沿海省份第二位，仅次于上海市。

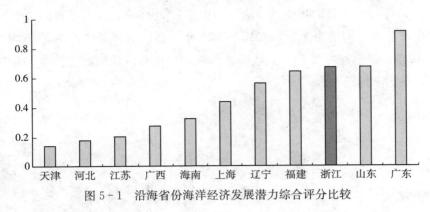

图 5 - 1　沿海省份海洋经济发展潜力综合评分比较

### 5.3.2.3　海洋经济发展水平评价结果

熵权 TOPSIS 的评估结果显示，浙江省海洋经济发展水平在全国 11 个沿海省份中位居中等位置。2015—2023 年，浙江省海洋经济发展水平在沿海省份中的排名稳定在第五至第六名（图 5 - 2）。

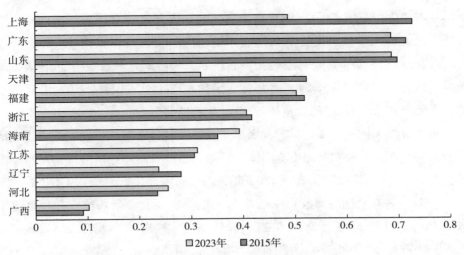

图 5 - 2　沿海省份海洋经济发展水平评估得分比较

分指标来看，浙江省海洋生产总值及其在全国沿海省份中的排名呈现出双

提升的趋势。2015—2023 年，浙江省海洋生产总值从 6 016.6 亿元增加至
11 260亿元（图 5-3），年均增速高达 9.46％，超过 GDP 年均增速 1.3 个百
分点。从排名来看，全省海洋生产总值在全国 11 个沿海省（自治区、直辖市）
中的排名由 2015 年的第六位提升至 2023 年的第四位，仅次于广东、山东和福
建。然而，与广东、山东等海洋大省相比，浙江省海洋生产总值的体量仍然较
小。2023 年，浙江省海洋生产总值仅为山东省的 66.2％，广东省的 60％。从
海洋生产总值年均增速来看，2015—2023 年，浙江省海洋生产总值年均增速
为 9.46％，福建省为 8.13％。从增速来看，浙江省海洋生产总值有望超过福
建省，跃居全国第三位。

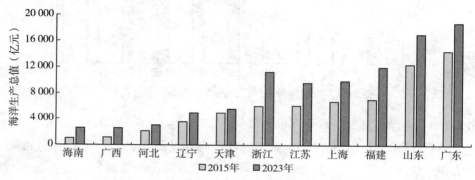

图 5-3　沿海省份海洋生产总值比较

　　从海洋生产总值占 GDP 的比重来看，全国海洋经济对国民经济的贡献略
有下降。2015—2023 年，全国海洋生产总值占 GDP 的比重由 9.4％下降至
7.9％。分省份来看，经济体量越大的省份，海洋生产总值占 GDP 的比重下降
越为明显。2023 年，除广西、河北、辽宁、海南 4 个省份外，其余沿海省份
的海洋生产总值占 GDP 的比重均较 2015 年有所降低。

　　作为海洋大省，浙江省具有发展海洋经济的复合资源优势，发展海洋经济
是浙江省经济高质量发展的重要引擎。然而，浙江省海洋经济对推动经济高质
量发展的动力依旧不足。2015—2023 年，浙江省海洋生产总值占 GDP 的比重
最高为 14％，在全国沿海省份中的排名常年位居第七至第八位，并且该比重
从 2015 年的 14％略降至 2023 年的 13.64％。根据《浙江省海洋经济发展"十
四五"规划》，到 2025 年，浙江省海洋生产总值将突破 12 800 亿元，占全省
GDP 比重达到 15％。按目前的发展趋势看，海洋生产总值的绝对量可以达到
规划目标，但海洋生产总值占 GDP 比重要达到规划目标的难度仍然较大。

从海洋经济结构来看，目前我国海洋经济已经形成"三二一"的产业格局，这与部分海洋发达国家的产业结构类似。近年来，浙江省海洋经济结构得以持续优化，但横向对比来看，海洋经济结构仍有调整的空间。2015—2023年，浙江省海洋生产总值中第二、三产业的占比由92.8%提高至94.7%。然而，横向对比可知，2015年浙江省海洋生产总值二、三产业占比位居沿海省份第六位；至2023年，排名下降至第七位，这表明浙江省海洋经济的结构调整速度仍有待加快。

从海洋及其相关产业市场主体来看，浙江省海洋及其相关产业的企业数量与其他省份相比仍然存在较大差距。2015—2023年，全省海洋及其相关产业企业数量从4 847家增加至13 253家，年均增速超过11%。然而，从横向对比来看，尽管2015—2023年，浙江省海洋及其相关产业企业数量在沿海省份中多年位居第四位，但2015年全省海洋及其相关产业企业数量不足上海的五成，至2023年，与第一名的广东省相差甚远，仅为后者的40.9%（图5-4）。

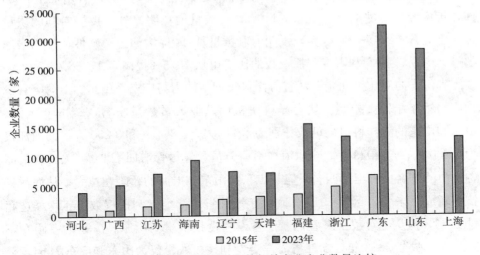

图5-4　沿海省份海洋及其相关产业企业数量比较

### 5.3.2.4　海洋科技创新能力评价结果

熵权TOPSIS的评估结果显示（图5-5），浙江省海洋科技创新能力不断加强。2015年，浙江省海洋科技创新能力在全国沿海省份中位居第六位，与山东、上海和广东三省份的差距较为明显。至2023年，浙江省海洋科技创新能力上升至全国沿海省份第四位，仅次于广东、山东和上海3个省份。

分指标分析可知，2015—2023年，海洋科研机构数量尽管仅增加了3家，

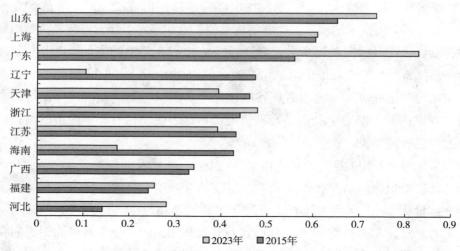

图 5-5　沿海省份海洋科技创新能力综合评分比较

但海洋科研人员数量增加了 1 074 人；海洋类专利授权量从 895 件增加至 3 964 件，年均增速超过 17%。此外，除专利授权量增势明显外，授权专利的质量也显著提升。2015—2023 年，发明专利数量从 94 件增加至 700 件，年均增速超过 20%。发明专利占专利授权数的比重也从 10.5% 提高至 17.66%。

　　省份横向对比可知，浙江省海洋科技创新能力与广东、山东、上海等省份相比仍然存在较大差距。从海洋科研机构从业人员数量来看，2015 年上海、山东和广东的海洋科研人员数分别为 4 039 人、3 864 人和 3 250 人，而浙江仅为 1 800 人；至 2023 年，全省海洋科研人员数量尽管增加了 1 074 人，在沿海省份中的排名提升至第四名，但与广东、山东和上海的差距在拉大。从海洋科技创新成果来看，尽管 2015—2023 年浙江省海洋类专利授权数量年均增速超过 17%，但从绝对数量来看，浙江省专利授权数量与山东、广东的差距在不断拉大。截至 2023 年，浙江省海洋类专利授权数量仅为山东和广东的 64.2% 和 75.7%。从授权专利的质量来看，浙江省处于明显劣势。2023 年，浙江省海洋类发明专利占专利授权数量的比重与上海、广东相比，分别相差 8.77 和 3.65 个百分点。

### 5.3.2.5　海洋环境支撑力评价结果

　　海洋环境支撑能力是浙江省海洋经济高质量发展的最大障碍。2015 年，浙江省海洋环境支撑力综合评分在 11 个沿海省份中排名倒数第一；2023 年，浙江省海洋环境支撑力综合评分仅优于上海市，排名全国沿海省份第十位（图5-6）。

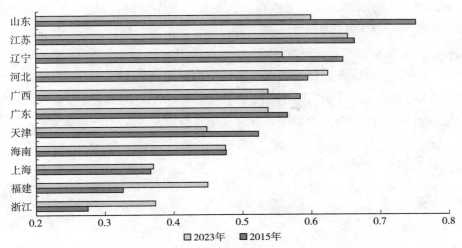

图5-6 沿海省份海洋环境支撑力综合评分比较

分指标来看，自"八八战略"提出20余年以来，浙江省生态文明建设已经取得了重大进展。然而，与其他沿海省份相比，浙江省海洋生态环境质量仍然较差。以近岸海域水质为例，2023年，浙江省近岸海域优良（一、二类）水质面积占比达到历年最高，提升至56.3%。2015年，近岸海域优良水质面积占比超过九成的省份有4个，分别是辽宁（94.7%）、海南（92.8%）、山东（92.7%）和广西（90.9%），而浙江省仅为14.7%。至2023年，在11个沿海省份中，近岸海域优良水质面积占比超过九成的省份有6个，而浙江省仅为56.3%，仅高于上海市（图5-7）。

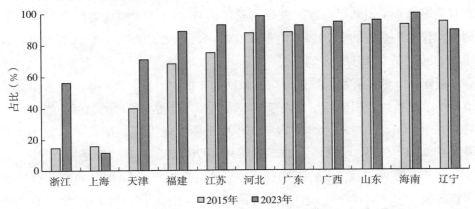

图5-7 沿海省份近岸海域优良水质面积占比

浙江省位于我国沿海中部和长江流域的"T"字接合部，长江口来水占浙江省海域来水的80%左右。长江口来水不仅带来丰富的营养盐，同时也使海域长期受到携带入海污染物的影响。除外源性影响外，浙江省沿岸是我国人口最密集、工农业生产最发达的地区之一，陆源污染物排放量居高不下。如图5-8所示，2015年，浙江省直排海污染源污水量为183 000万吨，在沿海省份中排名第二位，仅次于福建省。至2023年，浙江省直排海污染源污水排放量达到223 216万吨，占沿海各省份直排海污染源污水总量的28.8%，位居第一位。

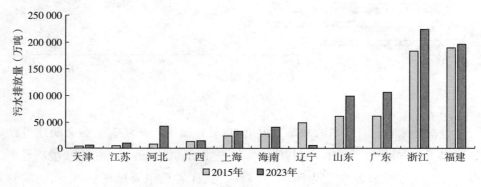

图5-8　沿海省份直排海污染源污水总量

滨海湿地是连接海洋和陆地的重要过渡地带，包括珊瑚礁、红树林以及浅海海床等多种类型，是诸多海洋生物的繁殖育幼栖息地，被认为是地球上生物多样性最高的生态系统。浙江省近海与海岸湿地面积从2015年的574.3千公顷扩大至2023年的692.5千公顷，在全国11个沿海省份中排名第五位，但相较其他沿海省份仍然存在较大差距。具体而言，2015年浙江省近海与海岸湿地面积仅为广东省的56.4%、山东省的47.4%；至2023年，浙江省近海与海岸湿地面积仅为江苏省的63.7%。

近年来，浙江省协同推进降碳、减污、扩绿、增长。然而，浙江省生态环境保护的结构性、根源性压力尚未根本缓解，环境污染治理的力度与经济增长趋势并不趋同。2014—2022年，全省环境污染治理投资总额从474.2亿元下降至440.16亿元，环境污染治理投资占GDP比重从1.18%下降至0.57%（图5-9）。横向对比来看，浙江省环境污染治理投资占GDP比重常年位居沿海省份第七位。2014年，浙江省与天津的差距十分明显；至2023年，浙江省环境污染治理投资占GDP比重仅为河北省的33.1%。

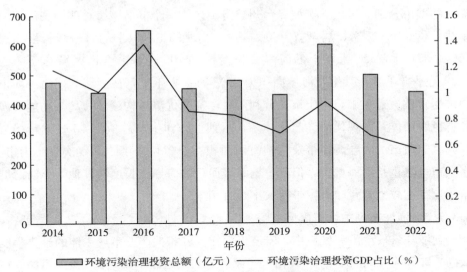

图 5 - 9　浙江省环境污染治理投资（2014—2022 年）

## 5.3.3　浙江省沿海城市海洋经济综合发展评估结果分析

### 5.3.3.1　海洋经济综合发展水平

　　表 5 - 8 的结果显示，2022 年浙江省 5 个沿海城市的海洋经济综合发展指数得分，排名依次为宁波市、舟山市、台州市、温州市和嘉兴市。根据熵权 TOPSIS 的相对接近度，将浙江省沿海 5 市的海洋经济综合发展指数划分为 3 个梯队。宁波市和舟山市的海洋经济综合发展指数位居第一梯队，台州市和温州市位居第二梯队，嘉兴市的海洋经济综合发展指数相对较低，位居第三梯队。

表 5 - 8　浙江省沿海城市海洋经济综合发展评估结果

| 地区 | 相对接近度 | 排序结果 | 发展潜力排名 | 市场主体排名 | 产业发展排名 | 创新能力排名 | 环境支撑力排名 |
|---|---|---|---|---|---|---|---|
| 宁波市 | 0.613 | 1 | 2 | 1 | 1 | 1 | 4 |
| 舟山市 | 0.552 | 2 | 1 | 2 | 3 | 2 | 1 |
| 台州市 | 0.396 | 3 | 3 | 4 | 2 | 4 | 3 |
| 温州市 | 0.329 | 4 | 4 | 5 | 5 | 3 | 2 |
| 嘉兴市 | 0.226 | 5 | 5 | 3 | 4 | 5 | 5 |

### 5.3.3.2　海洋经济发展潜力

　　表 5 - 8 的结果显示，在浙江省 5 个沿海城市中，海洋经济发展潜力排名

前三的城市分别为舟山、宁波和台州。舟山作为一个群岛城市，四面临海，海岸线总长 2 788 千米，居全省首位。其中，水深 15 米以上的海岸线长度超过 200 千米，水深 20 米以上的海岸线长度超过 100 千米。全市区域总面积为 2.22 万平方千米，其中，海域面积为 2.08 万平方千米，在浙江 5 个沿海城市中位居首位。近年来，舟山市充分利用海洋资源优势，构建"一岛一功能"海岛特色发展体系和现代海洋产业体系，目前，海洋生产总值占 GDP 比重接近 70%。宁波市的大陆海岸带及管辖海域面积在全省位居第二，仅次于舟山市。嘉兴市虽然也是沿海城市，但其管辖海域面积和海岸线长度与其他 4 个沿海城市相比存在较大差距，海岸带总长不足百千米。

### 5.3.3.3　海洋市场主体集聚度

在浙江省 5 个沿海城市中，宁波市海洋及其相关产业市场主体的聚集程度最高。2023 年，全市海洋及其相关产业企业数量超过 4 082 家，接近沿海 5 市海洋及其相关产业企业总数（8 324 家）的五成。尽管在海洋市场主体数量上占据绝对优势，但宁波市海洋市场主体规模偏小，注册资本在 2 000 万元以上的中大型和大型企业占比仅为 10.4%，在全省 5 个沿海城市中占比最低。舟山市海洋及其相关产业企业数量超过 1 700 家，占沿海 5 市涉海市场主体总数的 21%，仅次于宁波。并且，舟山市是中大型及大型海洋市场主体的重要聚集地，在 1 721 家市场主体中，中大型及大型企业占比超过 26%。温州市海洋市场主体数量超过千家，在沿海 5 市中位居第三，但中大型及大型企业数量占比仅高于宁波市。台州和嘉兴两市涉海类市场主体的数量明显偏少。

### 5.3.3.4　海洋产业发展水平

表 5-8 的结果显示，浙江省沿海 5 市海洋产业发展水平排名依次为宁波市、台州市、舟山市、嘉兴市和温州市。从二级指标来看，宁波和舟山两市的海洋货物周转量稳居沿海 5 市的前两位，并占据绝对优势。2022 年，两市海洋货物周转量累积达 73 975 547 万吨千米，占沿海 5 市的比重超过 75%。相比之下，温州和嘉兴两市的海洋货物周转量体量较小，累积仅为 6 036 109 万吨千米，占比仅为 6%。

从海洋渔业发展水平来看，浙江省是海洋渔业大省，海洋捕捞与海水养殖产值在全国排名第四。其中，舟山市在海洋渔业（海洋捕捞、海水养殖）方面占据重要地位，2022 年海洋渔业产量达 188 万吨，占沿海 5 市的 37.7%。台州和宁波的海洋渔业位居第二和第三位，海洋渔业产量均超过 100 万吨。相比之下，嘉兴市的海洋渔业规模微乎其微，2022 年海洋渔业产量仅为 0.1 万吨。

海洋生物医药与制品产业是我国发展海洋战略性新兴产业的重点领域，是推动"蓝色经济"的重要内容。《浙江省海洋经济发展"十四五"规划》提出，要依托杭州生物产业国家高新技术产业基地、台州生物医化产业研究园、宁波生物产业园、舟山海洋生物医药区块、绍兴滨海新城生物医药产业园、金华健康生物产业园等平台，培育一批海洋生物医药龙头企业，打造一批具有显著影响力的产业集群。截至 2022 年，浙江省沿海 5 市海洋生物药业产值达 43.1 亿元，其中，台州市海洋生物药业产值接近 19 亿元，占沿海 5 市的 44.1%；宁波和嘉兴两市的海洋生物药业产值占沿海 5 市的比重均超过 20%；舟山市和温州市的海洋生物药业体量相对较小，产值占比不足 10%。

受新冠疫情全球蔓延的影响，浙江省旅游业，尤其是入境旅游自 2020 年开始呈现断崖式下跌，全省入境旅游人数从 2019 年的 467.1 万人次跌至 2022 年的 22.1 万人次。分地区来看，宁波市和嘉兴市的入境旅游人数分别为 3.25 万人次和 1.74 万人次，在沿海 5 市中位居第一和第二，但全省占比也仅为 14.7% 和 7.9%；其余沿海城市的入境旅游人数则不足万人次。

### 5.3.3.5　海洋科技创新能力

海洋科技创新能力是衡量海洋经济综合发展水平的最重要指标之一。表 5-8 的结果显示，浙江省沿海 5 市的海洋科技创新能力排名依次为宁波市、舟山市、温州市、台州市和嘉兴市。

分指标来看，2022 年，宁波市海洋领域专利授权量为 584 件，在沿海 5 市中排名第一，且发明专利授权占比接近 18%；舟山市海洋类专利授权量为 254件，尽管在数量上不占优势，但其海洋类授权专利质量较高，发明专利授权量占专利授权总数的比重高达 23.6%，在沿海 5 市中高居首位；台州市专利授权量超过 400 件，位居沿海 5 市的第二，但其发明专利授权量占比仅为 14.2%，略高于嘉兴市（11.6%）。从专利授权主体数量来看，宁波市海洋类专利授权主体为 157 家，在沿海 5 市中占据绝对优势，舟山和温州的专利授权主体数量也超过 70 家（图 5-10）。

### 5.3.3.6　海洋环境支撑力

自 2003 年起，浙江省近海海域环境质量持续改善，但与其他沿海省份相比，浙江省近岸海域的环境质量仍然存在较大差距。分地区来看，熵权 TOP-SIS 的评估结果显示，在浙江省 5 个沿海城市中，舟山市在发展海洋经济方面的海洋环境支撑力最强，其次为温州和台州，嘉兴市的海洋环境支撑力最弱。

分指标来看，台州和温州的近岸海域优良水质面积占比超过 60%，在浙

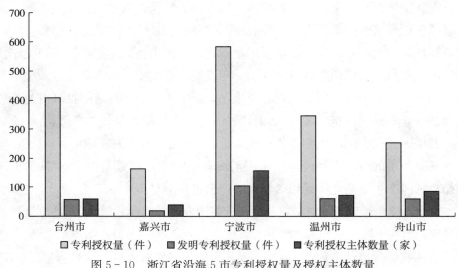

图 5-10　浙江省沿海 5 市专利授权量及授权主体数量

江省沿海城市中居前列；宁波和舟山的近岸海域优良水质面积占比超过五成；嘉兴市地处长江入海口南翼，近岸海域海水水质最差。近海与海岸湿地具有生态环境保护、生物资源保护和碳排放减少等功能，宁波、台州和温州三市的近海与海岸湿地面积位居全省前三，相反，尽管舟山市具有全省最长的海岸线，但其近海与海岸湿地面积不足 7 万公顷。从环境治理投资来看，2022 年，舟山市环境污染治理投资额占 GDP 比重在 5 个沿海城市中位居首位，高达2.87%，而宁波市的这一比重仅为 0.62%。

## 参考文献

［1］韦有周，杜晓凤．基于因子分析和沿海地区对比的江苏省海洋产业竞争力评价［J］．海洋开发与管理，2020，37（8）：49-53．

［2］赵梦，岳奇，余静．中国沿海省域海洋产业可持续发展水平综合评价［J］．环境与可持续发展，2020，45（5）：150-158．

［3］胡麦秀，袁小丹．基于熵值法的我国沿海地区海洋产业综合实力评价［J］．海洋开发与管理，2021，38（3）：84-90．

［4］汪国钦，陈培雄，赖瑛，等．浙江海洋经济高质量水平评价体系构建及实证分析［J］．海洋开发与管理，2024，41（3）：133-142．

［5］赖美玲，郭燕，郑弘祖．江苏省海洋经济发展质量研究：指标构建、熵权评价及提升建议［J］．中国集体经济，2023（35）：17-21．

［6］高升，李子怡，王润洁，等．江苏省海洋经济高质量发展评价分析［J］．海洋开发与

管理，2022，39（10）：41－46.

[7]　刘波，龙如银，朱传耿，等．江苏省海洋经济高质量发展水平评价［J］．经济地理，
　　　2020，40（8）：104－113.

[8]　李大海，翟璐，刘康，等．以海洋新旧动能转换推动海洋经济高质量发展研究：以山
　　　东省青岛市为例［J］．海洋经济，2018，8（3）：20－29.

[9]　李彬，杨鸣，戴桂林，等．基于三阶段DEA模型的我国区域海洋科技创新效率分析
　　　［J］．海洋经济，2016，6（2）：47－53.

[10]　鲁亚运，原峰，李吉筠．我国海洋经济高质量发展评价指标体系构建及应用研究：基
　　　于五大发展理念的视角［J］．企业经济，2019，38（12）：122－130.

[11]　闵晨，平瑛．海洋经济高质量发展能力评价与提升路径研究［J］．海洋开发与管理，
　　　2023，40（5）：120－128.

[12]　高升，孙会荟，刘伟．基于熵权TOPSIS模型的海洋经济系统脆弱性评价与障碍度分
　　　析［J］．生态经济，2021，37（10）：77－83.

[13]　李加林，陈慧霖，龚虹波，等．东海海洋生态环境治理绩效及其影响因子探测分析
　　　［J］．安全与环境学报，2022，22（3）：1660－1670.

# 6    浙江省海洋产业企业发展状况

经济发展是一个国家或地区整体繁荣和进步的关键指标，而企业则是推动这一进程的主要载体与动力。就海洋产业而言，它包含了一个广泛的经济领域，涵盖了从传统的渔业到现代的海洋生物技术、海洋能源开发、海洋运输、海洋旅游等多个方面。其中，海洋企业在海洋资源的开发、利用、保护和海洋经济的推动中扮演着重要角色，创造一个有利于海洋企业发展的环境，支持海洋企业创新和扩张，是实现海洋经济持续健康发展的关键。本章将对浙江省海洋企业的总体概况、基本发展特征、优质主体进行全面梳理，并重点分析海洋渔业、海洋交通运输业、海洋技术服务业、海洋旅游业等行业，以期对浙江省海洋产业企业有一个整体把握。

## ■ 6.1    海洋产业企业总体概况

从全国层面看，截至 2023 年末，我国海洋产业存续企业数量共有 19.06 万家，相较 2012 年的 3.12 万家，年均增长 17.89%。从省份分布来看，如图 6-1所示，临海 11 个省份①是我国海洋产业企业的主要聚集区，其企业总数占全部的比重达 75.08%。具体来看，广东以 3.24 万家位居全国首位，山东、福建、浙江、上海 4 省份分别以 2.82 万家、1.54 万家、1.33 万家、1.32 万家分列第二至五位，上述 5 个省份海洋企业数量均在万家以上，在全国的比重超过五成（53.73%）。

---

① 我国海岸线绵长，临海的省级行政区有 14 个，自北向南依次为：辽宁、河北、天津、山东、江苏、上海、浙江、福建、台湾、广东、香港、澳门、海南、广西。基于海洋产业地域性较强的特点，本研究仅研究分析上述除港澳台之外的 11 个省级行政区。

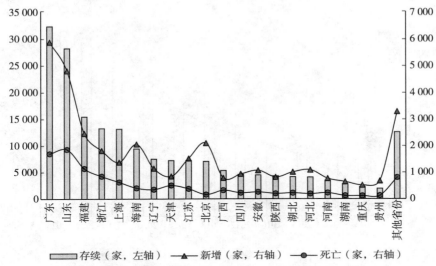

图 6-1  2023 年末全国各省份海洋产业主体数量发展趋势

[数据来源：企研·社科大数据平台（CBDPS）]

浙江建设高水平海洋强省，自然也离不开企业的高质量发展。2023 年末，浙江海洋经济产业主体数量 1.33 万家，在全国的占比为 6.95%，排名全国第四。本节下文将从时间趋势、区域分布、行业分布、规模大小 4 个角度对浙江海洋企业进行简要描述。

### 6.1.1  时间趋势：主体数量稳步增长

图 6-2 展示了党的十八大以来浙江省海洋产业新增、死亡①、存续数量的变化情况。从时序上看，浙江省海洋产业企业数量自党的十八大以来得到了较大程度的发展，2012 年存续经营企业数量仅为 0.31 万家，2023 年增加至 1.33 万家，是 2012 年的 4.31 倍，年均增长 14.21%。存续企业数量的持续增长得益于净增加企业数量（即新增企业数量减去死亡企业数量）的持续增加，其中新增注册企业数量由 2012 年新注册 406 家不断增加至 2022 年的历史高点 2 324 家，尽管 2023 年有所下滑，但仍有 1 817 家，仅次于 2021 年及 2022 年。死亡企业数量则是经历 2012—2015 年的下降后，自 2016 年开始同样表现出增加的态势。从净增加的企业数量的变动趋势来看，这一数字仍总体表现出增加的趋势，这使得存续企业数量也在加速增长。

---

① 指注销或者吊销的企业。

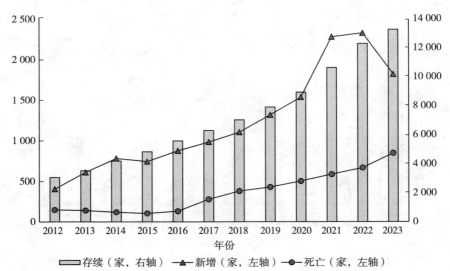

图 6-2　党的十八大以来浙江省海洋产业主体数量发展趋势

（数据来源：企研·社科大数据平台）

## 6.1.2　区域分布：宁波占比最高

从浙江省下辖地级市的角度来看，宁波海洋产业主体数量领先全省其他地市。如图 6-3 所示，截至 2023 年末，宁波海洋产业主体数量最多、共计4 099 家，领先排名第二的杭州 1 646 家。宁波海洋产业主体发展活跃，与其得天独厚的地理位置、政府的政策支持、强大的经济基础息息相关。主体数量超过千家的还有舟山、温州、台州三市，分别为 1 791 家、1 390 家、1 009家。相比来看，处于内陆的金华、丽水及衢州三市海洋产业主体数量较少，其中丽水、衢州两市仅分别有 123 家、80 家。

此外，如图 6-4 所示，海洋产业市场主体数量与海洋产业 GDP[①] 呈现出一定的正相关性，如广东、山东分别以 17 114.5 亿元、15 154.4 亿元的海洋生产总值位列全国前二，其存续的海洋产业企业数量同样处于前二；与之对应的是海南、广西、河北等省份，在海洋生产总值较低的同时，海洋产业企业数量同样较少。

---

① 本书撰稿时海洋产业生产总值最新数据年份为 2021 年，故该部分所采用的企业主体数量同为2021 年数据。

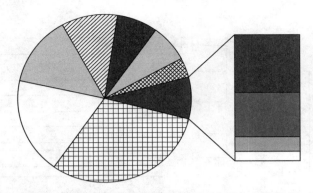

□宁波市 □杭州市 ■舟州市 ▨温州市 ■台州市 ■金华市
▨嘉兴市 ■绍兴市 ■湖州市 ■丽水市 □衢州市

图 6-3   2023 年浙江省各地市海洋产业主体分布情况

（数据来源：企研·社科大数据平台）

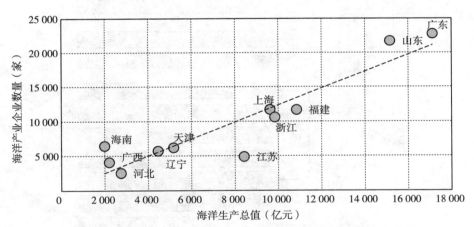

图 6-4   2021 年各省份存续海洋产业企业数量与海洋生产总值散点图

（数据来源：企研·社科大数据平台《中国海洋统计年鉴》）

## 6.1.3   行业分布：核心层占比过半

根据自然资源部发布的《海洋及相关产业分类》（GB/T 20794—2021），
我国海洋及相关产业可分为海洋经济核心层、支持层、外围层，具体包括海洋
产业、海洋科研教育、海洋公共管理服务、海洋上游相关产业、海洋下游相关
产业等五大产业、28 个细分行业，具体如图 6-5 所示。

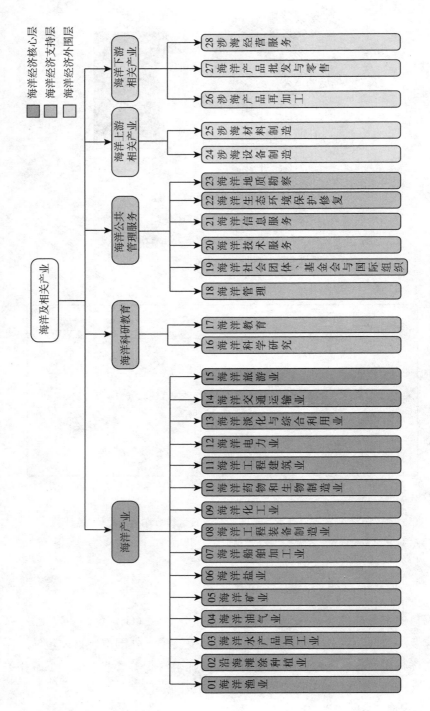

图6-5　海洋及相关产业分类结构图
（图源《海洋及相关产业分类》）

根据此份文件，可将企业划分至相应产业之中①。基于此，可看到，2023 年末我国海洋产业存续经营企业核心层、支持层、外围层的企业主体比例为 52.61∶39.03∶8.35，相比全国的 45.75∶43.57∶10.68，浙江核心层企业占比相对更高，而支持层与外围层占比更低。进一步来看五大产业分布，如图 6-6 所示，海洋产业企业数最多，达到了 7 262 家，海洋公共管理服务企业以 4 467 家排名第二，海洋科研教育、海洋上下游相关产业企业数均未突破千家。

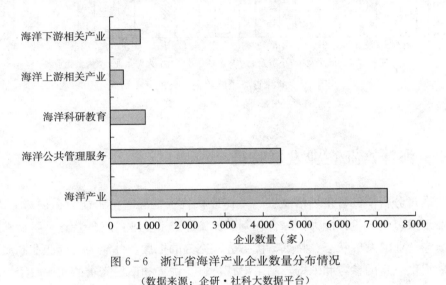

图 6-6　浙江省海洋产业企业数量分布情况

（数据来源：企研·社科大数据平台）

## 6.1.4　规模大小：产业整体规模不大

若以企业注册资金为衡量对象，并将注册资金在 200 万元以内视为小微企业，200 万～500 万元视为中小企业，500 万～2 000 万元视为中型企业，2 000 万～5 000万元视为中大型企业，5 000 万元以上视为大型企业，则浙江省海洋企业规模更多集中在中型企业以下为主。具体如图 6-7 所示，包括杭州、宁波、嘉兴、湖州、绍兴、金华、衢州、舟山、丽水在内的 9 个地（市）中型企业占比最高，而温州、台州两市小微企业占比最高。综合来看，全省海洋产业企业规模不大，除舟山、湖州两市，其余地（市）中大型企业、大型企业占比基本不超过两成。

---

①　由于部分企业业务领域涉足较广，因此其在产业划分上也可能归属于多个子行业，使得根据产业划分得到各个产业的企业数加总要大于实际存续企业数量。

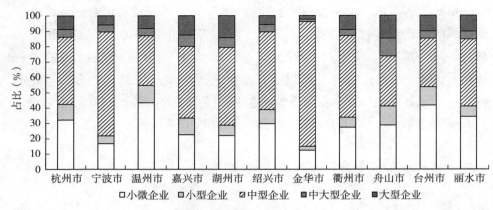

图 6-7　浙江省海洋产业企业规模分布情况

（数据来源：企研·社科大数据平台）

## 6.2　海洋产业企业发展特征

通过分析浙江省市场活跃度、主体股权投资情况、扩张能力、创新能力、行业形象、企业生存能力，综合评判浙江海洋产业企业的发展特点，可对浙江省海洋产业的发展状态、特点、优劣势有充分的把握，并能为后续产业高质量发展提供一定的参考和依据，制定出符合自身优势和市场需求的产业政策及发展战略，促进产业健康、有序发展。

### 6.2.1　市场活跃度：省际浙江相对靠后，省内临海市低于非临海市

市场活跃度是一个反映经济健康和发展潜力的重要指标，而通过企业的注册、注销与吊销又可衡量市场活跃情况。在不考虑恶意注册、市场集中清退等极端情况下，市场依靠自发行为注册的企业越多，注（吊）销企业越少，表明市场活跃程度越高，市场经济活力就更旺；相反，在市场自发行为下，注册企业越少，注销、吊销企业越多，则在一定程度上反映当前市场活力不足，经济发展面临较大问题。

首先来看浙江与其他临海 10 个省份的比较，根据图 6-8 显示的海洋产业企业的注（吊）销比[①]，可以看到浙江市场活跃度在临海 11 个省份里相对靠

---

① 即新增海洋产业企业数与注（吊）销企业数之比。数值越大表明市场主体存活度越高，反之表明市场主体活跃度越低。

后，2019 年在 11 个临海省份并列排名第六，2020 年排名下滑至第九位，2021—2022 年稳定在第八位，2023 年又下跌至第十位；其次，浙江省海洋产业市场活跃度呈现出波动下降的趋势，近 5 年海洋产业企业的注（吊）销比分别为 3.07、3.05、3.88、3.48、2.15。

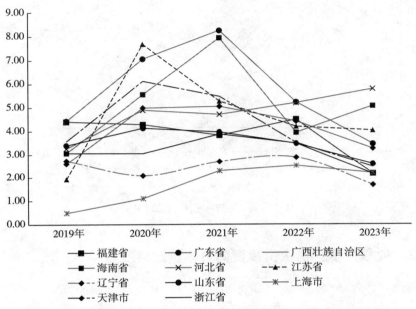

图 6-8　2019—2023 年我国临海 11 个省份海洋产业企业注（吊）销比

（数据来源：企研·社科大数据平台）

再从浙江省内部来看，如图 6-9 所展示的各地（市）净增新增比①，市场活跃度指标波动较大，如杭州由 2018 年的 0.78 逐步增加至 2020 年的高点 0.89 后，随后持续下滑，到 2023 年，该指标为 0.64；宁波则波动下滑，5 年的净增新增比分别为 0.69、0.55、0.76、0.67、0.47。综合来看，临海市的活跃度较非临海市的活跃度更低，宁波、台州、温州、湖州、舟山近 5 年市场活跃度均值分别为 0.63、0.40、0.49、0.66、0.66，明显低于非临海的杭州（0.80）、金华（0.77）、衢州（0.71）和丽水（0.69）。可能的原因在于临海市相关产业的市场竞争更为激烈，市场主体进入和退出更为频繁与常见。

---

①　某一时期净增市场主体（当期注册-当期注销）数量与当期新增注册市场主体数量的比值。这一指标反映了某一时期已有和新增市场主体的存活状况，数值越大表明市场主体存活状况越好，否则就越差。

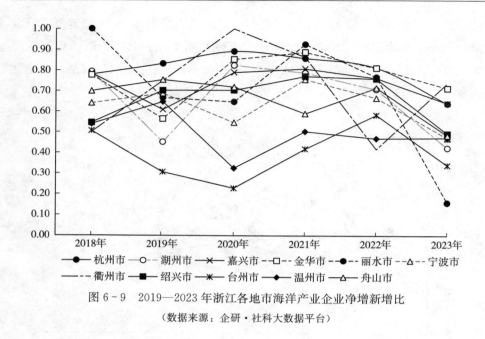

图6-9　2019—2023年浙江各地市海洋产业企业净增新增比

（数据来源：企研·社科大数据平台）

## 6.2.2　股权投资：由吸引投资向资本输出转变

海洋产业作为国民经济的重要组成部分，其主体之间的投资活动对整个产业的发展具有重要影响。主体之间良性互投，可不断加强产业间的联动，促进整个产业的健康发展。通过互投，一方面，企业既可以整合上下游资源，形成更紧密的产业链条，提高整个产业链的效率和竞争力；又有助于企业实现规模经济，降低单位成本，提高产业整体的盈利能力。另一方面，互投可以帮助企业分散经营风险，特别是在面对自然灾害或市场波动时，通过多元化投资降低单一业务领域的影响。此外，企业间的互投还可以优化资本配置，提高资本使用效率，促进资金在海洋产业内的合理流动。互投可以促进企业间的技术交流与合作，加速技术创新和知识共享，推动海洋产业技术进步。

浙江省海洋产业企业近年对外股权投资与接受股权投资数[①]处于波动状态。图6-10显示了党的十八大以来浙江海洋产业企业对外股权投资的总笔数和接受股权投资的总笔数情况，可以看到，前者呈现出波动上升的态势，后者

---

① 均剔除了本省内的投资。

则表现出波动起伏的特点。具体来看，接受投资笔数于 2020 年达到最高值 34 笔，最小值为 2019 年的 15 笔；对外投资则是在 2014 年处于相对低点，仅为 10 笔，2022 年达到峰值 49 笔。此外，从对外与接受股权投资笔数的差额可以看到，2012—2018 年浙江省海洋产业企业接受投资笔数多于对外投资笔数（2016 年持平，均为 27 笔），而在 2019—2023 年，对外股权投资笔数始终多于接受股权投资笔数，表明浙江海洋产业逐渐由内向外拓展。

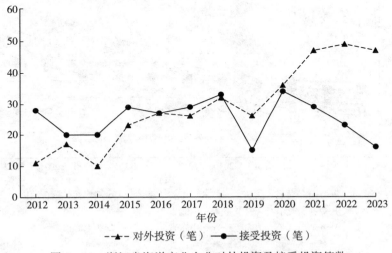

图 6-10　浙江省海洋产业企业对外投资及接受投资笔数
（数据来源：企研·社科大数据平台）

进一步来看对外投资及接受投资省份的区域分布，党的十八大以来，浙江省海洋企业对外投资笔数最多的 4 个省份为湖北、广东、上海、江苏，投资笔数分别为 45 笔、43 笔、37 笔、28 笔，4 个省份占据了浙江省对外投资总笔数的 43.59％。接受投资中，省份之间的差异明显，来自北京的 107 笔遥遥领先其他省份，排名第二的上海共有 76 笔，高出第三的广东（37 笔）1 倍有余，3 个省份在接受投资总比数的占比为 72.61％。

### 6.2.3　分支机构：省外开设聚集于临海省份，省内集中于甬舟两市

以开设分支机构衡量海洋产业企业的业务扩张能力。当前沿海 11 个省份的海洋产业分支机构数如图 6-11 所示。可得到以下两点发现。一是浙江省所拥有的分支机构数在沿海 11 个省份中处于中间水平，落后于广东、山东、江苏三省；二是浙江省的海洋产业分支机构数稳步增加，2012 年为 1 048 家，

2023 年为 1 525 家，其间累计增加 477 家。

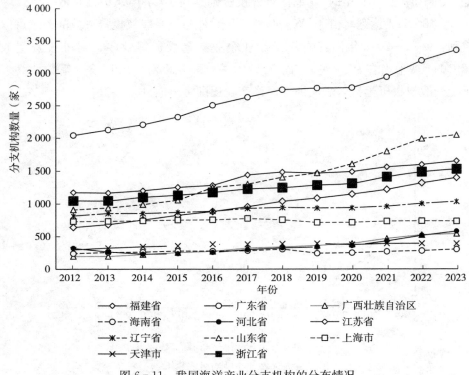

图 6-11 我国海洋产业分支机构的分布情况

（数据来源：企研·社科大数据平台）

　　进一步分析浙江省海洋产业企业开设分支机构的情况。浙江省海洋产业主体开设的 2 475 家分支机构中，非浙江省的一共有 678 家，占比 27.39%。这部分分支机构中仍主要聚集于临海省份，临海 10 个省份（除浙江）共有 475 家，在非浙江省分支机构中的占比为 70.06%。具体来看，开设在上海最多，共计 134 家分支机构数，广东、江苏、山东三省分别以 84 家、74 家、58 家排名第二到四位。

　　而在本省开设的 1 797 家分支机构中，如图 6-12 所示，宁波、舟山两市均在 500 家之上，占比最高，分别为 32.72%、29.72%，合计 62.44%。其余 9 个市相较 2 个市差距明显，最高的杭州为 148 家，紧随其后的温州为 142 家、台州 122 家，包括嘉兴、金华、绍兴、湖州、衢州、丽水在内的 6 个市均在百家以下，本省的海洋产业在上述地、市开设分支机构较少。

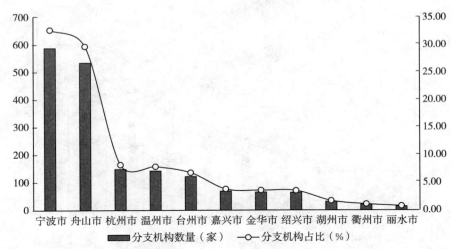

图 6-12    浙江省各地（市）海洋产业企业分支机构分布及其占比

（数据来源：企研·社科大数据平台）

### 6.2.4    创新能力：专利申请数稳步增加，杭州为省内海洋产业创新高地

2023 年 12 月，中共浙江省委办公厅及浙江省人民政府办公厅印发《关于强化企业创新主体地位加强产业科技创新体系建设的意见》，明确指出要进一步强化企业创新主体地位，提升企业创新活力和能力，加强产业科技创新体系建设。

海洋产业的发展离不开创新，图 6-13 展示了浙江省海洋产业发明专利、实用新型专利、外观专利申请数量的变化趋势。从专利申请总量来看，专利申请数量总体表现为增加的趋势，2012 年专利申请总数量仅为 857 件，随后不断增加，于 2021 年达到最高值 4 431 件，其间年均增幅 20.03%。分专利类型来看，发明专利及实用新型专利申请数量总体上均呈现出增长态势，且实用新型专利是三类专利中占比最高的专利类型，近 10 年在全部专利中的占比均超 55%。具体来看，发明专利数量由 2012 年的 177 件持续增长至 2020 年的 1 807 件，随后略微下滑至 2021 年的 1 744 件。值得一提的是，2020 年相较 2019 年大幅增加，增幅达 80.88%；实用新型专利申请数量则稳定增长，具体由 2012 年的 533 件增至 2021 年的 2 445 件，年均增幅为 18.44%；外观专利数量相对最少，申请最多的年份仅为 2020 年的 245 件，变化趋势则为先减后增。

区域分布上，杭州的专利申请数量遥遥领先，2021 年发明专利申请占全

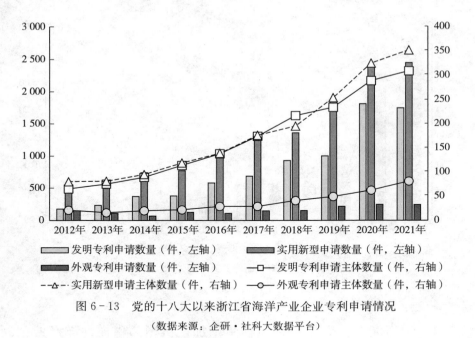

图 6-13　党的十八大以来浙江省海洋产业企业专利申请情况

（数据来源：企研·社科大数据平台）

省海洋产业企业申请数量的 51.59%。其中发明专利与实用新型专利的占比同样超过 50%，前者为 55.28%，后者为 52.19%，宁波则分别以 14.85%、15.75% 的占比排名次席。外观专利中，台州以 28.51% 的占比位列第一，宁波、杭州分别以 21.90%、19.01% 排名第二、三位。整体来看，浙江省海洋产业的创新主要集中于杭甬温台地区。

### 6.2.5　行业形象：杭甬温三市品牌打造处于领先地位

　　商标不仅仅是一个简单的标识，它既可以传达企业价值观、文化和理念，又可以作为企业信誉和质量的保证，建立并维护消费者的忠诚度。一个与企业文化相符的商标可以更好地展示企业形象，提高产品知名度。海洋产业自 2018 年以来，每年商标注册数呈现出先增后减的态势，其中 2018 年有效注册商标数为 847 件，在稳定增长至 2021 年的 2 025 件后，近两年有所下滑，2022—2023 年分别为 1 664 件、1 570 件。

　　分地市看，如图 6-14 所示，自 2018 年以来，全省海洋产业共注册商标 8 353 件，其中杭州共注册 2 698 件，占比达 32.30%；宁波注册 1 758 件，占比 21.05%，排名第二；占比超过 10% 的还有温州市，其注册商标数为 1 038 件，占比 12.43%。以上三市合计占比近 2/3（65.77%），反映出杭甬温三市海洋产业企业在品牌形象的打造上处于全省领先位置。相较之下，金华、台州、舟山、湖州、嘉兴、绍兴等市，商标注册数整体较少，品牌打造稍显不足。

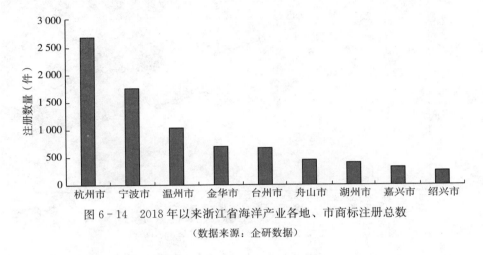

图 6 - 14　2018 年以来浙江省海洋产业各地、市商标注册总数

（数据来源：企研数据）

### 6.2.6　企业寿命：海洋产业企业存活率优于全部企业，过半企业为近 4 年成立

以 2000 年以来新设立的企业为研究样本，显然随着时间的推移，企业不断退出，浙江省海洋产业企业累计存活率[①]呈现出逐年下降的趋势。如图 6 - 15 所示，海洋产业企业的存活率明显优于浙江省全部企业。其中，海洋产业成立的第 8 年累计存活率为 68.55%，已有超三成企业退出，而全部企业在第 5 年的累计存活率就降至 67.29%。海洋产业企业退出一半的年份在其成立后的第 20 年，其累计存活率为 49.58%，而全部企业在第 10 年就降至 49.27%，两者年份差距达 10 年之久。随着时间的进一步延长，退出企业不断增加，企业累计存活率进一步降低，到了第 24 年，海洋产业企业累计存活率仅为 31.97%，近七成企业退出。

进一步分析存续企业的年龄结构，由表 6 - 1 可知，2023 年末的存续企业中，企业年龄在 1~4 年的企业数量分别为 1 746、2 070、1 861、1 180，共计 6 857 家，

---

①　累计存活率：$M$ 年企业在 $N$ 年末的存活率＝$M$ 年成立企业存活至 $N$ 年末的企业数量/$M$ 年成立企业数量（$M<N$），将研究期内历年成立的企业在 $N$ 年末的存活率进行加权平均，即为 $N$ 年累计存活率。同时，本报告所指的企业年龄是指企业在工商部门注册成立至统计时点的存续时间。

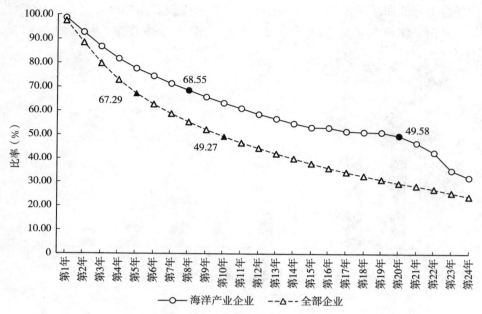

图6-15　浙江省海洋产业企业与全部企业存活时间及其比率

（数据来源：企研·社科大数据平台）

占存续企业总量的51.73%，即过半企业为最近4年内成立。企业年龄5～9年的共有3 593家，占存续企业总量的27.12%；企业年龄在10～20年之间的共有2 351家，占比17.75%；20年以上（不含20年）的共有452家，占比为3.41%。

表6-1　浙江省海洋产业存续企业的生存时间分布（截至2023年末）

| 年龄 | 数量（家） | 占比（%） | 年龄 | 数量（家） | 占比（%） |
|---|---|---|---|---|---|
| 1年以内 | 1 746 | 13.17 | 12年 | 219 | 1.65 |
| 2年 | 2 070 | 15.62 | 13年 | 272 | 2.05 |
| 3年 | 1 861 | 14.04 | 14年 | 222 | 1.68 |
| 4年 | 1 180 | 8.90 | 15年 | 164 | 1.24 |
| 5年 | 989 | 7.46 | 16年 | 189 | 1.43 |
| 6年 | 820 | 6.19 | 17年 | 144 | 1.09 |
| 7年 | 698 | 5.27 | 18年 | 125 | 0.94 |
| 8年 | 591 | 4.46 | 19年 | 99 | 0.75 |
| 9年 | 495 | 3.74 | 20年 | 81 | 0.61 |
| 10年 | 499 | 3.77 | 21年 | 87 | 0.66 |
| 11年 | 337 | 2.54 | 22年以上 | 365 | 2.75 |

数据来源：企研·社科大数据平台。

## 6.3   海洋产业优质主体分析

海洋产业优质主体是整个行业发展的排头兵，往往经营业绩佳、创新水平高、竞争能力强。一方面优质主体可通过其优秀的市场业绩，为其他主体起到模范示范效应；另一方面更能推动整个行业或领域提升标准，促进整体进步。《浙江省海洋经济发展"十四五"规划》指出要积极培育海洋科技型企业，包括海洋科技领域的领军型企业、高成长企业和独角兽企业，并支持现有涉海科技型中小企业、创新型试点企业、省级涉海农业科技企业做大做强，引导涉海行业的龙头骨干企业建设高新技术企业。

### 6.3.1   上市企业情况

上市公司是指在证券交易所公开发行股票并继续进行交易的公司，其在治理结构、财务表现、创新能力、市场竞争力、社会责任等方面通常处于领先水平。作为经济发展的重要组成部分，对我国经济发展起到了巨大的促进作用。截至 2023 年底，我国境内上市公司数量达到 5 346 家，总市值 877.74 万亿元，规模稳居全球第二[①]。

海洋产业近年来得到了长足发展，上市企业数量也稳步增加。2011 年，共有 106 家上市企业，到 2023 年末，数量已达 193 家。党的十八大以来，共增加 87 家上市企业，年均增加 7.25 家。从海洋产业上市公司的区域分布来看，由表 6-2 可知，浙江共有 13 家上市公司，以 3 家之差位列山东之后，排名全国第六位。前五省份中，上海及江苏有 28 家上市公司，在全国各省份中并列排名第一，广东与北京同样存在超 20 家的上市公司位列第三、四位，两省份分别有上市公司 25 家及 21 家。

表 6-2   海洋产业上市公司数量省份分布（前 10 位）

| 序号 | 省份 | 上市公司数量（家） |
|---|---|---|
| 1 | 上海 | 28 |
| 2 | 江苏 | 28 |
| 3 | 广东 | 25 |

① 数据来源于中国上市公司 2023 年发展统计报告。

（续）

| 序号 | 省份 | 上市公司数量（家） |
|---|---|---|
| 4 | 北京 | 21 |
| 5 | 山东 | 16 |
| 6 | 浙江 | 13 |
| 7 | 福建 | 9 |
| 8 | 辽宁 | 8 |
| 9 | 河北 | 7 |
| 10 | 甘肃 | 4 |

数据来源：企研数据。

就浙江省而言，截至 2023 年末，浙江省海洋产业上市企业名单如表 6-3 所示。从上市板块来看，主板上市公司有 10 家，创业板 1 家，科创板 2 家。从区域分布上看，杭州与宁波两市均有 4 家上市企业，台州 3 家，嘉兴及温州两市则均为 1 家。从市值上看，根据 2024 年 7 月 11 日收盘数据，浙江省海洋产业 13 家上市公司总市值为 1 779.93 亿元，其中宁波-舟山港股份有限公司市值最大，达到了 673.12 亿元。除此之外，市值超百亿元的还有宁波东方电缆股份有限公司、浙江伟星新型建材股份有限公司、浙富控股集团有限公司、宁波远洋运输股份有限公司。上述 5 家上市公司市值之和为 1 491.07 亿元。从行业上看，浙江 13 家上市公司覆盖了海洋工程装备制造业、海洋化工业、海洋信息服务、涉海设备制造、涉海经营服务等行业，海洋产业核心层、支持层、外围层均有体现。

表 6-3　浙江省海洋产业上市企业一览表

| 序号 | 企业名称 | 上市板块 | 上市代码 | 区域 | 市值（亿元） |
|---|---|---|---|---|---|
| 1 | 浙江东亚药业股份有限公司 | 主板 | 605177 | 台州市 | 22.92 |
| 2 | 杭州柯林电气股份有限公司 | 科创板 | 688611 | 杭州市 | 27.78 |
| 3 | 浙江亚光科技股份有限公司 | 主板 | 603282 | 温州市 | 21.75 |
| 4 | 运达能源科技集团股份有限公司 | 创业板 | 300772 | 杭州市 | 63.79 |
| 5 | 宁波-舟山港股份有限公司 | 主板 | 601018 | 宁波市 | 673.12 |
| 6 | 宁波东方电缆股份有限公司 | 主板 | 603606 | 宁波市 | 326.59 |
| 7 | 浙富控股集团有限公司 | 主板 | 002266 | 杭州市 | 143.52 |
| 8 | 宁波海运股份有限公司 | 主板 | 600798 | 宁波市 | 31.97 |
| 9 | 浙江伟星新型建材股份有限公司 | 主板 | 002372 | 台州市 | 237.53 |

（续）

| 序号 | 企业名称 | 上市板块 | 上市代码 | 区域 | 市值（亿元） |
|---|---|---|---|---|---|
| 10 | 宁波远洋运输股份有限公司 | 主板 | 601022 | 宁波市 | 110.31 |
| 11 | 浙江万盛股份有限公司 | 主板 | 603010 | 台州市 | 50.88 |
| 12 | 宝鼎科技股份有限公司 | 主板 | 002552 | 杭州市 | 60.13 |
| 13 | 浙江和达科技股份有限公司 | 科创板 | 688296 | 嘉兴市 | 9.64 |

数据来源：笔者自行搜集。

## 6.3.2  国家高新技术企业情况

　　根据 2016 年科技部、财政部、国家税务总局修订印发的《高新技术企业认定管理办法》，高新技术企业是指在《国家重点支持的高新技术领域》内，持续进行研究开发与技术成果转化，形成企业核心自主知识产权，并以此为基础开展经营活动，在中国境内（不包括港、澳、台地区）注册的居民企业。国家高新技术企业是知识密集、技术密集的经济实体，对提升我国自主创新能力、优化产业结构、增强国际竞争力等发挥着重要作用。截至 2023 年底，全国有效认定的海洋产业高新技术企业 4 620 家，其中浙江 370 家，在全国的占比为 8.01%，落后山东省的 717 家（占比 15.52%）、广东省的 590 家（12.77%），排名全国第三。

　　针对浙江省海洋产业的高新技术企业，首先从时序演变上看，2014 年浙江省海洋产业共计认定 51 家国家高新技术企业，随后一路增加至 2023 年末的370 家，年均增长达 24.63%，增幅明显。从区域分布上看，如图 6-16 所示，浙江 11 个地级市已然表现出 4 个梯队。其中第一梯队的杭州，其国家高新技术企业数量最多，也是全省唯一一个超百家（132 家）的城市；第二梯队为宁波，其作为浙江海洋产业重镇，共有 95 家国家高新技术企业，排名全省第二；第三梯队为舟山、温州、嘉兴、台州、湖州 5 个市，国家高新技术企业数量在19～33 家。第四梯队为非临海地、市，包括绍兴、丽水、金华、衢州 4 个市，其国家高新技术企业数量均不足 10 家。

　　从行业上看，浙江省海洋产业的国家高新技术企业主要集中海洋公共管理服务领域，其中海洋技术服务业共有 113 家企业，海洋信息服务业 71 家，两者占据全省国家高新技术企业的近半壁江山。排名第三的行业为海洋科学研究，企业数量达 60 家。超过 10 家的行业还有涉海设备制造（35 家）、海洋工程装备制造业（33 家）、海洋船舶工业（32 家）、海洋药物和生物制品业（15

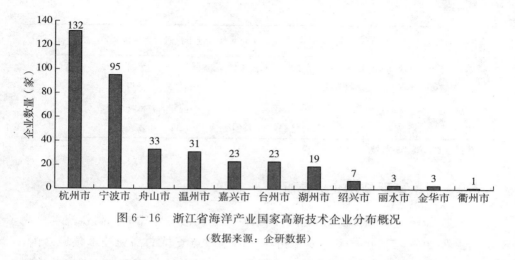

图 6-16 浙江省海洋产业国家高新技术企业分布概况

（数据来源：企研数据）

家）、涉海产品再加工业（12家）、涉海材料制造业（10家）。

### 6.3.3 国家级专精特新和"小巨人"企业情况

专精特新"小巨人"企业是指在特定细分市场内具有专业化、精细化、特色化、新颖化特征的中小企业，它们在产业链中占据重要位置，拥有关键的核心技术，创新能力强，市场竞争力突出，是被定位为进一步发展成为制造业单项冠军企业的"后备军"。根据2022年工业和信息化部发布的《优质中小企业梯度培育管理暂行办法》，专精特新"小巨人"企业需同时满足专、精、特、新、链、品六大特征："专"指长期专注并深耕于产业链某一环节或某一产品；"精"指生产技术、工艺及产品质量国内领先，注重数字化、绿色化发展；"特"指技术和产品有自身独特优势；"新"指创新能力突出；"链"指位于产业链关键环节，实现关键基础技术和产品的产业化，发挥"补短板""锻长板""填空白"等重要作用；"品"指主导产品属于国家支持的重点领域。

近年来，国家层面上的培育与认定力度在逐渐增加。2019—2023年，工业和信息化部先后开展了5批国家级专精特新"小巨人"企业培育和两批专精特新"小巨人"企业复核工作。具体为2019年第一批认定248家（实际复核认定155家），第二批认定1744家（实际复核1079家），第三批认定2930家，第四批认定4354家，第五批认定3671家。已基本完成《"十四五"促进中小企业发展规划》提出的"推动形成一万家专精特新'小巨人'企业"的目标。

积极培育海洋产业专精特新"小巨人"企业，可加快海洋经济领域关键技术创新，加速海洋产业新旧动能转换，促进海洋新技术产业规模化发展。从数量上看，截至 2023 年底，已培育 195 家海洋产业专精特新"小巨人"企业，浙江以 22 家、少于山东省 15 家的数量排名全国第二。具体名单如表 6-4 所示。地区分布上，杭州、宁波、温州、台州、舟山、嘉兴、湖州 7 个地区存在专精特新"小巨人"企业，其他如绍兴、金华、衢州、丽水等地暂无海洋产业专精特新"小巨人"企业。

表 6-4　浙江省各地市海洋产业专精特新"小巨人"企业

| 序号 | 企业名称 | 所属地市 | 列入年份 |
|---|---|---|---|
| 1 | 长兴太湖能谷科技有限公司 | 湖州市 | 2023 |
| 2 | 杭州数澜科技有限公司 | 杭州市 | 2022 |
| 3 | 浙江金龙自控设备有限公司 | 温州市 | 2022 |
| 4 | 宁波凯荣新能源有限公司 | 宁波市 | 2021 |
| 5 | 杭州柯林电气股份有限公司 | 杭州市 | 2022 |
| 6 | 慎江阀门有限公司 | 温州市 | 2023 |
| 7 | 海星海事电气集团有限公司 | 温州市 | 2021 |
| 8 | 浙江亚光科技股份有限公司 | 温州市 | 2022 |
| 9 | 扬戈科技股份有限公司 | 台州市 | 2021 |
| 10 | 浙江航天润博测控技术有限公司 | 杭州市 | 2022 |
| 11 | 浙江中裕通信技术有限公司 | 舟山市 | 2023 |
| 12 | 杭州航天电子技术有限公司 | 杭州市 | 2022 |
| 13 | 宁波欧佩亚海洋工程装备有限公司 | 宁波市 | 2023 |
| 14 | 浙江贝良风能电子科技有限公司 | 温州市 | 2021 |
| 15 | 杭州丰禾石油科技有限公司 | 杭州市 | 2023 |
| 16 | 宁波日新恒力科技有限公司 | 宁波市 | 2023 |
| 17 | 浙江海畅气体股份有限公司 | 台州市 | 2023 |
| 18 | 浙江亘古电缆股份有限公司 | 台州市 | 2023 |
| 19 | 宁波水艺膜科技发展有限公司 | 宁波市 | 2022 |
| 20 | 浙江和达科技股份有限公司 | 嘉兴市 | 2022 |
| 21 | 宁波宇恒能源科技有限公司 | 宁波市 | 2023 |
| 22 | 浙江浙能迈领环境科技有限公司 | 杭州市 | 2023 |

数据来源：企研数据。

### 6.3.4　农业产业化国家重点龙头企业

早在 2000 年，我国就开始对农业产业化国家重点龙头企业进行认定。根据 2010 年 9 月 19 日印发的《农业产业化国家重点龙头企业认定和运行监测管理办法》，农业产业化国家重点龙头企业是指以农产品生产、加工或流通为主业，通过合同、合作、股份合作等利益联结方式直接与农户紧密联系，使农产品生产、加工、销售有机结合、相互促进，在规模和经营指标上达到规定标准并经全国农业产业化联席会议认定的农业企业。截至 2023 年末，我国已经进行了 7 次认定、10 次监测工作，共有 1 953 家农业产业化国家重点龙头企业。

海洋产业中的海洋渔业与农业中的渔业紧密联系，交集明显，如海洋水产养殖、海洋植物种植、海洋牧场、海洋生态农业、海洋资源的综合利用、海洋食品加工、休闲渔业等领域均存交叉。海洋产业中的农业产业化国家重点龙头企业的高质量发展也将带动整个产业的高质量发展。从数量上看，海洋产业方面的农业产业化国家重点龙头企业共有 35 家，在全部农业产业化国家重点龙头企业中的占比为 1.79%。其中浙江省存在 4 家，落后山东的 8 家，福建与辽宁的 7 家，排名第四。浙江 4 家企业分别为浙江象山水产城实业有限公司、浙江兴业集团有限公司、舟山水产品中心批发市场有限责任公司、中国水产舟山海洋渔业有限公司，区域上舟山 3 家，宁波 1 家。

其中浙江象山水产城实业有限公司成立于 1995 年 7 月，主要经营鲜活水产品、建筑材料、五金件批发、零售；水产品初加工；冷藏服务；石浦渔人码头景点开发；海洋休闲旅游观光接待服务；垂钓服务；货物信息咨询服务；实业投资；普通货物仓储；房屋租赁；制冰；水产品交易管理服务。

浙江兴业集团有限公司创建于 1994 年 12 月，是一家中日合资企业，由舟山市属重点国企浙江盛达海洋股份有限公司和世界著名水产企业日本玛鲁哈日鲁株式会社共同出资设立的大型综合性水产企业，专业从事海洋水产品精深加工、海洋生物制品研发与生产、国内外贸易，是我国首家承担国家 863 科技项目的水产企业，拥有博士后科研工作站、省级重点企业研究院、省级企业技术中心、省级水产品研发检验中心。

舟山水产品中心批发市场有限责任公司成立于 1996 年，国有独资企业，占地面积 15 万米²，建筑面积 20 万米²；拥有海域交易岸线 1 200 米、500 吨级及以上码头泊位 13 个；设置有固定活、鲜、干、冻水产品交易经营门店和三产服务门店共 600 余个，驻场经营者逾 3 000 余人。

　　中国水产舟山海洋渔业有限公司始建于 1954 年 8 月，是国务院国有资产监督管理委员会所属中国农业发展集团有限公司的全资子公司。公司位于浙江省舟山市普陀区沈家门渔港，地处中国（浙江）自贸试验区的核心地段，占地面积约 556 亩，总建筑面积约 23 万米$^2$，海岸线总长约 1 500 米，另在普陀区登步岛、六横岛有千余亩的养殖滩涂和水产养殖设施。近 70 年来，公司坚持"渔场先行一步"和"技术领先一步"，不断推进管理与技术进步，创造了不俗的业绩。公司创建的"明珠"品牌是中国驰名商标、浙江老字号，研制的烤鱼片、鱿鱼丝等海洋食品，开创了国内水产品精深加工的先河，为我国海洋渔业从近海走向远洋、水产品加工从初级向深度开发和综合利用的转变做出了杰出贡献。

# 6.4　重点子产业经营分析

## 6.4.1　海洋渔业

### 6.4.1.1　浙江省海洋渔业概况

　　根据自然资源部发布的《海洋及相关产业分类》（GB/T 20794—2021）对所有海洋产业主体类型进行区分，截至 2023 年末，浙江海洋渔业共有 761 家存续企业。从区域分布上，温州、台州两市海洋渔业企业数量最多，分别达到了 333 家、243 家，排名第三、第四位的为舟山、宁波两市，其海洋主体数量分别为 103 家、73 家。上述 4 个市合计 752 家，占据全省海洋渔业企业的98.82%。其他如杭州、嘉兴等市仅为个位数企业，衢州、丽水等地则由于地理位置的原因，暂无海洋渔业相关企业。

### 6.4.1.2　海洋渔业企业经营状况

　　（1）经营异常分析

　　企业规范化经营是产业高质量发展的必要条件。在运营过程中，企业应遵循法律法规、行业标准和道德规范，确保企业行为的合法性、合规性和诚信性。国家市场监管部门对企业规范经营的监管力度自 2014 年商事登记制度改革以来逐渐完善，为保证"事中事后监管"得以有效运行，原国家工商行政管理总局先后推出《企业公示信息抽查暂行办法》《企业经营异常名录管理暂行办法》《个体工商户年度报告暂行办法》《农民专业合作社年度报告公示暂行办法》《工商行政管理行政处罚信息公示暂行规定》《严重违法失信企业名单管理暂行办法》6 个配套部门规章，完善并细化了企业年度报告、公示信息抽查、经营异常名录、严重违法失信企业名单等各项管理制度。

其中根据《企业经营异常名录管理暂行办法》第二条，工商行政管理部门将有经营异常情形的企业列入经营异常名录，通过企业信用信息公示系统公示，提醒其履行公示义务。《企业信息公示暂行条例》第十七条，《企业经营异常名录管理暂行办法》第四条，《农民专业合作社年度报告公示暂行办法》第十条至第十二条对此做了进一步规定，企业或农民专业合作社若出现以下情形（前三条面向企业和农民专业合作社，第四条仅面向企业），将被载入经营异常名录。

· 未按照规定的期限公示年度报告的。

· 企业公示信息隐瞒真实情况、弄虚作假的。

· 通过登记的住所或经营场所无法联系的。

· 未在工商行政管理部门依照《企业信息公示暂行条例》第十条规定责令的期限内公示有关企业信息的。

通常情况下，未按照规定的期限公示年度报告的企业占比最高，可达到90％以上。图6－17则展示了浙江省海洋渔业企业的经营异常率情况。由此图可知，近年来，浙江省各地区海洋渔业的经营规范性有所降低，反映在经营异常率指标值总体上升。其中，宁波海洋渔业经营异常率由2019年的22.5％增加至2023年的30.14％；舟山由22.13％增至27.18％。台州、温州两市经营异常率较宁波、舟山更高，两地区在2019年的经营异常率相当，前者为46.51％，后者为43.68％。随后4年，台州经营异常率显著增加，2023年高达86.42％，相比2019年增加近40个百分点（39.91％）。温州增加较为平缓，2023年较2019年增加4.67个百分点。

（2）行政处罚分析

行政处罚是指行政主体依照法定职权和程序，对违反行政法规范但尚未构成犯罪的相对人，给予行政制裁的具体行政行为。行政处罚包括警告，罚款，没收违法所得、没收非法财物，责令停产停业，暂扣或者吊销许可证、执照，行政拘留以及法律、行政法规规定的其他行政处罚等7个种类。

企业因经营行为受到行政处罚，说明企业在合规经营方面存在不足。以企业为基础分析行业整体受到的行政处罚，可进一步反映行业整体合规性。相较异常经营，受到行政处罚的企业数相对较少。近5年，海洋渔业受到行政处罚的企业数分别为6家、15家、13家、17家、12家，在所有的海洋渔业企业的占比为0.58％、1.67％、1.50％、2.08％、1.58％。图6－18反映了海洋渔

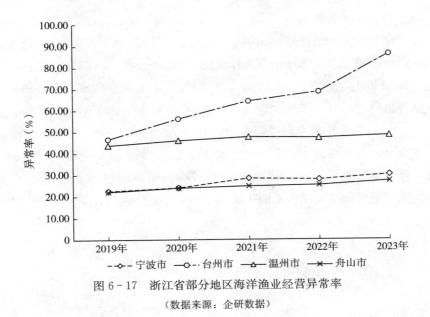

图 6-17 浙江省部分地区海洋渔业经营异常率

（数据来源：企研数据）

业企业的行政处罚数及企业数，分地区来看，近 5 年无论是行政处罚的企业数还是行政处罚的记录数，舟山均处于首位，其中 23 家企业累计被行政处罚 30 次；排名第二的温州则是 17 家企业受到 27 次行政处罚；台州及宁波两市行政处罚数量相对较少，前者 8 家企业受到 10 次行政处罚，后者 6 家企业受到 12 次行政处罚。从平均每家企业受到的行政处罚来看，宁波以 2.00 次/家领先温州的 1.59 次/家、舟山的 1.30 次/家、台州的 1.25 次/家。

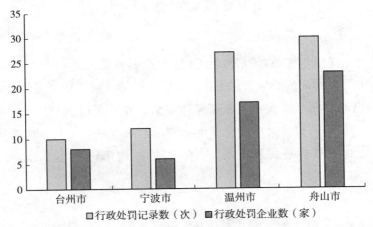

图 6-18 2019—2023 年浙江省各地区海洋渔业企业行政处罚情况

（数据来源：企研数据）

（3）财务状况分析

海洋渔业的资产负债率、净利率、股东权益回报率[①]如图 6 - 19 所示。从平均资产负债率上看，海洋渔业总体保持在 20%～30%，仅 2014 年、2020 年略高于 30% 以上，分别为 30.28%、31.22%。从平均净利率上看，海洋渔业总体呈现出效益趋好的态势，近 3 年的净利率明显高于 2013—2018 年。具体来看，2013—2018 年的净利率均在 20% 以下，而在 2019—2021 年，净利率均高于 20%，3 年分别为 21.20%、21.52%、21.11%。从平均股东权益回报率上看，年份间的差异较大，2020 年为报告期内最高，达到了 25.27%，2016 年则为报告期最低，为仅为 10.91%，两个年份相差达 14.36%。

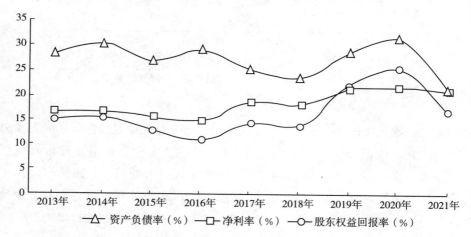

图 6 - 19　2013—2021 年浙江省海洋渔业资产负债率、净利率、股东权益回报率
（数据来源：企研数据）

### 6.4.1.3　典型企业案例

黄鱼岛海洋渔业集团有限公司位于温州市洞头区，成立于 2015 年，是一家专注于仿野生大黄鱼的生态化驯养、数字化赋能、规模化发展的公司。截至 2024 年，已建成深远海大黄鱼养殖基地 6 个，养殖面积达 700 亩，拥有大型抗风浪深水网箱 60 口，其中插杆式生态智能渔城 3 座，周长 384 米国内单体最大软体结构无底智能海洋渔场 1 座，智能声波海洋牧场 1 座，年产值超亿元。

---

① 数据来源于企业自行在市场监管部门年度登记的年度数据，未经审计。由于企业可自行选择是否对外公示，且数据处理时对不符合会计恒等式的记录予以剔除，因此本部分（及下文财务数据）并非为全样本财务数据，请读者知悉。

近年来，公司已先后获得"国家海水鱼产业技术体系示范基地"、农业农村部"水产健康养殖示范场"、"高品质大黄鱼养殖示范基地"等荣誉。2023年，上榜全国现代设施农业创新基地，入选浙江省"品字标浙江农产"，运营的黄鱼岛未来渔场入选浙江省未来农场名单，"全量感知的智慧养鱼模式"被列为浙江省智慧农业十大模式之一，对我国深远海大黄鱼的生态养殖技术研究和技术进步起到很好的引领示范作用。

此外，黄鱼岛海洋渔业集团有限公司还与中国科学院声学研究所等院校、科研机构合作，成立"国家抗风浪养殖装备联合研发基地""智能声波无网海洋牧场研发中心"等平台，研制的深远海抗风浪网箱等养殖装备深受业内好评。

## 6.4.2 海洋交通运输业

### 6.4.2.1 浙江省海洋交通运输业概况

截至 2023 年末，浙江省海洋交通运输业共有企业 4 662 家，其中仅宁波一市就高达 2 356 家，在所有企业中占比达 50.54%，大幅领先排名第二、三位的金华及舟山两市，其企业数量占比分别为 15.23%、10.94%。剩余 8 个市占比均在 10% 以下，其中杭州以 365 家，占比 7.83% 排名全省第四，温州（3.73%）、台州（3.56%）、绍兴（3.41%）、嘉兴（2.96%）、湖州（1.22%）、丽水（0.36%）、衢州（0.21%）分列第五至十一位。

### 6.4.2.2 浙江省海洋交通运输业经营状况

（1）经营异常分析

如图 6-20 所示，浙江省各地海洋交通运输业经营异常呈现出 3 种不同的特点。一是以台州与金华两市为代表，经营异常率总体呈现出下降的态势，其中台州在 2020 年达到高点 18.02% 以后，持续下降至 2023 年的 11.45%；金华则是从 2019 年的 16.07% 一路降至 2022 年的 5.25%，尽管 2023 年略有反弹，升至 5.63%，但 4 年间下降达 10.44 个百分点。二是以宁波、舟山为代表，经营异常率总体表现稳定，前者 5 年的经营异常率分别为 7.95%、8.36%、7.45%、7.25%、8.15%，最高与最低相差 1.11 个百分点；后者 5 年的经营异常率分别为 10.85%、10.68%、11.06%、11.07%、10.39%，最高与最低相差 0.68 个百分点。三是以杭州、温州为代表，其经营异常率呈现出"U"形或倒"U"形趋势的特点，其中前者先由 2019 年的 10.93% 增至 2021 年的高点 13.31%，随后下降至 2023 年的 10.68%，呈现出倒"U"形的特点；后者则与之相反，先由 2019 年的 10.78％下降至 2021 年的 7.35％，随后有所增加，于 2023 年达到 9.77％。

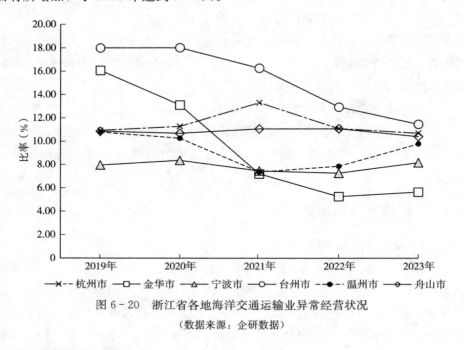

图 6-20　浙江省各地海洋交通运输业异常经营状况

（数据来源：企研数据）

（2）行政处罚分析

近 5 年，海洋交通运输业受到行政处罚的企业较多，分别为 103 家、81 家、140 家、195 家、304 家，在当年存续海洋交通运输业企业的占比为 3.19％、2.41％、3.55％、4.41％、6.52％。图 6-21 反映了海洋交通运输业企业的行政处罚数及企业数，与海洋渔业类似，近 5 年舟山行政处罚的企业数以及行政处罚的记录数均位列全省各地首位，其 200 家企业累计被行政处罚 1 085 次；被行政处罚的企业数排名第二地区为宁波，具体为 128 家企业受到 675 次行政处罚；台州及金华被行政处罚的企业数相当，但处罚记录前者远超后者，台州 49 家企业被处罚 239 次，而金华则是 44 家企业被处罚 61 次。从平均每家企业受到的行政处罚来看，温州 23 家企业被处罚 212 次，企均处罚高达 9.22 次，绍兴以 7.22 次/家位居第二，嘉兴、舟山、宁波 3 个市分别以 5.65 次/家、5.43 次/家、5.27 次/家排名第三到五位。

（3）财务状况分析

海洋交通运输业的资产负债率、净利率、股东权益回报率如图 6-22 所示。从平均资产负债率上看，海洋交通运输业自 2013 年开始逐年增大，由

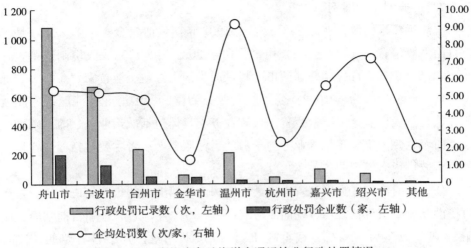

图 6-21　浙江省各地海洋交通运输业行政处罚情况

（数据来源：企研数据）

25.16％增加至 2021 年的 46.46％，8 年间增加了 21.3 个百分点。从平均净利率上看，海洋交通运输业的净利率整体较低，且呈现出先减后增的趋势，2013—2016 年，净利率由 4.71％逐年下滑至 3.88％，随后不断反弹，由 2017 年的 5.14％增加至 2021 年的 7.09％，也同时达到了历史高点。从平均股东权益回报率上看，浙江海洋交通运输业整体呈现出持续增加的趋势，2013 年仅为5.83％，随后增加至 2015 年的 11.31％，在经历短暂且微小的下调后（2016 年为 11.17％）迅猛增长，到 2021 年达到了 29.11％。

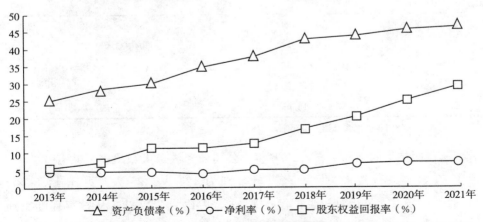

图 6-22　2013—2021 年浙江省海洋交通运输业资产负债率、净利率、股东权益回报率

（数据来源：企研数据）

### 6.4.2.3　典型企业案例

宁波远洋运输股份有限公司成立于 1992 年，注册资金 13.08 亿元，是宁波舟山港股份有限公司控股子公司。公司于 2021 年 3 月完成股份制改革，并在 2022 年 12 月 8 日成功登陆沪市主板，成为国内港航企业首家"A 拆 A"上市公司，股票代码为 601022。公司主营业务为国际、沿海和长江航线的航运业务、船舶代理业务及干散货货运代理业务。具体包括航运业务、航运辅助业务，前者主要为集装箱运输业务与干散货运输服务，后者主要包括船舶代理业务及干散货货运代理业务。

公司目前已发展为浙江省内最大、中国内地第五大的集装箱班轮企业，运力在世界集装箱班轮公司位列前 25 位。截至 2024 年 7 月，公司目前共经营船舶 94 艘，总运力 148.3 万载重吨/8 万 TEU 载箱量，其中自有船舶 47 艘，99.7 万载重吨/4.9 万 TEU 载箱量。

从营收上看，如表 6-5 所示，近 5 年宁波远洋营收有升有降，2019 年为近 5 年营收最高年份，达到了 51.14 亿元，2020 年及 2021 年营收有所下滑，分别为 30.32 亿元、38.14 亿元，随后两年，公司营收有所反弹，分别为 47.69 亿元、44.69 亿元。与其趋势相反的是，公司净利润在前 4 年保持稳定增长，由 2019 年的 1.88 亿元持续增长至 6.70 亿元，年均增幅高达 52.64%。尽管 2023 年有所下滑，为 5.00 亿元，但仍高于 2019 年、2020 年。

表 6-5　2019—2023 年宁波远洋营收及净利润

| 年份 | 营业收入（元） | 净利润（元） |
|------|------|------|
| 2019 | 5 113 780 144.34 | 188 403 665.42 |
| 2020 | 3 032 486 221.11 | 304 332 459.01 |
| 2021 | 3 814 457 842.68 | 520 991 059.18 |
| 2022 | 4 768 748 273.26 | 670 021 035.76 |
| 2023 | 4 469 132 016.58 | 500 636 490.08 |

数据来源：公司年度报告及招股说明书。

从在职员工的结构来看，2023 年，公司业务人员人数最多，共有 594 人，占比 70.88%；行政人员、管理人员分别为 124 人、95 人，占比 14.80%、11.34%；技术人员相对较少，仅有 25 人，占比为 2.98%。从教育程度类别上看，在职员工中大学本科及以上学历 580 人，占比达 69.21%，在职员工文化水平相对较高。

### 6.4.3 海洋技术服务业

#### 6.4.3.1 浙江省海洋技术服务业概况

截至 2023 年末，浙江省海洋技术服务业共有企业 2 839 家，全省 11 个地区均有该领域的企业。其中杭甬两市分别以 857 家、660 家的企业数，30.19%、23.25% 的占比位列全省前二，舟山、温州两市数量占比相差不大，前者为 311 家（占比 10.95%），后者为 289 家（占比 10.18%），4 个市合计占比 74.57%，是浙江省海洋技术服务业企业的主要聚集区域。其余 7 个市合计占比 25.43%，其中台州以 7.85% 的占比领衔，嘉兴、金华、绍兴、湖州、丽水、衢州分别以 4.30%、4.02%、3.56%、3.06%、1.44%、1.20% 排名第六至十一位。

#### 6.4.3.2 浙江省海洋技术服务业经营状况

（1）经营异常分析

近 5 年，浙江省海洋技术服务业经营异常企业数分别为 54 家、74 家、105 家、126 家、158 家，呈现出不断增加的态势；而从在存续企业中的占比上看，则呈现出一定的波动状态，5 年占比分别为 5.93%、5.49%、5.76%、5.21%、5.57%。

如图 6-23 所示，分地区看，2019 年，主要聚集区域中宁波的占比为 3.14%，随后不断增加至 2023 年的 6.21%，4 年间增加了 3.07 个百分点。与之相反的是，温州近 5 年的经营异常率总体呈现下降的趋势，具体由 2019 年的 8.79% 逐渐下滑至 2021 年的 5.75%，2022 年后反弹至 6.25% 后再次下落至 2023 年的 5.54%。杭州与舟山两市则表现出一定的波动状态，前者由 2019 年的 6.85% 升至 2021 年的 7.24% 后再次下滑至 2023 年的 5.83%。舟山则从 2019 年的 7.01% 逐渐下降至 2022 年的 5.65% 后，又于 2023 年反弹至 6.43%。

（2）行政处罚分析

近 5 年，海洋技术服务业受到行政处罚的企业总体表现出持续增加的趋势，具体为 15 家、23 家、20 家、28 家、37 家，在当年存续海洋技术服务业企业的占比为 1.65%、1.71%、1.10%、1.16%、1.30%。图 6-24 反映了近 5 年海洋技术服务业企业的行政处罚数及企业数，其中杭州以 24 家行政处罚企业、58 条行政处罚记录分别位列各自指标首位；宁波与杭州差距不大，其行政处罚企业数与行政处罚记录数分别为 22 家、48 条；舟山、台州、温州

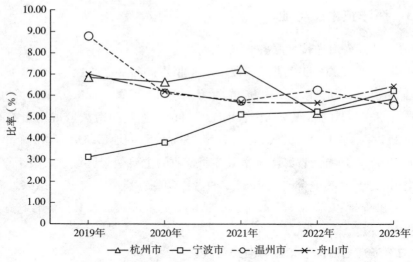

图 6-23　杭甬舟温 4 市海洋技术服务企业经营异常率

（数据来源：企研数据）

3 个市总体相当，其行政处罚企业数分别为 16 家、13 家、13 家，行政处罚记录数分别为 23 条、22 条、17 条。从平均每家企业受到的行政处罚来看，杭州、宁波是唯二超过 2.00 条/家的地区，具体是杭州 2.42 条/家，宁波 2.18 条/家；台州、舟山、温州 3 个市分别以 1.69、1.44、1.31 条/家分列第三至五位。

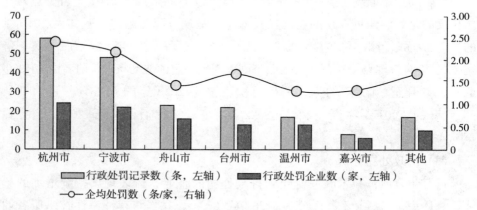

图 6-24　近 5 年浙江省海洋技术服务业行政处罚情况

（数据来源：企研数据）

（3）财务状况分析

海洋技术服务业的资产负债率、净利率、股东权益回报率如图 6-25 所示。从平均资产负债率上看，海洋技术服务业整体表现出不断增加的趋势，企业负债水平增大，具体由 2013 年的 31.076％持续增至 2020 年的高点（49.35％），2023 年略微下滑，为 45.09％。从平均净利率上看，海洋技术服务业在报告期内维持在 10％～20％，2018—2021 年的 4 年里，净利率由 12.13％增至 18.01％，企业盈利能力趋好。从平均股东权益回报率上看，海洋技术服务业表现出波动增加的特点，其中 2014—2016 年平均股东权益回报率由 11.61％增至 30.61％；2017—2020 年由 28.62％增至 47.92％。

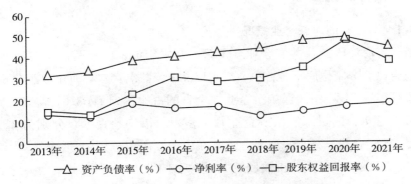

图 6 - 25　2013—2021 年浙江省海洋技术服务业资产
负债率、净利率、股东权益回报率
（数据来源：企研数据）

### 6.4.3.3　典型企业案例

宁波同盛海洋科技有限公司成立于 2015 年，总部位于上海，在宁波、深圳、北京、广州设有子公司或办事处，与国外厂家、国内高校研究所设有联合创新实验室，是一家专注于地球科学观测和测量系统的综合解决方案服务商。公司深耕于海洋领域，已与包括 Teledyne Marine 集团、L3 集团、R2Sonic&R3Vox 公司、VAISALA 公司、Klein Marine 公司、Applanix 公司等企业在内的全球众多知名厂商建立了合作关系。

公司业务主要聚焦于海洋测绘、海洋物探、水文和气象等，产品包括多波束测深系统、单波束测深系统、侧扫声呐系统、浅地层剖面系统、海事气象系统、成像声呐系统、船载定位定姿系统、水下与水面导航定位系统、海底取样系统、单道与多道电火花地震系统、水下监测系统、水下机器人和无人船测量系统等；提供无人船测量方案、气象水文观测系统、水下结构无损检测等解决方案。目前已推出了国内第一套商业化国产单道与多道电火花地震系统。

公司秉承"简约高效、追求卓越"的理念，提供一站式解决方案，与国家多个海洋部门进行了长期稳定合作，参与了雪龙 2 号、嘉庚号、中大号等科考船建设，与交通运输部、水利部、科学技术部、中国石油天然气集团有限公司、中国石油化工股份有限公司、中国海洋石油集团有限公司、中国科学院等进行了深入合作，以良好的产品和优质的技术服务赢得了广大客户的信任和支持。

## 6.4.4　海洋旅游业

### 6.4.4.1　浙江省海洋旅游业概况

浙江省海洋旅游业共有企业 511 家，其中宁波、台州两市均在 200 家以上，前者以 242 家位居全省首位，后者以 201 家排名第二，舟山以距台州 4 家之差位列第三，3 个市海洋旅游企业在全省的占比达到了 63.81%。在前三城市之后，温州、杭州海洋旅游企业数最多，两市均超百家，分别为 127 家、114 家，包括金华、嘉兴、湖州、绍兴在内的 4 个市分别为 38 家、33 家、22 家、22 家，丽水、衢州两市数量最少，不足 10 家。

### 6.4.4.2　浙江省海洋旅游业经营状况

（1）经营异常分析

由图 6-26 可知，2019—2023 年，浙江省海洋旅游业列入经营异常名录的企业数量保持在 70~80 家，2023 年的 81 家为近 5 年最高，在全部存续企业中占比 15.85%。分地区来看，排除丽水、衢州两地，其余 9 个市中，台州的异常经营率最高，2023 年达到了 28.57%，比最低的宁波（9.02%）高出 19.55 个百分点。

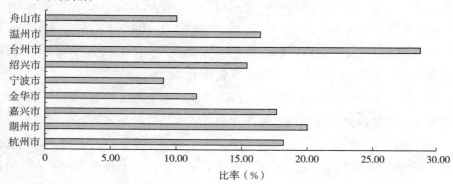

图 6-26　2023 年浙江省各地海洋旅游业企业经营异常率

（数据来源：企研数据）

（2）行政处罚分析

近 5 年，海洋旅游业企业受到行政处罚的企业总体表现出增加的趋势，具体分别为 15 家、13 家、21 家、23 家、29 家，在当年存续海洋旅游业企业的占比为 3.05％、2.63％、4.26％、4.43％、5.68％。图 6-27 反映了近 5 年海洋旅游企业的行政处罚数及企业数，其中宁波被行政处罚的企业数最多，为 17 家，台州、温州、舟山分别以 14 家、13 家、13 家紧随其后；行政处罚记录数最多的为舟山，达到了 43 条，台州以两条之差位居第二，宁波、温州两市分别以 35 条、26 条分列第三、四位。从企均处罚来看，舟山以 3.31 排名首位，台州以 2.93 排名次席，宁波、舟山总体相当，前者为 2.06，后者为 2.00。

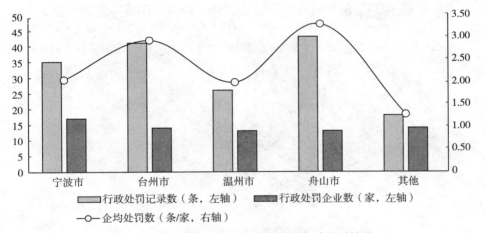

图 6-27　近 5 年浙江省海洋旅游业行政处罚情况

（数据来源：企研数据）

（3）财务状况分析

海洋旅游业的资产负债率、净利率、股东权益回报率如图 6-28 所示。从平均资产负债率上看，海洋旅游业的负债水平呈现出一定的波动状态，2013 年的 17.04％为报告期内最低值，在 2014 年（20.25％）、2015 年（18.62％）经历一增一减后，2016—2020 年的资产负债率开始逐年升高，到 2020 年达到报告期高点 34.32％。从平均净利率上看，海洋旅游业整体盈利能力较好，包括 2015—2018 年、2021 年在内的 5 年均超过 20％，2017 年的 28.90％、2021 年的 27.88％、2015 年的 25.49％为报告期内营收能力最好的 3 个年份。从平均股东权益回报率上看，海洋旅游业在报告期内均超过 20％，其中 2020 年股东

权益回报率最高，达到了 33.84％，较 2014 年的低点（20.17％），高出 13.67
个百分点。

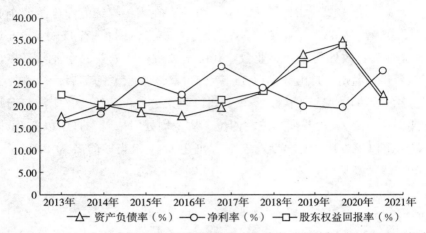

图 6 - 28  2013—2021 年浙江省海洋旅游业资产负债率、净利率、股东权益回报率

（数据来源：企研数据）

区域篇

# 7　海洋产业发展的杭州实践

## 7.1　杭州市海洋产业发展的历史变迁

1975 年，国家颁布《关于适用我国大陆海岸线长度和海洋岛屿数量及其岸线长度新数据的通知》，确定钱塘江大桥以东是海，桥西是江，而钱塘江大桥位于西湖以西，属于杭州市区，因此杭州市是标准的沿海城市。此外，杭州市萧山区拥有 23.5 千米的海岸线。因此，虽然杭州市并非传统意义上的沿海城市，但因地理接近度及与海洋的紧密联系，而兼具内陆与沿海特色，因此赋予了它在经济发展、文化交流上的独特优势，形成了独具一格的海洋产业历史格局。

### 7.1.1　形成基础：1978 年以前

根据地质学家分析，至少在 4 000 年前，西湖是杭州市湾的一部分，如今的宝石山和昊山，就是当年西湖海湾的两个岬角。2 000 多年前的汉朝，西湖是浅海湾。元朝 1277 年在沿海城市设置了市舶司，专管船只进出事宜[1]。因此，杭州市自古以来就具有独特的海洋产业格局。

海洋贸易辉煌篇章。南宋时期，杭州市作为"海上丝绸之路"的重要节点，其海洋贸易达到了鼎盛。例如《梦粱录》有曰："而闽商海贾，风帆浪舶，出入于江涛浩淼、烟云杳霭之间。"《寄提舶王季羔》曾几（宋）"贾舶纷如海上鸥"等，就详细记载了南宋杭州市海上贸易和商业发展的繁荣景象，丝绸、茶叶等商品通过杭州市港远销海外，同时吸引了世界各地的商贾与货物汇聚于此，促进了文化的交流与经济的繁荣。

海洋造船业初露锋芒。伴随着海洋贸易的兴起，杭州市的海洋造船业也逐渐崭露头角。2002 年，杭州市萧山区跨湖桥遗址出土了"中华第一舟"独木舟，结合遗址内的造船技术遗迹，证明 8 000 年前杭州已开始造船，并具有一定规模，为海洋贸易提供了船舶保障。这些基础不仅开启了杭州市的商贸繁荣，也见证了杭州市造船技艺的传承与发展。

传统渔业打下根基。杭州市地处江南水乡，丰富的淡水资源为渔业发展提供了得天独厚的条件。在 20 世纪前，杭州市的海洋渔业（实际更多为淡水渔业）已具有相当规模，渔民们依靠传统捕捞技术和逐渐兴起的淡水养殖技术，为当地居民提供了丰富的食物来源，促进了渔业经济的繁荣。

现代渔业崭露头角。杭州市的现代渔业历史可以追溯到 20 世纪初期。尽管杭州市不直接临海，但通过运河系统，杭州市的渔业发展主要依赖内陆水域的养殖和捕捞。传统的捕捞业和简单的水产品加工是早期渔业的主要形式。早期的水产品加工主要集中在简单的加工和保鲜技术上。随着渔业的发展，水产品加工产业逐步兴起。早期杭州市水产品加工主要服务于本地市场。改革开放前的杭州市在海洋产业方面展现出了多点发展的态势[2]，海洋贸易的繁荣带动了经济的快速增长，海洋造船业为贸易提供了有力支撑，而海洋渔业则充分利用了自然资源优势，共同构建了杭州市海洋产业的辉煌历史[3]。这些历史经验为杭州市乃至中国未来的海洋经济发展提供了宝贵的积累与借鉴。

## 7.1.2　快速发展：1978—1999 年

改革开放后，杭州市的经济活力经历了前所未有的爆发式增长，这不仅标志着中国经济转型的成功实践，也给杭州市海洋经济带来了活力。在此期间，杭州的海洋产业作为新兴经济增长点，实现了显著的快速发展。随着国家开放政策的深化与全球经济一体化的推进，杭州充分利用其独特的地理位置与丰富的海洋资源，通过技术创新、产业升级和国际合作等多种途径，促进了海洋渔业的现代化转型、海洋交通运输的高效化运作、海洋旅游业的蓬勃发展以及海洋高新技术产业的初步崛起。

海洋经济起步与探索。这一时期，随着改革开放的深入，杭州市开始逐步探索现代海洋经济的发展。海洋经济在杭州市整体经济中的地位逐渐提升，但尚处于起步阶段。

机构设立与政策支持。杭州市对外经济贸易机构的成立（如杭州市对外经济贸易局、杭州市对外经济委员会等），为海洋经济的对外贸易提供了组织保障和政策支持。

产业初步集聚与发展。海洋产业开始初步集聚，尤其是在杭州市技术经济开发区、高新（滨江）区和萧山区等地，海洋经济相关产业逐渐崭露头角。

科技研发初涉与起步。虽然海洋经济科技含量较低，但部分科研院所和高校开始涉足海洋科技领域，为后续的科技研发奠定了基础。

### 7.1.3 蓝色崛起：2000—2011 年

自 2000 年至党的十八大召开前夕，杭州的海洋经济在政策的强力驱动下，经历了从传统到现代的深刻转型。通过优化产业结构、强化科技创新、推动区域联动与基础设施建设，并兼顾生态环境保护，杭州海洋经济实现了跨越式发展，为城市经济的多元化与可持续性奠定了坚实基础。

产业结构逐渐优化。海洋产业结构开始趋向多样化，传统海洋产业（如海洋渔业、海洋交通运输业）稳步提升，同时海洋新兴产业（如海洋生物医药、海洋高新技术产业）开始萌芽，杭州市渔业总产值变化如图 7-1 所示，呈波动上升态势，产业整体正处于稳速发展阶段。

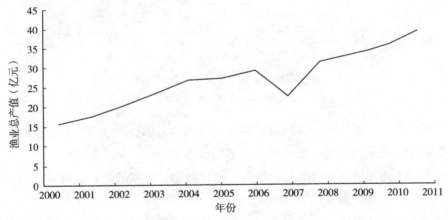

图 7-1 海洋渔业总产值变化（2000—2011 年）

（数据来源：杭州市统计年鉴）

科技实力不断增强。随着科技研发的深入，杭州市在海洋科技领域取得了一定成果，科技实力不断提升，为海洋经济的发展提供了有力支撑。

基础设施建设加速。出海通道建设（如杭州市-嘉兴联建码头、运河和钱塘江内河码头等）加快推进，为海洋经济的"陆海联动"发展奠定了硬件基础。

产业集聚效应显现。随着大江东产业集聚区和城西科创产业集聚区的开发建设，涉海产业加快集聚，成为海洋经济发展的重要平台。

### 7.1.4 转型升级：2012 年至今

党的十八大召开之后，杭州市海洋经济迈入了全新的发展阶段。在国家海洋强国战略的指引下，杭州深化海洋经济体制改革，加速产业升级与创新驱动，海洋科技实力显著增强，国际合作不断拓展，展现出更加开放、绿色、高效的发展态势，为城市经济的高质量发展注入了新的活力。

产业结构调整。进入新时代，杭州市海洋经济更加注重产业协同发展，海洋产业结构进一步优化升级，海洋新兴产业和高科技产业成为发展重点。而传统渔业的发展则有所放缓（图 7-2）。

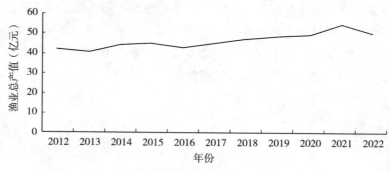

图 7-2 杭州渔业总产值变化（2012—2022 年）

（数据来源：杭州市统计年鉴）

创新驱动发展战略。实施创新驱动发展战略，加强产学研合作，促进海洋科技成果的转化和应用，推动海洋经济创新发展。

区域协同发展。积极参与长三角一体化发展等国家战略，加强与周边地区的海洋经济合作，实现区域协同发展。

绿色可持续发展。注重海洋经济的绿色可持续发展，加强海洋环境保护和生态修复工作，推动海洋经济与生态环境协调发展。

国际化水平提升。随着对外开放的不断深入，杭州市海洋经济的国际化水平不断提升，参与国际海洋经济合作与竞争的能力显著增强。

## 7.2 杭州市海洋产业发展的现状特征

### 7.2.1 海洋金融服务体系健全

杭州市虽不具备宁波、舟山等沿海城市丰富的海洋资源，但在海洋金融服务领域构建了较为完备的体系。历经"十二五"期间的快速发展，杭州市金融业实现了业态多元化，初步构建了大金融产业格局。金融市场规模显著扩大，资本市场体系日益健全；金融创新活动持续深化，新兴金融业态在全国处于领先地位；本土金融机构实力增强，对实体经济的服务能力显著提升[4]。数据显示，2023 年杭州市金融业增加值达到 2 490 亿元，较 2018 年增长 108.02%，常年保持 9% 左右的增幅，远高于同期全国及浙江省平均水平。

随着海洋经济的持续繁荣，海洋元素在杭州市金融服务中日益突出。国家开发银行浙江分行等金融机构积极为海洋企业提供开发性金融支持，助力海洋经济发展。同时，其他金融服务机构也广泛参与，为海洋渔业、海洋生物医药、海洋船舶制造等关键海洋产业提供全方位的金融支持，有效促进了杭州市海洋经济的稳健发展。这种跨业态、跨领域的金融支持模式，为杭州市海洋经济的持续增长提供了坚实的保障。

## 7.2.2　海洋产业集聚与资源优化利用

自 21 世纪伊始，浙江省持续致力于海洋经济空间布局的优化与重构，构建出以宁波与舟山为核心，温台沿海地带及杭州湾为辅助的三大海洋经济区域架构。此架构中，杭州市积极融入，通过参与"三大对接"工程（即杭州湾大通道建设与舟山大陆至洞头连岛工程），有效整合浙江的海洋资源禀赋与区域优势，促进了海洋产业与内陆经济的深度融合和协同发展。

大江东产业集聚区与城西科技创新产业集聚区作为杭州市海洋经济的重要据点，依据各自的功能定位，聚焦海洋工程、海水资源开发利用、海洋生物医药、深海勘探装备制造等高新技术领域，形成了产业集聚效应。同时，杭州市凭借其在科技、人才、教育、金融、信息等多方面的强大支撑能力，为海洋产业集聚提供了优越的环境条件，进一步增强了区域竞争力[5]。这两大产业集聚区不仅注重海洋产业内部的精细化分工与高效协同，还积极构建与其他产业的紧密联系，通过精准定位与策略实施，显著提升了海洋产业的集聚水平与协同效率，为浙江乃至全国的海洋经济发展贡献了重要力量。

## 7.2.3　数字赋能海洋产业升级（图 7-3）

促进海洋数字产业化进程与技术创新融合。杭州市在推动海洋经济高质量发展中，聚焦海洋数字产业化的加速推进，强化云计算、大数据、网络通信等前沿技术在海洋领域的深度融合与应用。这一策略不仅催生了海洋通信网络、海底光纤电缆、先进船用导航雷达等创新产品的研发与升级，还显著提升了海洋通信的效能与安全性，增强了海洋数据的采集、处理与分析能力，为海洋经济的数字化转型奠定了坚实的技术基石。

构建海洋数字经济生态体系。杭州市致力于构建海洋数字经济生态体系，通过政策引导与市场机制，积极培育海洋电子商务、海洋大数据服务等新兴业态与模式，为海洋经济注入强劲的数字动力。这一举措不仅丰富了海洋经济的内涵与外延，还促进了海洋产业结构的优化升级，增强了海洋经济的创新活力与增长潜力。

深化海洋产业数字化转型路径。在海洋产业数字化转型方面，杭州市积极探索数字技术与海洋产业的深度融合路径，运用大数据、人工智能等先进技术优化海洋产业的生产流程，提升生产效率，降低运营成本。特别是在海洋渔业领域，智能渔网、远程监控等技术的应用，实现了渔业管理的精准化与智能化，推动了海洋传统产业的转型升级与可持续发展。

打造新型海洋数字城市样板。杭州市还致力于将海洋经济与智慧城市建设相结合，通过构建智慧海洋、数字港口等新型基础设施，提升城市的海洋管理智能化水平与服务效能。同时，借助数字技术优化海洋资源配置，推动海洋经济向绿色、低碳、可持续方向发展，努力打造具有示范意义的新型海洋数字城市样板。

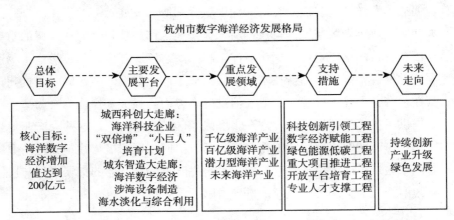

图7-3 杭州市数字海洋经济发展格局

（资料来源：杭州市人民政府）

拓宽海洋数字经济应用边界。为进一步提升海洋经济的智能化与抗风险能力，杭州市不断拓展海洋数字经济的应用场景，将数字技术广泛应用于海洋环境监测、灾害预警、资源勘探等领域。这些创新应用不仅提高了海洋经济的管理效率与决策科学性，还增强了海洋经济的可持续发展能力，为海洋经济的长远发展奠定了坚实基础。

## 7.2.4 海洋政策逐步完善

杭州市以海洋经济高质量发展为主线，坚持科技创新驱动，加快构建具有国际竞争力的现代海洋产业体系，旨在打造全国重要的海洋科技创新策源地、海洋人才高地和海洋数字经济示范城。这一政策特点体现在《杭州市海洋经济高质量发展倍增行动实施方案》中（表7-1），通过强化"两廊"辐射带动、推进"多点"特色发展、打造"135X"现代化产业体系以及实施海洋经济高质量发展六大工程等具体举措，力争到2030年实现海洋经济总量翻番，海洋生产总值达到3 400亿元，占GDP比重达到10％的目标。

表7-1 杭州市主要海洋政策统计

| 政策名称 | 发布时间 | 主要特点与目标 |
|---|---|---|
| 《杭州市海洋特色产业基地建设方案》 | 2014年10月 | 指导精神：党的十八大、十八届三中全会及浙江省委全会精神。<br>总体要求：构建海洋优势产业集聚、创新要素集成等海洋特色产业基地。<br>重点产业：临港先进制造、海水淡化、海洋科技研发。<br>基本原则：立足优势、创新驱动、科学规划、生态优先、陆海联动。<br>具体建设：以大江东临港装备制造基地为例，推动产业集聚、科技创新与项目推进 |
| 《杭州市海洋经济高质量发展倍增行动实施方案》 | 2024年7月 | 总体目标：2030年海洋经济总量翻番，GOP达3 400亿元，占GDP比重10％。<br>发展格局："两廊引领、多点联动"，强化科创与智造走廊。<br>产业体系："135X"现代化产业体系，涵盖科研教育、数字经济、生物医药、交通运输及未来产业。<br>重点工程：六大工程，包括科技创新、数字经济、绿色能源、重大项目、开放平台与专业人才支撑。<br>保障措施：财政、税收、土地、人才等政策支持，加强组织协调与监督 |

资料来源：杭州市人民政府。

# 7.3 杭州市海洋产业发展的困难挑战

## 7.3.1 政策扶持力度欠缺

尽管杭州市在城市综合实力和经济发展方面名列前茅，但在海洋经济领域的政策支持相对薄弱。根据《中国海洋经济发展报告（2022）》，浙江省的海洋生产总值已超过 1.1 万亿元，占全省 GDP 的 14.4％，而杭州市在全省海洋经济中的占比仅为较小一部分[6]。这说明杭州市的政策侧重点仍然偏向传统陆地产业，海洋经济相关政策覆盖面和力度不足。而杭州市由于其地理位置与其他沿海城市相比距离海洋相对较远，目前发布的海洋政策有两部，政策支持方面还处于发展阶段。

具体表现为：政策覆盖面不足，当前杭州市出台的海洋经济相关政策多集中在产业发展的指导性文件上，缺乏对具体产业链、创新模式、人才引进、金融支持等方面的详细规定。这使得企业在具体执行层面缺乏明确的指导，难以享受到政策带来的实质性支持。政策支持力度有限，杭州市现有的海洋经济政策多为宏观指导，缺乏资金、税收等实质性优惠措施，难以形成对企业的直接激励。相较宁波、舟山等城市，杭州的政策支持力度显然偏弱，导致在吸引海洋产业投资和人才方面处于劣势。政策协调性不足，杭州市的海洋经济政策与其数字经济、金融产业等优势领域的政策尚未实现有效协同，未能充分发挥杭州的区域综合优势，导致海洋经济的发展缺乏强有力的政策引导和支持[7]。

## 7.3.2 海洋资源相对匮乏

作为浙江省省会，尽管杭州市地处经济发达的长三角地区，却因其地理位置相对内陆，远离广阔的海洋，导致直接获取和利用海洋资源的条件受限。这种地理上的劣势，特别是与沿海城市相比，显著影响了杭州市在海洋经济领域的布局与发展。

具体表现为：深海渔业资源匮乏，深海区域蕴藏着丰富的鱼类、贝类及其他海洋生物资源，是海洋第一产业的重要组成部分。然而，由于杭州市距离海岸线较远，缺乏直接从事深海捕捞的便利条件，加之远洋渔业的高成本和技术门槛，使得杭州市在这一领域的参与度极低，难以分享到深海渔业带来的经济效益。优质海洋旅游资源缺失，也限制了杭州市海洋旅游产业的发展。海洋旅游以其独特的自然风光、丰富的文化体验和休闲度假方式，成为全球旅游业的重要组成部分。然而，杭州市周边海域缺乏像海岛、珊瑚礁、海底奇观等具有吸引力的旅游资源，使得其难以在海洋旅游市场上占据一席之地。尽管杭州市可以依托其深厚的文化底蕴和优美的自然风光发展内陆旅游，但在海洋旅游这一细分领域，其竞争力相对较弱。海洋矿产资源和海洋能源的开发利用参与度低，杭州市在海洋矿产资源的勘探和开采方面同样受到地理位置的限制，难以直接参与到深海矿产资源的开发中[8]。而在海洋能源方面，如潮汐能、波浪能等可再生能源的利用，虽然具有广阔的前景，但受限于技术水平和成本因素，杭州市在这一领域的探索仍处于起步阶段。

### 7.3.3 海洋科技投入不足

海洋科技研发投入不足，是当前我国乃至全球海洋经济可持续发展与技术创新遇到的一大瓶颈。尽管杭州市在数字经济、人工智能、生物医药等多个领域取得了显著成就，拥有浙江大学等高等教育学府，自然资源部第二海洋研究所、浙江省海洋规划设计研究院及浙江省海洋科学研究院等科研机构，吸引了如绿盛集团、浙江大洋世家、瑞声海洋仪器公司等一批创新型企业，并大力实施"千人计划"，但在海洋科技这一特定领域内，与其他沿海城市相比，其研发投入的力度仍显薄弱。

具体表现为：①投入比例显著低于整体水平。尽管杭州市 2022 年的研发投入强度（R&D 占 GDP 的比重）达到了 3.35%，显示出较强的科技创新能力，但在海洋科技领域的投入占比却不足 10%。这一显著低于整体研发投入比例的现状，直接限制了杭州市在海洋探测、深海开发等关键科技领域的技术研发与突破能力，影响了其在全球海洋科技竞争格局中的竞争力。②核心技术缺失，产业链协同受阻。由于海洋科技研发投入的不足，杭州市在海洋科技产业链的关键环节上缺乏自主核心技术，这不仅限制了其在产业链高端的发展，也使得产业链上下游的协同创新受到阻碍。缺乏核心技术的支撑，难以形成高效、协同的海洋科技产业生态，影响了海洋科技产业的整体发展速度和质量。③政策与人才支持有待加强。海洋科技研发投入的匮乏，也暴露出杭州市在海洋科技创新政策制定与实施、海洋科技人才引进与培养方面存在的不足。

### 7.3.4 市场开拓挑战重重

在全球经济一体化的背景下，杭州市海洋产品在国际市场的开拓面临显著挑战。具体而言，其海洋产品出口额占全市总出口额占比小，显示出在国际市场渗透力有限。这一现状反映出杭州市海洋产品和服务在国际市场上的知名度和市场份额亟待提升。此外，品牌建设与市场推广投入不足，加之国际贸易环境的复杂多变，如关税壁垒和贸易保护主义的加剧，进一步增加了市场开拓的难度。

具体表现为：国际市场渗透力有限。市场份额提供的数据说明，杭州市海洋产品出口额占全市总出口额的比重显著不足，具体数值低于5%。这一数据表明，尽管杭州市在国内市场具有一定的海洋产品和服务影响力，但在国际市场上的表现却相对薄弱，市场份额亟待提升。品牌建设与市场推广投入不足，杭州市的海洋企业在品牌建设方面的投入相对有限，缺乏强有力的品牌支撑，难以在国际市场上形成独特的竞争优势。这导致企业在国际市场的竞争中处于劣势地位，难以吸引更多的国际消费者。在市场推广方面，杭州市的海洋企业也面临诸多挑战。由于缺乏有效的市场推广策略和执行力度，企业的产品在国际市场上难以获得足够的曝光度和关注度。这进一步限制了企业市场份额的扩大和品牌知名度的提升[9]。国际贸易环境复杂多变，当前国际贸易环境日益复杂，关税壁垒、贸易保护主义等因素层出不穷。这些贸易壁垒增加了杭州市海洋产品进入国际市场的难度和成本，对企业的市场开拓策略和风险控制能力提出了更高的要求。同时，国际市场的需求和竞争格局也在不断变化，这要求杭州市的海洋企业必须具备敏锐的市场洞察力和灵活的市场应变能力。然而，由于企业在国际市场上的经验相对有限，往往难以准确把握市场变化，导致在竞争中处于不利地位。

## 7.4　杭州市海洋产业发展的对策建议

### 7.4.1　加大政策扶持力度

推动杭州市海洋产业高质量发展，需制定科学合理的对策。借鉴国内外先进经验，优化政策体系，增强政策的前瞻性和可操作性。结合杭州的区位与产业优势，制定具有地方特色的政策，推动海洋经济与本地产业深度融合。顺应国家战略，契合省级规划，确保发展目标与上级政策相一致，促进区域经济与海洋产业的协同可持续发展。

借鉴先进经验，完善政策体系。宁波和舟山作为浙江省的沿海城市，在海洋经济发展方面积累了丰富的经验，出台了一系列覆盖海洋产业发展各个环节的政策文件，如《宁波市海洋经济发展专项资金管理办法》《舟山市海洋产业发展规划》等。杭州应借鉴这些成功经验，结合自身优势，在资金扶持、税收优惠、人才引进、技术创新等方面制定更加全面和系统的海洋经济发展政策，为杭州市海洋经济发展提供更为强有力的支持。

结合杭州优势，打造特色政策。杭州作为全国数字经济发展的领军城市，应将数字经济与海洋经济深度融合，出台支持"智慧海洋""数字港口"等创新领域的专项政策，推动信息技术在海洋产业中的广泛应用，提升海洋经济的数字化、智能化水平。杭州的金融业发达，可利用这一优势出台专项金融支持政策，如设立海洋产业投资基金，鼓励金融机构为海洋经济领域的企业提供多元化的融资服务，降低企业融资成本，促进海洋产业的快速发展。杭州作为长三角城市群的核心城市之一，具备强大的区域号召力。建议通过政策引导，吸引更多的区域性、国际性海洋经济相关企业和机构在杭州落地，形成产业集聚效应。

顺应国家战略，契合省级规划。浙江省已经明确了海洋经济作为全省经济发展的重要支柱产业，出台了《浙江省海洋经济发展"十四五"规划》等文件。杭州市应紧密围绕省级规划的要求，制定和完善符合省级发展方向的海洋经济政策，确保杭州在全省海洋经济版图中的积极角色。国家提出了建设海洋强国的战略目标，杭州市应结合这一战略导向，制定相应的海洋产业发展规划和政策措施，特别是在海洋科技创新、海洋生态保护、海洋资源利用等方面进行积极布局，为国家海洋强国战略做出贡献。

制定前瞻性规划，强化政策执行与区域协同。成立海洋经济政策专班，建议成立专门的海洋经济政策研究和制定小组，定期调研、评估杭州海洋经济发展的实际情况，并针对性地制定和调整相关政策，确保政策的科学性和前瞻性。加强政策宣传与落实，除了制定政策外，政府还应加强对海洋经济政策的宣传推广，确保政策能够深入企业和产业链末端。同时，建立完善的政策落实机制，定期评估政策效果，及时调整和优化政策，确保政策的实际效益。推动区域协同发展，在推动杭州市海洋经济发展的同时，应积极与宁波、舟山等沿海城市进行区域协同合作，共同打造浙江省海洋经济发展的示范区，推动形成区域内优势互补、资源共享的良好发展格局。

通过完善相关政策，杭州可以更好地利用其在数字经济、金融业和区域影响力方面的优势，推动海洋经济高质量发展，实现产业集聚，进一步提升在全省乃至全国海洋经济中的地位。通过制定专项海洋经济发展规划，设立海洋产业专项基金，提供税收优惠、金融支持、基础设施建设等全方位的政策扶持，助力海洋产业的发展。

## 7.4.2 推动海洋资源高效利用

通过引进海洋生物技术、海水淡化技术等新兴技术，提升资源利用效率。例如，发展海洋生物制药产业，将杭州市在生物医药方面的优势与海洋生物资源相结合，生产高附加值产品。此外，还可以加强与舟山等沿海城市的资源协同开发，实现资源共享与互补。以科技创新为引领，强化区域协同合作，坚持绿色发展理念，不断激发海洋经济新动能。努力将杭州市建设成为海洋资源高效利用和可持续发展的典范。

第一，科技赋能，实现资源利用效率提升。通过引进并自主研发海洋生物技术、海水淡化技术等前沿科技，显著提升海洋资源的利用效率。特别是在海洋生物制药领域，应充分发挥杭州市在生物医药方面的优势，与海洋生物资源深度融合，开发出高附加值的产品，既能丰富市场供给，也可以推动相关产业链的升级与发展。

第二，区域协同，携手周边实现资源共享。需加强与宁波、舟山等周边沿海城市的合作，共同探索海洋资源协同开发的新模式。通过信息共享、技术交流、产业合作等方式，实现海洋资源的优化配置和高效利用。在实现资源共享与互补的同时，也提升了杭州在海洋经济领域的竞争力。

第三，绿色发展，守护海洋生态安全。在追求海洋资源高效利用的同时，始终坚守绿色发展理念。通过实施严格的海洋环境保护措施和生态修复工程，确保海洋生态系统的健康稳定。通过推广环保技术和生产方式，减少污染物排放和资源浪费，为子孙后代留下一个美丽、健康的海洋环境。

第四，深化合作，推动产业融合发展。加强渔业、海洋旅游、海洋科技等领域的跨部门、跨行业合作，推动海洋资源开发与其他产业的深度融合，打造产业集群，如结合渔业、旅游业等产业打造休闲渔业、海洋旅游项目等，提升海洋资源综合利用效率和附加值，促进海洋资源经济和社会效益增长。

## 7.4.3 加速科研创新与主体培育

加强高校、科研机构与海洋产业的产学研合作，通过建立国家级或省级海洋技术创新中心，提升海洋科技研发水平。此外，鼓励企业在海洋科技领域进行研发和创新，利用杭州市的互联网和大数据优势，推动"智慧海洋"的发展[10]。

第一，深化涉海科创平台建设，强化创新源头支撑。需进一步深化涉海领域的科创平台建设，聚焦海洋电子信息、海洋生物医药、海洋新能源等前沿与关键领域，支持并鼓励科研机构和企业创建或升级为国家重点实验室、技术创新中心、制造业创新中心及双创示范基地等高端平台。这些平台将成为海洋科技创新的"孵化器"和"加速器"，通过实施"揭榜挂帅""赛马制"等高效灵活的科研攻关模式，激发科研人员潜能，集中力量突破一批海洋产业的核心技术和"卡脖子"难题，为海洋产业的高质量发展提供坚实的技术支撑。

第二，优化科创成果转化机制，加速科技成果产业化。应着力完善海洋科技资源服务网络和成果转化平台建设，构建更加顺畅、高效的科技成果转移转化体系。通过政策引导与市场机制相结合，优化资源配置，促进科研机构与企业的深度合作，加快海洋科技关键技术与实际生产需求的对接。特别是要加强浙江大学、自然资源部第二海洋研究所、浙江工业大学等高校及科研院所的资源整合与技术协作，推动海洋科技成果从实验室走向市场，实现产业化应用。同时，探索建立科技成果评价、交易、转化全链条服务体系，降低转化门槛，提高转化效率。

第三，激发企业创新活力，培育海洋产业创新主体。要充分调动和激发企业的创新积极性，使其成为海洋产业创新的主体力量。鼓励企业加大在潮流能、海上风电、水下机器人、海洋生物医药等海洋新兴产业领域的研发投入，支持企业建立技术研发中心，开展自主创新和联合攻关。通过政策扶持、税收优惠、资金补贴等多种方式，降低企业创新成本，提升企业创新能力。同时，加大对"专精特新""小巨人"企业的培育力度，引导其聚焦海洋细分领域，实现专业化、精细化、特色化、新颖化发展，成为海洋产业创新的重要力量。

第四，构建政产学研用深度融合体系，促进海洋产业协同发展。加快构建政产学研用深度融合的海洋产业发展生态体系，形成政府引导、企业主体、学研支撑、多方参与、协同发展的良好格局。政府应发挥主导作用，制定科学合理的海洋产业发展规划和政策措施，为产业发展提供有力保障。同时，加强产学研用之间的沟通交流和合作联动，促进科技成果与市场需求的有效对接，推动海洋产业链上下游的紧密合作和协同发展。通过构建开放包容、互利共赢的海洋产业合作网络，共同推动杭州及全省海洋产业的持续健康发展。

## 7.4.4  加强市场开拓与国际合作

建议积极参与国际海洋经济合作，如加入"一带一路"海洋经济圈，寻找海外合作机会。加强品牌建设，提升海洋产品的国际竞争力。此外，可以通过设立海外营销网络，拓展海洋产品的国际市场份额，提升杭州市海洋产业的全球影响力。

第一，深化国际海洋经济合作，融入全球海洋经济体系。积极融入并深化参与国际海洋经济合作，特别是紧密对接"一带一路"倡议下的海洋经济圈建设。通过参与国际海洋经济合作论坛、签订双边或多边合作协议等形式，加强与共建国家及地区的经济联系与合作，共同探索海洋资源可持续利用、海洋产业协同发展的新路径。这不仅有助于杭州市拓展海外市场，还能在国际舞台上树立积极的海洋经济形象。

第二，加强品牌建设，提升海洋产品国际竞争力。品牌是产品国际竞争力的核心要素之一。杭州市应加大对海洋产品品牌的培育力度，通过提升产品质量、优化包装设计、加强品牌宣传等手段，打造一批具有国际影响力的海洋产品品牌。同时，鼓励和支持企业参与国际认证、展会等活动，提高品牌知名度和美誉度，为海洋产品走向国际市场奠定坚实基础。

第三，设立海外营销网络，拓宽国际销售渠道。为更有效地拓展海洋产品的国际市场份额，杭州市应积极推动企业在海外设立营销网络。包括在目标市场建立分支机构、与当地经销商建立合作关系、利用电子商务平台开展跨境电商等多种方式。通过构建完善的海外营销体系，企业可以更加精准地把握市场需求，提高市场响应速度，从而有效扩大海洋产品的国际销售规模。

第四，加强国际合作与交流，提升杭州市海洋产业全球影响力。加强与国际海洋产业界的交流与合作。通过组织或参与国际海洋产业博览会、研讨会等活动，与全球海洋产业界分享发展经验、探讨合作机会。同时，积极引进国际先进的海洋技术和管理经验，推动杭州市海洋产业转型升级。此外，还可以通过与国际组织、科研机构等建立长期合作关系，共同开展海洋资源调查、环境保护等国际合作项目，提升杭州市在全球海洋治理中的话语权和影响力。

## 7.5 杭州市海洋产业发展的典型案例

### 7.5.1 基本情况

杭州市位于长江三角洲的核心区域，虽然并非典型的资源型沿海城市，但凭借其在信息技术领域的强大优势，杭州在海洋数字经济领域探索出了一条独具特色的发展道路。杭州的港口作为浙江省内河和沿海运输的重要枢纽，不仅承担着区域内物流的集散重任，还在推动长三角一体化进程中扮演着重要角色[11]。

近年来，随着区域经济的持续增长，杭州港的年吞吐量不断攀升。然而，传统的港口运营模式面临着诸多挑战，如信息孤岛、运营效率低、管理成本高等问题，制约了港口的进一步发展。为应对这些问题，杭州市政府和港口管理部门积极推动港口的数字化转型，依托大数据、人工智能、物联网等先进技术，构建了数字港口物流系统。

杭州的数字港口物流系统通过实现物流信息的全程可视化，彻底改变了传统的港口管理模式。通过该系统，港口运营者能够实时监控货物的流动，优化物流路径，提升港口的运转效率。此外，智能化的港口管理还降低了运营成本，提升了资源利用效率。该系统的应用，不仅大幅度提高了杭州港的整体运营效率，还为其他港口提供了可借鉴的经验，助力全国港口行业的数字化升级。

## 7.5.2 做法与成效

### 7.5.2.1 构建数字化管理平台

数据互通与集成化提升。杭州港数字化管理平台不仅实现了港口内部各环节的紧密连接，还通过 API 接口与海关、船公司、货代等外部系统对接，实现了数据的一站式交换，减少了信息传递的延迟和错误率[12]。据统计，这一举措使港口作业中的数据处理时间缩短了 45%，准确率提升至 99.9% 以上。

可视化监控与智能决策。平台上的高清摄像头与 GIS 系统结合，实现了港口作业区域的全景监控和精细化管理。管理层可通过大屏幕实时查看港口运营情况，结合大数据分析，快速做出决策调整。例如，根据船舶到港时间和货物种类，智能规划泊位分配，使得泊位利用率提高了 25%。

### 7.5.2.2 引入物联网技术

设备维护的预见性增强。杭州港物联网传感器收集的海量数据，通过机器学习模型进行分析，能提前预测设备故障风险，使得预防性维护的比例从传统的 10% 提升至 70%，大大降低了意外停机造成的经济损失。同时，设备故障平均修复时间缩短了 50%。

环保节能的智能化管理。物联网技术还应用于港口能源管理系统，通过监控设备能耗情况，优化能源分配和使用策略，实现了节能减排。据统计，港口整体能耗降低了 12%，碳排放量减少了 8%[13]。

### 7.5.2.3　应用人工智能技术

高效车辆调度与路径优化。AI 算法根据实时交通状况、车辆载重、货物属性等因素，动态规划最优运输路径和调度方案，使得杭州港车辆空驶率降低了 30%，运输成本减少了 18%。

智能货物分配与仓储优化。通过 AI 分析，系统能自动匹配最适合的仓储位置和存储方式，减少货物搬运次数和存储时间。仓储空间利用率提高了 20%，货物查找和出库时间缩短了 40%。

### 7.5.2.4　提升物流效率和透明度

客户体验全面升级。客户可以通过手机 App 或网页端实时查看货物从入港到出港的每一步状态，包括装船、运输、清关等关键环节，极大地增强了客户对物流流程的掌控感和信任度[14]。客户满意度调查显示，满意度评分提升了 40 个百分点。

经济效益显著。综合以上各项措施，杭州港的年吞吐量增长了 20%，而单位成本却下降了 10%。这不仅提升了港口的竞争力，也为港口及其相关产业链带来了可观的经济效益。此外，数字化和智能化转型还吸引了更多的合作伙伴和投资，为港口的长期发展奠定了坚实基础。

## 7.5.3　经验启示

### 7.5.3.1　数字化转型是提升传统产业竞争力的关键

杭州港的成功经验表明，数字化转型是传统产业实现可持续发展的关键。通过引入物联网、大数据、人工智能等先进技术，传统的港口物流产业不仅在运营效率上得到了显著提升，还实现了全流程的智能化管理。此外，数字化手段为港口业务的拓展提供了新的可能，形成了新的服务模式和商业机会，促进了港口经济的多元化发展。杭州的实践证明，数字化转型可以为传统产业注入新的活力，成为提升竞争力的重要引擎。

### 7.5.3.2　信息技术与产业深度融合是未来趋势

杭州港的数字化进程展示了信息技术与产业深度融合的重要性。在海洋经济领域，信息技术不仅仅是辅助工具，更是推动产业转型升级的核心力量。杭州港通过建设数字化物流系统，实现了从货物进出、仓储管理到运输调度的全流程信息化、可视化管理。这种信息技术与港口产业的深度融合，不仅提升了港口的运营效率，还为上下游产业链的协同发展提供了强有力的支撑。此外，杭州港的成功经验也为其他沿海城市的海洋经济发展提供了可借鉴的模式，表明信息技术在海洋产业中的应用将成为推动产业变革和升级的主要趋势。

### 7.5.3.3 数据驱动是提升管理水平的重要途径

数据的采集、分析和应用是杭州港提升管理水平的核心手段之一。通过对港口运营过程中产生的海量数据进行深入分析，杭州港能够实时掌握运营状况，预判潜在风险，并进行精准的决策。此外，数据驱动的管理模式还可以为企业提供更加精准的市场预测和战略规划支持，帮助其在竞争激烈的市场中占据有利位置。杭州港的成功案例表明，数据驱动不仅是提高管理效率的有效途径，也是实现港口运营现代化、智能化的关键要素。

### 7.5.3.4 数字化基础设施建设是推动海洋经济发展的坚实基础

杭州港的数字化转型成功经验表明，完善的数字化基础设施是实现港口智能化运营和推动海洋经济发展的重要前提。杭州港在数字化基础设施建设上投入了大量资源，建立了高效的通信网络、数据中心和智能监控系统。这些基础设施不仅支持了港口日常运营的数字化转型，还为数据采集、存储、分析提供了可靠的技术保障。此外，先进的数字化基础设施还为未来的技术创新和产业升级预留了空间，使港口能够在快速变化的市场环境中保持灵活性和竞争力。由此可见，数字化基础设施的建设不仅是海洋经济发展的支撑点，更是未来实现智能化、可持续发展的关键所在。

## 7.5.4 对策建议

### 7.5.4.1 加强海洋数字经济政策支持

为了推动更多城市和港口实现数字化转型，建议政府进一步出台专项政策，对海洋产业的数字化转型提供更大力度的支持。具体措施可包括设立专项资金用于支持港口和相关企业的数字化升级，提供财政补助和税收优惠，特别是对于技术创新和数字化基础设施建设项目。此外，政府可以建立数字化转型示范区，通过示范项目的带动效应，推动更多企业和城市参与海洋产业的数字化转型。

### 7.5.4.2 推动跨领域协同创新

在信息技术和海洋产业的深度融合中，跨领域的协同创新至关重要。建议政府通过政策引导和平台建设，促进信息技术企业与海洋产业企业的深度合作。例如，政府可以搭建公共服务平台，汇集信息技术、海洋产业以及科研机构的资源，促进技术交流与合作开发。政府还可以通过组织产业联盟、技术交流会等形式，鼓励跨领域企业共同参与海洋数字化项目，推动创新成果的应用和推广。

### 7.5.4.3　着力培育数字化人才

海洋数字经济的发展离不开专业人才的支撑。建议政府加大对海洋信息技术和管理人才的培养力度，鼓励高校和科研机构设立相关专业或课程，推动产学研结合，培养更多适应海洋数字化需求的高素质人才。此外，政府可以支持企业与高校联合开展人才培训项目，提供资金和政策支持，帮助企业提升员工的数字化技能，打造一支具有国际竞争力的海洋数字化人才队伍。

### 7.5.4.4　建设标准化体系

为了确保海洋数字化转型的顺利推进，建立统一的标准化体系至关重要。建议政府牵头制定海洋数字经济领域的技术标准和操作规范，确保不同系统和设备之间的兼容性和互操作性。这些标准应涵盖港口物流、数据交换、信息安全等多个方面，以保障数字化转型的稳定性和可持续性。此外，标准化体系的建立还可以推动国内相关技术的国际化，提升中国在全球海洋经济中的话语权。

### 7.5.4.5　强化区域合作与资源共享

浙江省内各城市的海洋经济发展水平不同，但在推进数字化转型过程中可以实现优势互补。建议政府推动区域间合作，建立海洋经济数字化发展协同机制。例如，杭州可以通过与其他沿海城市共享数字港口物流系统的成功经验和技术资源，推动全省范围内的海洋数字经济发展。同时，各城市可以共建共享数字化基础设施，实现信息和资源的互联互通，形成海洋数字经济发展的合力，提升整个浙江省的海洋经济竞争力。

杭州港的数字化转型经验表明，海洋数字经济的发展潜力巨大。通过上述政策建议，全省可借鉴杭州的成功做法，进一步推动海洋产业的数字化转型，为海洋经济高质量发展注入新的动能。

## 参考文献

［1］华林，杜丽，谭雨琦. 海洋记忆构建视域下海图历史档案多维度征集研究［J］. 浙江档案，2023（7）：36 - 39.

［2］许金妮，陈文欣，王森，等. 法治护航海洋发展，浙江怎么做？［N］. 浙江法治报，2024 - 07 - 04（001）.

［3］张继华. 当代中国海洋经济史料述要［J］. 海洋经济，2014，4（6）：48 - 62.

［4］王志文，段鹏琳. 海洋经济：杭州经济的新增长极［J］. 浙江经济，2017（3）：63.

［5］洪刚．总体性海洋发展观：中国海洋新发展理念的特征与意义［J］．山东大学学报（哲学社会科学版），2024（3）：131－139.

［6］夏芬娟．海洋新兴产业：蓝色畅想［N］．浙江日报，2011－04－08（009）.

［7］吴雪飞，胡卢川，方晟．加快发展杭州海洋产业的举措研究［J］．浙江经济，2022（1）：68－69.

［8］张蕾．发展海洋经济需打好科技创新牌［J］．浙江经济，2014（24）：43.

［9］朱寿佳，代欣召．国内外典型湾区经验对粤港澳大湾区海洋经济发展的启示［J］．经济师，2022（4）：23－25.

［10］杨伟，瞿群臻．长三角海洋物流业人才集聚竞争力指数研究［J］．物流工程与管理，2018，40（11）：110－113.

［11］刘冲，钱宽，姜红权．杭州港发展现状及对策研究［J］．中国水运，2020（8）：14－15.

［12］王杰，王晶，姜红权，等．杭州港旅游码头发展现状与建议［J］．中国水运（下半月），2021，21（5）：25－26.

［13］吴敏慧．国土空间规划体系下杭州港总体规划编制的实践与思考［J］．中国水运（下半月），2022，22（9）：30－31，34.

［14］张慧明．杭州港变属地管辖为"一站式报港"［N］．中国交通报，2010－07－06（006）.

# 8　海洋产业发展的宁波实践

　　海洋是高质量发展战略要地，是高水平对外开放的重要载体，也是国际竞争与合作的关键领域。随着全球人口增长和资源消耗的急剧增加，海洋经济在全球经济中的重要性日益凸显。在向海开放、向海图强的征程中，海洋渔业、海洋油气工业、海洋服务业等海洋产业发挥着不可忽视的关键作用，其发展不仅已成为国民经济可持续发展的重要支柱之一，而且促进了陆海之间的资源互补、产业互动、布局互联。宁波市作为我国东南沿海的重要城市，依托得天独厚的资源优势、优越的港口条件以及坚实发达的经济基础，积极推动海洋产业持续、健康、多元化发展。在经略海洋过程中呈现的新特点、展现的新姿态、取得的新成果令世人瞩目，但在内外部环境日趋严峻复杂的背景下，产业结构相对单一、海洋科技创新不足、基础设施建设滞后等深层次矛盾和问题也在逐渐显现。本章聚焦宁波海洋产业发展，围绕其历史变迁、现状特征、困难挑战、对策建议以及典型案例展开系统梳理和具体分析，以期在复杂多变的形势中把握好前进方向，助力海洋资源禀赋的深度挖掘、产业链现代化水平的全面提升以及生态、经济和社会效益的和谐统一。

## 8.1　宁波市海洋产业发展的历史变迁

　　宁波市地处我国东南沿海，是全国重要的港口城市和海洋经济发展重地。宁波市的海洋产业发展经历了从古代海上丝绸之路到现代的港口经济和海洋科技创新，从传统渔业到现代化多元产业的转型，体现了中国海洋经济发展的典型特征。本节将从古代到近代的萌芽与起步、近现代的崛起与壮大、改革开放以来的快速发展以及 21 世纪的创新与突破这几个阶段详细探讨宁波市海洋产业发展的历史变迁。

### 8.1.1　古代到近代的萌芽与起步

早在新石器时代，宁波居民便开始依靠渔猎为生。随着渔业技术的不断进步，宁波逐渐形成了以近海捕捞为主的渔业生产方式。唐宋时期，宁波的渔业进一步发展，渔民们不仅在近海捕捞，还开始探索远洋渔业。而宁波港的建立，为渔业发展提供了重要的支持，使得渔产品能够更加便捷地运输到内陆和其他地区。唐代时，宁波港（当时称明州港）已成为"海上丝绸之路"的重要节点。宁波的商人通过海上航线，将中国的丝绸、茶叶、瓷器等商品出口到东南亚、南亚甚至更远的地区，同时从这些地方进口香料、宝石、药材等商品。海上贸易的繁荣不仅带动了地方经济的发展，也促进了海洋航运业的兴起，使其成为全国重要的造船中心。宋代时，宁波的渔业已具相当规模，不仅满足本地市场的需求，还向内陆地区供应水产品。渔民们使用传统的渔网、鱼钩等工具进行捕捞，技术虽较为原始，但产量稳定，养活了大量的沿海居民。元朝时期，宁波港的地位进一步提升，成为国家级的对外贸易港口之一。元政府设立了市舶司，专门管理对外贸易事务，规范了贸易行为，促进了贸易繁荣。同时，元代的航海技术也有了显著进步，海船的制造技术更加成熟，航海图和指南针的使用使远洋航行更加安全可靠。宁波的商船可以航行到更远的地方，进一步扩大了贸易网络。明代是宁波海洋经济发展的又一个重要时期。明朝初年，郑和下西洋的壮举展示了中国古代的强大航海能力，而宁波作为东南沿海的重要港口，也在这段时间内加强了与海外的联系。明政府为了加强对海上贸易的控制，实施了严格的海禁政策，尽管如此，宁波的海上贸易依然活跃。许多民间商人绕过官方的限制，进行私下贸易，推动了地方经济的发展。清代前期，宁波的海洋经济在海防政策的影响下有所调整。清政府通过加强管理和实施防卫政策以推动沿海城市经济建设。作为重要的沿海城市，宁波在此期间促进了港口贸易、渔业和海洋资源的开发，为海洋产业的早期发展奠定了基础。

### 8.1.2　近现代的崛起与壮大

近代以来，宁波在海洋产业方面的变革更加明显。随着西方列强的入侵和鸦片战争的爆发，宁波被迫开埠，成为5个通商口岸之一，海洋经济迎来了新的发展契机。一方面，宁波港口的基础设施得到改进，港口规模不断扩大，码头设施和仓储能力大幅提升。特别是20世纪初，随着宁波港务局的成立，港口管理制度得到了规范，港口设施也得到了现代化改造，建成了一批现代化的码头和仓库，港口吞吐能力显著提高。这一时期，宁波港成为中国东南沿海重要的贸易港口，带动了宁波海洋产业的发展。另一方面，外国商人和货物的涌入，使宁波逐渐成为一个国际化的港口城市，推动了当地经济的现代化转型。同时，宁波的商人也开始通过海洋贸易积累财富，推动了宁波经济的近代化进程。然而，外商的进入也使得宁波传统的海洋产业受到冲击，特别是本土商人面临激烈的竞争。

随着渔业技术的进步和渔业管理的现代化，宁波的渔业逐渐向工业化方向发展[1]。渔船由传统的木帆船逐渐升级为钢质渔船和机动渔船，捕捞效率大幅提高。同时，冷链物流的发展使得渔产品能够更加新鲜地运输到各地，扩大了市场覆盖面。宁波的远洋渔业也在这一时期取得了重要进展，渔民们开始探索更远的海域，捕捞高价值的鱼类资源。宁波的海洋产业逐渐从传统的手工捕捞和小规模贸易，向现代化的大规模生产和国际贸易转型。1949 年中华人民共和国成立后，宁波海洋产业进入了一个新的发展阶段。国家对海洋经济的重视使宁波的港口建设和海洋资源开发得到大力支持。1958 年，宁波港开始进行大规模建设。经过数十年的发展，宁波港逐渐成为中国重要的深水港和国际枢纽港。宁波造船业在国家的支持下迅速发展，涌现出一批大型造船企业，如宁波中远造船厂、宁波东海造船厂等。

### 8.1.3 改革开放以来的快速发展

1978 年改革开放以来，宁波的海洋产业迎来了新的发展机遇。政府的大力支持和市场化改革为海洋产业注入了新的活力。特别是 1992 年邓小平南方谈话后，宁波的对外开放进一步扩大。这不仅吸引了大量外资进入海洋产业领域，形成了多元化的投资格局，还使得外资企业带来了先进的技术和管理经验，推动了宁波海洋产业的现代化进程。与此同时，宁波积极开展国际合作，与世界各地的海洋城市和机构建立了密切的合作关系，开展海洋科学研究、资源开发和环境保护等方面的合作。政府大力投资港口基础设施建设，逐步建成了北仑港、梅山港等现代化港区。同时外资和先进技术使得港口吞吐量迅速增加，宁波港逐步实现了国际化运营，与全球 100 多个国家和地区的 600 多个港口建立了贸易联系。

宁波海洋产业不仅仅局限于港口和造船，还形成了包括海洋渔业、海洋旅游等在内的多元化海洋产业集群。一方面，宁波丰富的海洋渔业资源形成了规模化、现代化的渔业产业，其海洋工程技术水平不断提升，形成了一批有竞争力的海洋工程企业。而随着环境保护意识的增强，宁波的海洋渔业逐渐向可持续发展转型。政府出台了一系列保护海洋生态环境的政策，严格控制捕捞量，保护渔业资源。同时，宁波大力发展海洋养殖业，推广生态养殖技术，减少对自然海域的依赖，促进渔业的可持续发展。另一方面，依托其独特的海洋资源，发展了以海岛旅游、滨海度假为特色的海洋旅游产业，吸引了大量国内外游客。海洋旅游业的发展不仅带动了相关服务业的发展，也提升了宁波的城市形象。

### 8.1.4  21世纪的创新与突破

#### 8.1.4.1  快速发展与基础建设

国家在2000年开始高度重视海洋经济，《国家海洋经济发展纲要》和《浙江省海洋经济发展规划》等政策文件的出台为宁波市的海洋经济发展提供了政策支持。在基础设施建设方面，宁波港作为国际性港口，其设施和吞吐能力在这一时期得到了大幅提升。集装箱吞吐量从2000年的不到300万标箱增长到2012年的1 500万标箱以上。在临港工业方面，宁波市利用港口优势，大力发展石化、钢铁、造船等临港工业，建立了多个临港工业区。临港工业成为地方经济的重要支柱[2]。在海洋渔业和旅游业方面，凭借丰富的渔业资源，远洋渔业和水产养殖业取得显著发展。海洋旅游业逐步起步，象山港、大榭岛等地开始开发旅游资源。

#### 8.1.4.2  高质量发展与国际化

党的十八大后，海洋经济上升为国家战略，特别是《海洋经济发展"十三五"规划》和《全国海洋经济发展规划纲要》等文件的出台，为宁波市提供了新的发展方向。宁波市发布《宁波市海洋经济发展"十三五"规划》和《宁波市海洋经济发展"十四五"规划》，明确提出要打造海洋经济示范区。在港口升级与现代化方面，宁波-舟山港成为全球第一大港，吞吐量和集装箱处理能力继续提升。港口设施的现代化和智能化建设加速，自动化码头和智慧港口管理系统的应用显著提高了效率。在产业转型升级方面，宁波市推动传统临港工业的技术升级和绿色发展，减少污染排放。同时，积极发展海洋新能源、海洋生物医药和海洋装备制造等新兴产业。产业结构逐渐向多元化和高附加值方向转变。在科技创新与生态保护方面，政府加强了对海洋科技的投入，推动技术创新。建立了多个海洋科技园区和研究机构，促进产学研合作。同时，宁波市加大了对海洋生态环境的保护力度，实施了多项生态修复和环保措施。在国际化与开放合作方面，宁波市积极融入"一带一路"倡议，加强与共建国家和地区的海洋经济合作。鼓励企业"走出去"，拓展国际市场，提高国际竞争力。

## 8.2 宁波市海洋产业发展的现状特征

宁波市近年来在绿色石化、港航物流、海洋工程装备、海洋文化旅游、现代海洋渔业等海洋产业领域取得显著成效。其中绿色石化产业稳步发展，产业链不断完善，绿色环保理念深入人心；港航物流业在国际港口城市建设和智慧港口发展上成绩斐然；海洋工程装备业集聚发展，不断实现技术突破与应用；海洋文化旅游业形成特色产业集群，推动高质量发展；现代海洋渔业通过产业链延伸和绿色养殖模式，提升了整体竞争力。涉海特色产业发展仍需加强。整体而言，宁波市通过政策支持和产业创新，海洋经济展现出强劲增长势头和可持续发展潜力。

### 8.2.1 绿色石化产业蓬勃发展

在宁波市委、市政府提出的面向2025年的"246"战略中，绿色化工产业将起到举足轻重的作用。当前，宁波市绿色石化产业链不断完善，在石油勘探、炼制及下游应用环节均有企业分布，其中，北仑区和鄞州区的产业链布局更完善，而镇海区在发展绿色石化产业方面起到先导作用，其作为国内七大石化产业基地之一，以镇海炼化为龙头的石化产业链关联100多家化工企业，石化产业占区域经济比重近70%，同时，位于镇海区的宁波石化经济技术开发区作为我国首批绿色园区之一，其坐拥杭州湾、长三角地缘优势，凭借自身多年发展的雄厚实力，正向国际一流的绿色化工园区迈进。2021年，宁波市绿色石化规模以上工业总产值达到4 145.9亿元；2022年，超300家石化产业规模以上企业完成工业总产值5 221亿元，占全市规模以上工业总产值的21.45%，其中，1—11月，宁波绿色石化产业注册企业数量为82家，绿色石化稳步推进。绿色石化产业发展成效可概括为以下两个方面：第一，增强产业链条韧性，鼓励产业项目落地。《宁波市海洋经济发展"十四五"规划》指出：拓展石化下游产业链，积极推进国家石化产业规划布局和补链强链型项目建设，重点实施镇海炼化扩建项目和大榭石化馏分油项目建设，产业集群力争达到万亿元规模。第二，园区协同融合发展，企业清洁绿色生产。一方面，宁波石化经济技术开发区通过国家级减污降碳协同创新试点建设，加快打造世界级一流园区，试点期间的项目涉及大气协同治理、水处理协同治理、固体废物协同治理、节能减排和清洁能源、资源循环利用等方面；另一方面，宁波石化区通过源头招商、产业耦合，逐步形成以烯烃、芳烃产品链为主导，以石化副产品综合利用为辅助的四大循环产业链，实现资源互供，减少产业链碳排放。此外，园区鼓励将 $CO_2$ 转化为高附加值化学品。

## 8.2.2　涉海支柱产业稳中有进

### 8.2.2.1　港航物流服务业

作为国际港口城市，宁波市已基本建成"一纵一横一射"三条对外综合运输大通道，加之坚实的产业基础、政府政策支持以及积极参与的国家级发展项目或平台（"中国制造2025"试点示范城市、"一带一路"建设综合实验区），为宁波港航物流服务业发展提供了有利条件。宁波市港航物流服务业发展成效主要表现为以下3个方面：第一，港口吞吐量持续增长。在货物吞吐量方面，2023年宁波-舟山港完成货物吞吐量超13.24亿吨，同比增长4.9%，连续15年位居世界第一，到2024年上半年，宁波-舟山港完成货物吞吐量7.08亿吨，同比增长4.23%；在集装箱吞吐量方面，2023年宁波-舟山港完成集装箱吞吐量3530万标准箱，同比增长5.9%，稳居全球第三，2024年上半年，宁波-舟山港完成集装箱吞吐量1916.46万标箱，同比增长8.39%。此外，宁波港域完成货物吞吐量3.49亿吨，同比增长3.65%，完成集装箱吞吐量1751.15万标箱，同比增长9.05%。第二，多式联运发展良好[3]。一方面，海铁联运使运箱量增加。2023年，宁波完成海铁联运箱量165.2万标箱，同比增长13.8%，总量稳居全国沿海港口第二。另一方面，海铁联运通过"一单制""一箱制"创新，着力实施"不换箱、不开箱、一箱到底"模式，宁波每年为企业减少异地订舱成本约3200万元。此外，随着"省内挖潜提能，省外增线共赢"思路的落实，也为各地物流发展带来机遇。第三，智慧港口建设不断完善。梅山港区作为宁波-舟山港推进数字化改革、建设5G绿色智慧港口的示范区，通过加入远控桥吊龙门吊、5G网络和北斗系统、自动化设备、人工智能等智慧元素，使其日装卸量从10年前的3000标箱提升至2023年的3万标箱左右，操作人员作业实现了全自动化，提"智"增效效果显著。此外，宁波-舟山港还采用光伏技术对部分设备进行供能，一定程度实现了绿色低碳转型。

#### 8.2.2.2 海洋工程装备业

装备制造业是为国民经济和国防建设提供生产技术装备的先进制造业，是制造业的核心、工业发展的基础[4]。其中海洋工程装备业作为宁波市的重点发展领域之一，其通过制定和实施相关规划和工程，进一步做大做强高端装备制造业，优化产业结构，提升集群综合竞争力，以适应新一轮科技革命和产业变革的需求。宁波市在海洋工程装备业方面取得的显著成效表现在：第一，集聚壮大海洋优势产业。在象山、奉化等示范区临海区域集聚发展高端船舶及海洋工程装备，规模以上企业数量达 89 家，2020 年，海工装备及船舶工业产值 115 亿元，超过规划目标 30%。第二，引进国内外先进技术，打造领先制造基地。主要表现为引进国内外大型的、具有一定科技创新能力的企业，以培育"小而精"零部件生产企业和海洋智能装备创新企业。

#### 8.2.2.3 海洋文化旅游业

在各级政府的统筹规划与大力扶持下，蓬勃兴起的海洋旅游产业不仅在海洋经济中占据举足轻重的地位，还不断释放综合带动效应，为区域经济振兴注入强大活力。宁波市在海洋文化旅游业方面取得的显著成效表现在：第一，旅游产业集群发展。《宁波市海洋经济发展"十四五"规划》指出：推进"海洋-海岛-海岸"旅游立体开发，加快建设杭州湾滨海主题公园集群、梅山旅游度假区、松兰山旅游度假区等滨海旅游度假区，形成千亿元规模海洋旅游产业集群。第二，旅游产业链纵深发展。"十四五"规划提出培育发展休闲船舶旅游业，此外，加快推进中国·浙江海洋运动中心等项目建设，开发游艇、帆船、龙舟等海洋渔业竞技项目。杭州湾科创文旅产业集聚区、大目湾国际滨海旅游度假区、梅山国际滨海旅游度假区、象山港滨海旅游度假区、象山南部岛群海洋公园等宁波海洋旅游重点区域因地制宜，打造具有特色的旅游目的地。第三，旅游基础设施进一步完善。一方面通过创新管理体制机制的方式实现有效管理，另一方面合理布局配套设施，例如，在游艇码头建成游艇泊位 600 个以上，培育形成 4 个以上游艇基地。

#### 8.2.2.4 现代海洋渔业

发展现代海洋渔业是落实"一带一路"倡议，建设海洋强市的重要组成部分[5]。作为渔业大市，其在现代海洋渔业方面取得的显著成效表现在：第一，延长产业链，形成规模产业集群。《宁波市海洋经济发展"十四五"规划》提出：培育集生态养殖、精深加工、水产交易、远洋渔业、休闲渔业于一体的现代渔业产业链，形成 500 亿元规模海洋渔业产业集群。同时，通过渔港基础设施建设，促进一二三产业融合发展，打造集渔船避风补给、渔货交易、高端物流、精深加工、海洋药物、休闲观光于一体的区域性现代渔业经济区。此外，建设集捕捞运输、物资补给、高端物流等于一体的南极磷虾产业基地，大力发展外海和远洋渔业。第二，绿色高效健康水产养殖。一方面，对万亩水产养殖池塘进行标准化改造，推广生态健康养殖模式。通过实施饲料替代、用药减量行动，开展养殖尾水治理以提高标准化养殖水平。另一方面，加强水产原种保护和良种培育，增加良种生产基地的建设数量并使水产良种达到较高覆盖率。截至2022年，通过产学研合作的方式，已自主培育水产新品系20余个，建设国家级水产原良种场4个、省级5个，大黄鱼"东海一号""甬岱1号"、紫菜"浙东1号"等7个品种通过国家新品种审定。此外，工厂化养殖大大提高了养殖效率。例如，象山县蓝尚海洋科技有限公司通过集约化管理、工厂化养殖，产量比传统池塘高出4倍多，产品质量和经济效益大幅提高。

## 8.2.3　涉海特色产业尚待加强

### 8.2.3.1　海洋新材料产业

新材料是许多相关领域技术变革的基础，也是电子信息、新能源、航空航天和生物医药等高技术产业发展的先导，在国民经济发展中具有基础性、支撑性、颠覆性、引领性的重要作用[6]。宁波市在海洋新材料产业方面取得的显著成效表现在：第一，明确科研发展目标，促进科技成果转化。主要依托中国科学院宁波材料研究所等科研平台，重点发展海洋高性能密封材料、海洋防腐防污新材料、以海水淡化膜为重点的高性能膜、高性能复合材料等四大领域，同时推进适应海洋特殊环境的新材料技术成果转化，为海洋高端装备制造打好基础。此外，宁波持续在专利产业化程度较高的重点领域进一步挖掘技术价值。例如围绕"361"万千亿级产业集群，宁波依托国家级磁性材料产业知识产权运营中心、产业知识产权联盟等载体，建设重点产业专利池。第二，强化生产要素支撑，重视人才引进。一方面，宁波大力引进机械科学研究总院南方中心、中国电力科学研究院创新分公司等一批"大院大所"，组建各类尖端创新团队；另一方面，经过人才引进与培养为产业发展注入新活力。例如通过"快服务"柔性引才等途径，象山引进涉海高层次人才项目2个、硕士研究生以上学历涉海人才60余名。第三，产业链横向扩展、纵向延伸，增强产业国际影响力。例如由中国科学院宁波材料研究所团队研制的以石墨烯为关键材料的新一代具有自主产权的重防腐涂料，这一技术在"一带一路"重大工程——柬埔寨 200 兆瓦双燃料电站与印度尼西亚雅万高铁项目建设中实现规模应用。

### 8.2.3.2 海洋电子信息产业

电子信息制造业是当今全球范围内最具创新活力和发展潜力的高新技术产业之一。宁波电子信息制造业产业基础较好，正进一步向规模化、高端化、智能化方向发展，其中海洋电子信息产业发展备受关注。宁波市在海洋电子信息产业方面取得的显著成效表现在：第一，攻破专业核心技术，增强产业链应用链韧性。宁波依托中国电子科技集团有限公司（宁波）海洋电子研究院、西北工业大学宁波研究院等一批科研平台，推进船舶电子技术突破和基于 5G 技术、水下声学等海洋专用通信设备的研发与产业化，加强水下电子信息技术研究，构建"四纵"产业链和"四横"应用链。第二，产品向中高端发展。尤其在船舶通信导航系列产品方面，发展船用导航雷达、避碰雷达等系统，开发低成本的通信设备，同时加快发展 AIS 搜救应答器、探测无人艇、水下机器人等海洋专用设备。

### 8.2.3.3 海洋生物制品与医药产业

宁波还拥有丰富的海洋药用资源，如海螵蛸、海蜇等，而这些资源在医药、保健品、食品等领域都有着重要的应用价值。宁波市在海洋生物制品与医药产业方面取得的显著成效表现在：第一，依托科研平台，助力产业化发展。宁波主要依托北京大学宁波海洋药物研究院、浙江万里学院宁波海洋生物种业研究院等一批科研平台进行海洋生物资源深度开发利用，从而推动海洋生物制品与医药等新产品的研发和产业化。例如，宁波绿之健药业有限公司从虾蟹壳中提取高纯度盐酸氨基葡萄糖并形成了产业化的生产力。第二，提高创新水平，开发高附加值产品。一方面，着力开发抗肿瘤、抗病毒、降血糖、心脑血管、神经系统等海洋创新药物；另一方面，开发高附加值的海洋生物营养品、海洋健康食品和功能食品。充分利用海洋生物资源，造福人类。

### 8.2.3.4 临海航空航天产业

航空航天产业作为战略性先导产业，技术密集、带动性强。近年来，宁波航空航天领域高端产能汇聚，逐渐成为长三角地区航空航天产业经济圈的重要一极。当前，宁波市在临海航空航天产业方面取得的显著成效表现在：第一，加快基础设施建设，带动核心产业发展。主要表现为加快各类应用基地建设，带动航天发射服务、卫星制造、物联网和空天信息应用服务等四大核心产业。例如，宁波北仑区的航空航天产业作为产业战略转型的重中之重，早在 2018 年，"四位一体"打造航空航天技术中心、科研院所、教育机构、产业基地。第二，丰富通用航空业务，促进产业链全面发展。通用航空业务涵盖了机场建设运营、航空器研发制造、市场运营、综合保障及延伸服务等方面，其中，开展海洋维权、海洋监管等方面的通用航空业务备受关注。例如作为国家一类通用航空机场的宁波通用机场主要被用于工农业生产、飞行器试飞、航空旅游等活动。此外，"通用航空＋产业"模式带动了众多行业的蓬勃发展。第三，加强校地间合作，推动产业发展。例如宁波与北京航空航天大学签署战略合作协议，双方围绕先进机载机电与飞控系统、先进飞行器与空天动力技术等重要技术领域进行探索，共同推动前沿技术研发和产业转化。

### 8.2.3.5 海洋新能源产业

宁波市在海洋新能源产业方面取得了一定成效，主要表现在：第一，明确产业发展方向，促进产业集群发展。《宁波市深入推动能源变革加快建设能源强市行动方案（2023—2027 年）》明确提出，宁波将全力打造"三基地一枢纽"，全市能源生产供应安全高效，能源效率持续提升，能源产业集群发展。第二，完善产业链条，提升核心竞争力。例如宁波加快构建生产、储运、贸易、补给、海事配套服务"五位一体"的油气全产业链。此外，宁波还将重点围绕光伏、风电、智慧电网、氢能等新能源装备进行产业链构建与完善。第三，加快风电项目建设，促进能源清洁生产。一方面，引进专业的国内外风电项目开发建设团队以加快海上风电场建设与运维装备产业发展；另一方面，引进风力发电整机及配套产业链项目进行产业园建设。

## 8.3 宁波市海洋产业发展的困难挑战

### 8.3.1 产业结构相对单一

宁波在产业结构相对单一方面主要体现在：第一，传统产业占主导地位。宁波市的海洋经济主要集中在传统产业，如渔业、港口物流和海洋运输等。据统计，宁波-舟山港 2022 年货物吞吐量达到 12.61 亿吨，连续 14 年居全球第一，集装箱吞吐量 3 335 万标箱，稳居全球前三，其作为全球货物吞吐量最大的港口之一，相关产业贡献了大量的经济产值。第二，新兴产业发展相对滞后[7]。尽管近年来宁波市海洋新兴产业发展态势良好，持续保持快速增长，增速达 10％以上，但总体来说，其在宁波市的海洋经济中占比仍相对较低。第三，产业链延伸不足。尽管宁波市在港口物流和海洋运输方面具有显著优势，但相关产业链的延伸和拓展不足，产业集群效应尚未充分显现。例如，港口相关的高附加值服务业，如金融服务、信息服务和科技服务等，发展仍不充分，限制了产业链的整体竞争力。

### 8.3.2　海洋科技创新不足

宁波在海洋科技创新不足方面主要体现在：第一，科研投入不足。近年来，尽管宁波市在海洋领域的科研投入有所增长，但与国际先进水平相比仍有差距。据统计，2021 年宁波市 R&D 经费投入达 402.7 亿元，同比增长 13.5％，但低于全省平均 2.5％，且 R&D 经费投入强度位列全省第五位。再者，2020 年宁波市科研投入占 GDP 的比例约为 2.5％，而发达国家和地区这一比例通常在 3％以上。尤其在海洋科技领域，专项资金的投入比例相对较低，难以满足众多研究院所的科技研发和创新能力发展需要。同时，存在海洋科技人才数量和质量不足的现象，缺乏海洋科研高层次人才，知识更新慢，能力素质无法跟上科技经济发展形势。第二，海洋科技可持续创新能力不强[8]。相较山东、广东等沿海省份，海洋科技创业服务中心、海洋高新技术园区建设相对落后，社会资源集成度低，海洋高新技术相关企业数量少、规模小，信息技术在科技兴海中应用程度较低。

### 8.3.3　基础设施建设滞后

宁波在基础设施建设滞后方面主要体现在：第一，港口基础设施承载力不足。尽管宁波-舟山港是全球最大的港口之一，但其基础设施承载能力已接近饱和状态，同时高度依赖公路集疏运，港口集装箱海铁联运占比仅有 3.84％，远低于世界级大港平均水平。其港口的码头泊位、集疏运系统以及仓储设施的扩展速度未能完全跟上货物流量增长的需求，制约了港口的整体效能提升，导致部分时段出现拥堵和延误情况。第二，海洋产业配套设施不完善。宁波市在海洋产业的配套基础设施建设方面仍有欠缺，特别是对于新兴海洋产业的支持设施较少。例如海洋生物医药和海洋高技术产业需要专门的研发中心和试验基地，但这些设施的建设和投入相对滞后，导致相关产业的技术研发和成果转化受到限制。

# 8.4　宁波市海洋产业发展的对策建议

## 8.4.1　调整产业结构

### 8.4.1.1　推动蓝色经济多元化发展

宁波市应充分利用其海洋资源优势，积极发展海洋可再生能源、海洋生物技术、海洋旅游等新兴蓝色经济产业。这些新兴产业不仅符合全球绿色低碳发展的趋势，还能够带动相关上下游产业链的发展，提升宁波海洋经济的整体竞争力。例如，宁波可以加大对海上风电的投资力度，借助其独特的海域条件，推动海上风电项目的快速发展，成为可再生能源的重要供应基地。同时，通过开发海洋生物技术，探索海洋药物、功能性食品等高附加值产品，不仅可以延长海洋产业链，还能够引领海洋生物资源的高效利用。此外，宁波拥有丰富的海岸线资源，可以通过发展高端海洋旅游、邮轮经济等，吸引国内外游客，推动服务业与制造业的联动发展。

### 8.4.1.2　跨界融合新质力提升海洋产业

宁波市应着力推动海洋产业与人工智能、大数据、物联网等新质生产力的深度融合，提升海洋产业的智能化水平。例如，通过引入智能化渔业管理系统，利用物联网和大数据技术实现渔业生产、物流和销售的全程监控与优化，减少资源浪费，提升生产效率。此外，在海洋交通运输领域，可以通过应用无人船舶、自动化港口技术等，打造智慧海洋交通体系，提升港口的作业效率与安全性，降低人力和时间成本。通过新质生产力的驱动，宁波市的海洋产业不仅能够实现高效、智能的生产，还能在全球化竞争中占据有利位置。

## 8.4.2　促进科技创新

### 8.4.2.1　加大科技研发投入

科技创新是推动海洋产业发展的核心动力[9]。政府应加大科技研发投入，特别是在基础研究和应用研究方面，提升自主创新能力。政府可以设立专项科研基金，支持高水平的科研项目和创新团队，鼓励企业加大研发投入，建立完善的研发体系和创新机制。此外，政府应加强对科研机构和高新技术企业的扶持力度，鼓励企业与高校、科研院所合作，联合开展关键技术攻关。通过加强产学研结合，推动科技成果的转化和应用，提高海洋产业的技术水平和竞争力。

#### 8.4.2.2 鼓励高校和企业的合作创新

宁波市拥有众多高校和科研机构，是科技创新的重要力量。政府应鼓励高校和企业之间的合作创新，推动科技成果的转化和应用。可以通过设立创新合作项目、建立科技园区和创新基地等方式，促进高校和企业之间的交流与合作。同时，政府应加强对创新人才的培养和引进，特别是高水平科技人才的引进。可以通过出台人才引进政策、设立高层次人才奖励基金等方式，吸引更多高水平的科技人才来到宁波，为海洋产业的发展注入新的活力。

### 8.4.3 改善基础设施

#### 8.4.3.1 持续推进港口和物流基础设施建设

宁波市应继续推进港口和物流基础设施建设，提升港口的服务能力和物流效率。特别是在港口扩建和升级方面，政府应加大投入，提升港口的智能化和现代化水平。此外，政府应优化港口的集疏运体系，提升港口物流的综合服务能力，推动港口物流业的发展。在物流基础设施建设方面，政府应加大对现代物流技术的投入，推动物流信息化、智能化和绿色化发展。可以通过建设智能物流平台、推广应用物流信息技术、加强物流园区建设等方式，提高物流效率，降低物流成本，提升物流服务质量。

#### 8.4.3.2 优化产业园区和科研基地

宁波市应优化海洋产业园区和科研基地的规划和建设，为企业和科研机构提供良好的发展环境。特别是在基础设施和配套服务方面，应提升园区的整体水平，吸引更多高水平企业和科研机构入驻。在产业园区管理方面，政府应加强园区管理和服务，提升园区的运营效率和服务质量，推动园区的发展和壮大。在科研基地建设方面，政府应加大对科研设施和设备的投入，提升科研条件，推动科研成果的转化和应用。

### 8.4.4 加强政策支持

#### 8.4.4.1 提高政府对海洋产业的扶持力度

宁波市政府应进一步提高对海洋产业的扶持力度，通过财政补贴、税收优惠、专项资金支持等多种方式，为海洋产业的发展提供强有力的政策保障。财政补贴可以针对高新技术企业、绿色环保企业以及高附加值海洋产业项目；税收优惠可以针对海洋工程建设、海洋生物医药研发等重点领域；专项资金则可以用于支持海洋技术研发和创新项目。此外，政府应积极争取国家和省级的支持，融入国家海洋经济发展战略，借助国家和省级政策资源推动宁波海洋产业的发展。通过与其他沿海城市的合作，形成区域协同发展机制，提升宁波在全国乃至全球海洋产业中的影响力。

### 8.4.4.2　制定和完善相关政策法规

为了保障海洋产业的健康发展，宁波市需要制定和完善相关政策法规，为产业发展提供法律保障。政府应根据实际情况，出台一系列具体的政策措施，如《宁波市海洋产业发展规划》《宁波市海洋环境保护条例》等，确保政策法规的系统性和可操作性。同时，在制定政策法规的过程中，应充分考虑各方利益，特别是企业和科研机构的需求，增强政策的针对性和实效性。此外，政府应加强政策法规的宣传和培训，增强企业和从业者的政策意识和法律意识，确保政策法规的顺利实施。

## 8.5　宁波市海洋产业发展的典型案例

### 8.5.1　象山港风电场建设基本情况

象山港位于浙江省宁波市象山县，是一个典型的沿海海湾，拥有丰富的风能资源。该地区的平均风速较高，海域条件适合大规模海上风电项目的开发。宁波市作为一个经济发达的沿海城市，对清洁能源的需求和环保意识逐渐增强，为发展海上风电提供了良好的市场基础。与此同时，在国家和地方政策的支持下，象山港风电场项目得以推进。中国政府大力支持可再生能源发展，特别是海上风电，出台了一系列优惠政策和激励措施，包括补贴、税收优惠和融资支持等。宁波市政府也积极推动该领域的发展，将其纳入地方经济转型和产业升级的重要组成部分。象山港风电场的建设不仅推动了宁波市的绿色发展，也为全国其他沿海地区提供了宝贵的示范经验。

目前，国电象山1号海上风电场共有两期工程。其中国电象山1号海上风电场（一期）已于2021年12月并网运行，有效填补了宁波市海上风电产业空白。截至2022年12月，一期项目共提供绿色电能约5.6亿千瓦时，产值约4.76亿元。此后，浙江省重点项目国电象山1号海上风电场（二期）工程也正式启动施工建设。该工程位于象山县鹤浦海域，总投资金额50亿元，设计安装56台9兆瓦海上风力发电机组，总装机容量为504兆瓦，规模刷新浙江省最大海上风电场纪录。象山3号海上风电项目是宁波市纳入《浙江省海上风电发展规划（2021—2035）》的省管海域海上风电项目，位于鹤浦镇东部海域，风电场中心离岸距离 50 千米，水深 38～44 米，场区面积约 53.1 千米²。该项目规划装机容量 450 兆瓦，拟安装 27 台单机容量 16.7 兆瓦的风电机组，计划总投资约 60 亿元，拟于 2024 年底开工建设，建成后预计每年生产绿电约 15 亿千瓦时。

### 8.5.2　象山港风电场建设主要做法和成效

#### 8.5.2.1　主要做法

在科学规划与资源评估方面，项目初期进行了详细的风资源和环境影响评估，长期收集并分析气象数据，确认选址区域风能资源丰富且稳定，适合大规模开发。同时，评估了对海洋生态的潜在影响，并制定了避免关键生态敏感区和控制噪声污染的措施。在先进技术与设备选型方面，项目采用了 15.XMW 海鹰平台与 9.XMW 海鹞平台，选用了高效的风机和海底电缆，并结合了先进的施工技术。施工阶段使用了"三航桩 20"等设备，通过"一桩一议"和"自升式安装船"等工艺，确保了施工效率和精度。在生态环境保护方面，项目实施了多项环境保护措施，减少对海洋生态系统的影响，如噪声控制、生态监测和生境修复，确保项目的环保效益。在综合管理与协调合作方面，政府通过政策引导、资金支持以及协调相关部门，确保项目顺利推进，企业则依靠先进的技术和管理经验，负责项目的具体实施。同时，科研机构提供了技术支持，尤其是在风能资源评估和环境影响评估等关键环节。此外，项目管理体系严格，涵盖了从前期规划到后期运营的各个阶段，确保了项目在每个环节的高效执行。在政策支持与市场机制方面，政府在项目的前期规划和建设阶段提供了财政补贴、税收优惠等政策引导与资金支持，同时，政府出台了绿色电力上网政策，确保风电项目的清洁能源可以顺利并网，并提供稳定的市场回报。此外，通过完善的电力交易机制，鼓励社会资本进入风电领域，以促进项目的可持续发展。

#### 8.5.2.2　获得成效

在经济效益方面，象山港风电场的建设为宁波市提供了大量的清洁电力，每年发电量可达近 10 亿千瓦时，减少了对传统化石燃料的依赖。项目的建设和运营不仅创造了直接经济收益，还带动了风电设备制造、施工、维护等相关产业的发展。在环境效益方面，该项目每年可减少约 80 万吨的二氧化碳排放，相当于减少了大量的化石燃料消耗，对改善空气质量、减缓全球变暖具有重要意义。在社会效益方面，项目的建设和运营提供了大量的就业机会，特别是在施工期和运维期，为当地居民提供了可观的收入来源。同时，风电场的成功建设也提升了公众对清洁能源的认知，促进了社会对可再生能源发展的支持。

### 8.5.3 象山港风电场建设经验启示

#### 8.5.3.1 全面规划与前期评估的重要性

成功的海上风电项目始于科学的规划和资源评估[10]。海上风电项目应从科学规划开始，进行详细的资源评估和环境影响评估。项目选址应综合考虑风能资源、海洋环境和生态影响，确保项目具备长期的经济效益和环境友好性。

#### 8.5.3.2 技术创新与设备优化为项目核心

采用先进的技术和设备是提高风电场效率和可靠性的关键[11]。风电项目的成功依赖于地理和气候条件选型，并引进高效、创新的施工和维护技术，确保设备稳定运行并降低长期维护成本。

#### 8.5.3.3 生态保护需贯穿项目全程

风电项目在建设与运行中，必须把生态环境保护作为优先考虑的内容。从规划阶段起就应考虑海洋生态的可持续性，采取噪声控制、生态监测、生境修复等措施，以减少对环境的负面影响，实现绿色发展。

#### 8.5.3.4 高效管理与多方合作是项目成功的保障

项目的顺利推进依赖于政府、企业、科研机构等多方的紧密合作，健全的管理机制是确保项目顺利进行的基础。多方合作机制不仅能优化资源配置，还能提高项目的执行效率。

#### 8.5.3.5 政策支持与市场激励并行

政府政策的引导与支持对风电项目的成功至关重要，包括财政补贴、税收优惠、绿色电力上网等政策，能够有效降低企业风险并鼓励更多投资。完善的市场机制也是关键，它通过为清洁能源创造良好的市场环境，推动了项目的规模化和商业化发展。

### 8.5.4 政策建议

#### 8.5.4.1 加快智能运维系统建设

智能运维系统的应用能够大大提升风电场的运营效率和安全性。首先，建设集成的智能运维监控平台，利用物联网（IoT）技术实时监测风电机组的运行状态、气象条件和电力输出，以增强管理的透明度和精准度。其次，应用大数据和人工智能（AI）技术进行数据分析，预测设备故障和维护需求。最后，可引入自动化控制系统，允许远程操作和调整风机参数，在提高运行效率和减少人工干预需求的同时确保系统的安全性和数据保护。

#### 8.5.4.2 注重长期监测与维护

在长期监测与维护方面，首先，应基于实际运行数据和设备健康状态制定详细的长期维护计划，包括定期检查、保养和故障修复。这不仅有助于及时发现潜在问题，还能延长设备的使用寿命。其次，建立可靠的数据存储和管理系统，保存设备运行数据、故障记录和维护历史，以便追踪设备的健康状况和运维情况。最后，定期评估风电场的技术设施，根据技术发展和运维需求进行必要的升级和改造，确保设备始终处于最佳运行状态。通过持续优化维护策略，以有效提升设备的可靠性和运行效率，保障风电场的长期可持续运营。

#### 8.5.4.3 强化公众参与和利益共享

风电项目应注重社会效益和公众参与。在项目规划阶段，组织公众咨询会和信息发布会，介绍风电场的建设计划、预期效果以及可能的影响，通过收集公众意见和建议，优化项目设计和实施方案。同时设立公众参与渠道，如意见箱、在线平台或咨询委员会，允许当地居民和利益相关者对项目提出意见，参与决策过程。建立信息公开机制，在项目实施过程中，定期发布风电场建设进展、运营数据及环境监测结果，确保公众能够及时获取有关项目的信息，增强项目的社会接受度和公众支持度。此外，制定利益共享方案，将风电场带来的经济利益部分用于地方发展和社区福利，例如通过税收分成、项目收益分成等方式，确保社区能够直接受益。也可以设立地方发展基金或社会责任基金，定期向社区提供资金支持，用于基础设施建设、教育、医疗等社会公益项目，增强人民幸福感。

## 参考文献

［1］陈辰立．近 40 年来中国海洋渔业史研究的回顾与前瞻［J］．海交史研究，2019（4）：84-95.

［2］芦敏敏，李包庚．"八八战略"引领宁波经济高质量发展的实践逻辑［J］．中共宁波市委党校学报，2023，45（5）：38-48.

［3］陶学宗，张康，王谦益，等．宁波舟山港海铁联运发展的创新思路［J］．中国港口，2021（11）：17-21.

［4］徐恒．大力发展高端装备制造业［N］．中国电子报，2022-09-09（002）.

［5］自然资源部党史学习教育领导小组办公室．党领导新中国海洋事业发展的历史经验与启示［N］．中国自然资源报，2022-01-05（005）.

［6］赵鸿滨，周旗钢，李志辉，等．面向新兴产业和未来产业的新材料发展战略研究［J］. 中国工程科学，2024，26（1）：23－34.

［7］支巧．新旧动能转换背景下象山做强海洋经济示范区的路径研究［J］．宁波经济（三江论坛），2022（8）：25－28，39.

［8］吴向正．市十五届人大常委会公布对有关工作报告的审议意见［N］．宁波日报，2021－07－21（006）.

［9］王伟中．政府工作报告［N］．南方日报，2024－01－27（002）.

［10］邱燕超．新能源"出海"实现双向互惠［N］．中国电力报，2023－09－11（005）.

［11］吴秀霞．海上风电撬动装备需求风电运维市场前景广阔［N］．中国船舶报，2023－12－01（T25）.

# 9 海洋产业发展的温州实践

## 9.1 温州市海洋产业发展的历史变迁

温州市，浙江省辖地级市，地处浙江省东南部，东濒东海，海域面积8 649平方千米，陆地海岸线长514千米，有岛屿711.5个，海岸曲折，良港众多。温州人民世代与海为伴，形成了深厚的海洋文化传统。作为临海城市，温州拥有"港、涂、渔、景、能"等丰富的海洋资源[1]，组合优势明显，腹地资源广阔，开发潜力巨大，是浙江省建设海洋经济强省的战略核心区域，具有发展海洋经济重要增长极的优越基础和条件。受益于优越的地理位置和富裕的海洋资源，温州从很早就开始探索海洋产业，发展海洋产业具有悠久的历史。

古代温州的海洋产业就已经相当发达，彼时海洋经济在温州发展的重点主要集中在渔业和海洋贸易。春秋战国时期，当地可以建造扁舟、轻舟、双身独木舟等船舶，并且出现了原始港口的雏形，这进一步证明了温州在海洋交通和渔业方面的历史悠久。在秦汉时期，温州人民靠海吃海，利用丰富的海洋资源进行捕鱼和海产品的采集，形成了渔业生产习俗。在宋代，温州已经成为重要的港口城市，海洋贸易活动非常活跃，是四大海港之一。南宋政府特在温州设立市舶务，系统管理海外贸易。到元代，由于经济重心的南移，南方港口出现了一片繁荣发展的态势，温州海运在此时期也是盛极一时[2]。明清时期，受到"海禁"政策影响，温州海洋贸易严重受阻，直至近代被辟为通商口岸，温州的海洋贸易才逐渐恢复。虽然近代中国经历了多次战争和动荡，但温州的海洋产业仍在艰难中发展。这一时期海洋产业仍以传统渔业为主，渔民们继续从事渔业捕捞活动，同时一些新的海洋产业，如海洋运输、海洋食品加工等产业也逐渐兴起。

到现代，温州十分重视海洋经济的发展，海洋产业的发展历程可以概括成以下几个阶段：

### 9.1.1 新中国成立后萌芽探索（1949—1978 年）

1949 年后，随着新中国的建立和经济体制改革，温州市海洋经济逐步恢复发展，海洋产业处于趋向现代化的转型时期。在该时期，温州的海洋产业仍然以海洋渔业和近海捕捞为主。为了提高渔业的生产效率，温州地区开始组建渔业生产互助组和渔业合作社，在这种合作模式的带动下，渔业生产规模持续扩大。而且渔民们积极探索新的捕捞方式和作业模式，使得渔业产量大幅提升。在该时期，温州市加大海洋产业的投入，引入现代化的渔业技术和设备，完善船舶配置，促进渔业生产效率的提升。但在早期发展阶段，温州海洋经济发展重点放在海洋捕捞业，通过大量捕捞渔业资源来恢复生产力，助力经济建设，生产方式传统粗放，忽略了对海洋环境的保护和海洋资源的有序开发。随着人们捕捞强度不断增强、对海洋渔业资源开发的深度和广度逐渐加深，渔业资源开始衰退枯竭，海洋生态环境遭到破坏。这些挑战对温州市海洋产业的发展产生了深远的影响，也为后来的海洋产业发展提供了宝贵的经验教训。

### 9.1.2 改革开放以来蓬勃兴起（1979—1999 年）

改革开放以来，温州的海洋产业迎来了蓬勃兴起的机遇。在海洋渔业方面，作为传统的渔业大市，温州市积极调整海洋渔业产业结构，推动海洋渔业从传统的捕捞业向养殖业、加工业等多元化方向转变，并大力支持远洋渔业发展。"九五"时期，温州市实施了渔业"双六十工程"，致力于推动海洋渔业综合实力提升。在海洋交通运输业方面，自 1984 年温州被列入全国 14 个沿海港口城市进一步对外开放后，温州港开展大规模基础设施建设，进而带动温州港港口吞吐量显著增长。随着港口基础设施的完善和航运网络的拓展，温州市的临港工业也开始兴起，温州市政府通过引进外资和技术，推动了石化、船舶制造等产业的发展。在这一时期，温州港从一个传统的区域性港口逐渐转变为具有一定规模和影响力的现代港口，为温州乃至浙南地区的经济发展提供了强有力的支撑。

### 9.1.3 21 世纪以来快速增长（2000—2011 年）

在该阶段，温州市政府出台了《温州市海洋经济发展规划（2003—2010）》，并在该规划中提出了建设"海洋经济强市"的战略目标。自该规划实施以来，温州市围绕海洋经济的发展，以温州港港口建设为重点，协同海洋渔业、临港工业、滨海旅游业、海洋新兴产业为辅助，围绕战略目标多层次构建温州市海洋产业体系。在政策的加持下，温州传统优势产业得到了快速发展，首先是港口海运业，临海主要港口的基础设施逐渐完善，港口货物吞吐量也由 2000 年的 1 117.48 万吨增长到 2012 年的 6 997 万吨，巨大的增长量体现了温州海洋运输业的蓬勃态势。还有就是海洋渔业，对于海洋渔业过度捕捞致资源衰退等问题，温州市贯彻"主攻养殖，拓展外海"的方针，发展海洋养殖业和远洋渔业，积极调整渔业结构。

此外，新兴领域开始起步，逐渐成为温州海洋经济重要的增长点。在这一时期，温州市加大了对海洋旅游资源的开发力度，积极发展滨海旅游业，推动形成由瓯江口、乐清风景名胜区、洞头列岛风景区、南麂列岛海洋自然保护区等组成的海洋旅游网络。随着海洋经济的发展，温州市开始关注所具有的海洋资源，海洋能源的开发利用也取得了显著进展，特别是风能资源的开发利用走在了全国前列。同时，海洋生物医药、海水综合利用等新兴产业也开始迅速兴起。

## 9.1.4 党的十八大以来高质量发展（2012 年至今）

自党的十八大提出推动经济高质量发展的总体要求以来，温州的海洋产业进入高质量发展阶段。在该阶段，温州市政府致力于优化海洋产业结构，推动海洋产业发展，发挥海洋产业对海洋经济的带动作用，并取得了显著成效。2021 年温州全市海洋经济增加值为 1 346 亿元，占全省比重达 13.6%，相较 2010 年已增长了 2.3 倍，由此可以看出温州海洋产业规模持续扩大，对海洋经济的带动作用明显。同时，海洋产业的发展重心转移到临港工业和港口海运业，通过温州港发展来辐射带动整个温州经济。在产业结构方面，温州海洋产业结构已由"一、二、三"转向第二产业为主的结构构成，并向着"三、二、一"的产业结构发展，产业结构优化升级趋势明显。海洋渔业、港口运输业的效益不断提升，而滨海旅游业、海洋医药、海洋新能源等新兴产业也不断发展，温州市海洋产业体系日趋完备。

在该时期内，海洋产业的发展基调由快速增长转向高质量发展趋势，重视对海洋资源的有序开发，主张绿色发展，减少对海洋环境的破坏。近年来，温州市政府积极参与"蓝色海湾"整治项目，并出台相关政策方案，开展海洋公园和保护区建设、海洋生物资源恢复、海洋牧场建设等生态工程，积极探索生态修复建设机制，坚持生态建设和经济发展并重，持续推动海洋经济可持续发展。

在温州海洋产业发展的过程中，温州市政府起到不可或缺的作用。通过梳理温州市近几年来的相关政策文件，可以看出温州市政府在不同时期发展海洋产业的重点不同（表 9-1）。在早期，温州市政府主要集中力量发展海洋渔业、海洋交通运输业等重点产业，目标是为了促进海洋传统优势产业向现代海洋产业转型，支撑海洋经济跨越式发展。在"十三五"期间，温州市政府则更重视海洋新兴产业的发展，同时积极引导民间经济进入海洋产业发展区域，发挥温州民营经济的优势，并鼓励海洋产业集聚融合。在"十四五"期间，温州市政府则将发展重心放在海洋科技创新和相应人才培养，致力于攻克海洋产业关键核心技术，并在发展的过程中强调生态保护。从整体政策演变趋势可以看出，温州市政府正在不断优化海洋产业整体布局。虽然在不同时期的政策重点不同，但总体的方向都是在推动构建海洋现代产业体系，促进海洋产业高质量发展。

表 9-1  温州推动海洋产业发展的积极举措

| 时间 | 政策名称 | 相关内容 |
| --- | --- | --- |
| 2012.06 | 《关于加快海洋经济发展的若干意见》 | 树立"人海和谐、海陆统筹"的发展理念，以加快转变经济发展方式为主线，以搭建海洋开发开放平台为突破口，以国家重要枢纽港建设为龙头，以重点海洋产业区块为载体，以体制机制与海洋科技创新为动力，打造长三角南翼和海西区北翼中心城市、浙江海洋经济开发开放先行区、民营经济参与海洋经济发展示范区、海洋生态环境保护提升示范区，努力实现由"海洋经济大市"向"海洋经济强市"跨越。 |
| 2016.10 | 《温州市海洋事业发展"十三五"规划》 | 谋划构建"一核两翼四镇十区多岛"的海洋空间开发格局，重点打造海洋特色产业基地，以培育海洋新兴产业为重点，优化产业空间布局，引导现代海洋产业集聚发展，切实推动温州海洋经济发展示范区高质量发展。 |
| 2016.10 | 《温州瓯江口产业集聚区"十三五"发展规划》 | 以"提升城市能级、强化发展实力"为核心，按照打造产城融合示范区、创业创新示范区、临港产业园区三大平台的要求，实施产业集聚融合工程、招商选资一号工程、城市功能提升工程等三大工程，争当温州都市建设的标杆城区、城市发展的新增长极、湾区经济发展的"排头兵"，建成产城融合的"海上新温州"。 |

（续）

| 时间 | 政策名称 | 相关内容 |
|------|----------|----------|
| 2021.12 | 《温州市海洋经济发展"十四五"规划》 | 构建"1138"（一廊、一区、三带、八平台）的海洋经济发展总体格局，依托科创走廊建设，布局建设一批涉海重点实验室和工程技术研究中心；深化温州海洋经济发展示范区建设，重点推动瓯洞一体化发展，实施海洋产业项目、城市配套和公共服务项目、基础设施项目、生态屏障项目等四类超千亿元项目，有效支撑示范区高质量发展；坚持陆海统筹发展，建设临港产业带、生态海岸带、西部生态休闲产业带；聚焦打造 11 个"生态休闲重点区块"，拓宽"两山"转化通道，打造绿色崛起的典范区域。 |
| 2022.10 | 《温州市科技兴海暨蓝碳创新行动方案》 | 通过自主研发、消化吸收再创新、购买技术等多种方式，重点突破海洋清洁能源、生态碳汇、生物资源开发领域关键核心技术，优化科研力量布局和创新要素配置，实施创新平台提升工程、创新型企业培育工程、高层次人才引培工程，构建特色鲜明、实力突出的海洋科技创新体系。 |

## 9.2　温州市海洋产业发展的现状特征

作为推动当地海洋经济强劲增长的主导力量，温州海洋产业对海洋经济的促进势头强劲，这种带动作用主要体现在对地区海洋生产总值的贡献上。2021年，温州全市海洋经济增加值为 1 346 亿元，占全省比重达 13.6%。海洋经济的平稳增长并不只是得益于单一海洋产业的孤立支撑，而是温州海洋产业结构多元化格局的助力。近年来，海洋渔业、海洋交通运输业、滨海旅游业等传统优势产业持续发力，海洋生物医药、海洋生态产业等新兴产业迅速崛起，在双重效应驱动下，温州海洋经济不仅产值大幅提升，整体也向着高质量发展的趋势进发。

### 9.2.1　传统优势产业持续发力

#### 9.2.1.1　海洋渔业

温州位于东海之滨，拥有丰富的渔业资源和渔场条件。追古溯源，温州海洋渔业具有悠久的渔业历史和丰富的渔业文化积淀，海洋渔业一直都是支撑温州海洋经济的重要动力。随着温州海洋经济的不断发展，海洋渔业作为传统优势产业也在持续发力，为海洋经济高质量发展提质增效。近年来温州市海洋渔业的发展成效主要表现在以下几个方面。

首先，温州渔业产值稳步增长，海洋渔业转型优化。由表9-2可知，温州市渔业发展迅速，渔业总产值从58.90亿元增至112.70亿元，平均增速为6％，而海洋产品产量也在稳步增长。根据《温州市国民经济和社会发展统计公报》可知，2020年温州远洋渔业实现了零的突破，至2023年远洋渔业产量已增长到1.9万吨。以上数据不仅反映了温州海洋渔业的快速发展趋势，也展现了海洋渔业在近十几年的发展中逐渐形成了较大的产业规模和良好的产业基础。在海洋渔业不断发展的基调上，温州市也在积极调整海洋渔业产业结构，强调耕海牧渔，重点发展海洋养殖业，同时压缩海洋捕捞产量，保护渔业资源，维持海洋捕捞—渔业资源再生之间的良性循环。根据表9-2可得，温州市近十几年来的海洋捕捞产量呈现一个曲折减少的趋势，由2012年的44.81万吨减少至2023年的39.0万吨，同时海水养殖产量则上升至28.9万吨，相比2012年增加了一倍多，而且和海洋捕捞产量之间的差距愈发缩短，这充分体现了温州有效调整海洋渔业生产方式，优化转型成效显著。其次，温州渔业装备技术有效升级，渔业产业链不断延伸。为了提高渔业产量和质量，温州市不断提升渔业装备技术，例如为了增强温州大黄鱼这一优势水产品的养殖产量，温州根据不同海域特质不断更新养殖模式，由传统养殖网箱转变为深水网箱、超大型围网和栏网养殖等模式，增强海洋养殖业抵御台风等极端天气影响的能力。在渔业技术的创新和先进设备的引入下，温州海洋渔业从种苗培育、养殖、加工到销售等环节形成了完整的产业链，而且水产品加工业等产业逐渐向精深加工方向发展，提高了产品附加值，产业链不断延伸。最后，海洋新兴业态不断涌现，产业融合效益凸显。近年来，温州市致力于推动渔业与旅游、文化、生态等产业的融合发展，催生了一批集休闲、娱乐、观光、体验于一体的休闲渔业综合体，如洞头区的"梦幻海湾"、瑞安市的"北麂岛海钓小镇"等，同时积极在洞头区、平阳县、瑞安市等地区打造海洋牧场，发挥海洋牧场对水质的修复作用和对渔业资源的养护功能。诸如此类的产业融合新兴业态在温州不断涌现，为海洋经济发展带来新的活力。2019年，温州市实现休闲渔业总产值1.28亿元，全年接待滨海旅游休闲人数达62.48万人次。

表9-2　温州海洋渔业发展状况

| 年份 | 渔业总产值<br>（亿元） | 海水产品产量<br>（万吨） | 海洋捕捞产量<br>（万吨） | 海水养殖产量<br>（万吨） |
|---|---|---|---|---|
| 2012 | 58.90 | 55.3 | 44.81 | 10.47 |
| 2013 | 61.95 | 55.0 | 45.37 | 9.66 |

（续）

| 年份 | 渔业总产值<br>（亿元） | 海水产品产量<br>（万吨） | 海洋捕捞产量<br>（万吨） | 海水养殖产量<br>（万吨） |
|------|------|------|------|------|
| 2014 | 63.12 | 56.1 | 46.13 | 10.02 |
| 2015 | 66.89 | 59.6 | 49.32 | 10.27 |
| 2016 | 70.60 | 62.2 | 51.5 | 10.7 |
| 2017 | 74.91 | 59.6 | 49.1 | 13.9 |
| 2018 | 76.51 | 57.9 | 43.3 | 14.7 |
| 2019 | 81.35 | 58.4 | 41.7 | 16.7 |
| 2020 | 86.72 | 59.4 | 38.7 | 19.9 |
| 2021 | 91.99 | 59.7 | 39.2 | 20.5 |
| 2022 | 101.64 | 64.5 | 39.6 | 25.0 |
| 2023 | 112.70 | 67.9 | 39.0 | 28.9 |

### 9.2.1.2　海洋交通运输业

温州位于中国东南沿海的中段，毗邻长江三角洲和珠江三角洲，是连接长三角和珠三角两大经济区的重要物流节点。这一独特的区位优势使得发展温州港口运输业具有很强的必要性。自古以来，海洋交通运输业就是温州海洋经济的优势产业，2021 年 11 月，温州市出台《温州市港航发展"十四五"规划》，提出打造"全国沿海一流港口"的核心目标。在规划驱动下，温州海洋交通运输业发展取得了显著成效。

首先是港口基础设施不断完善，港口运输能力不断提升。为了提高港口的吞吐能力和运输效率，温州市不断落地并加速推进乐清湾港区 A 区一期、C 区一期、状元岙港区二期工程等重点项目，带动温州港等沿海港口的基础设施建设。目前，温州港全港生产性码头泊位已达到 169 个，其中万吨级及以上深水泊位 20 个、5 万吨级及以上泊位 7 个。随着港口的基础设施逐渐加强完善，温州沿海港口的运输能力也逐渐增强，根据表 9-3 可得，温州港口运行良好，货物吞吐量近 10 年来保持一个曲折上升的态势，已由 2012 年的 6 950.42 万吨增至 2022 年的 8 478.97 万吨，整体增加了 22%。其次是多式联运业务蓬勃发展，港口辐射能力不断拓宽。温州积极发展海铁联运、江海联运等多式联运模式，不断拓展多式联运覆盖线路，如温州港海铁联运业务由最初的"永康—温州"集装箱海铁班列，到逐步开通"南昌—温州""上饶—温州""丽水—温州""金华—温州"等新兴线路和班列，港口辐射能力不断向江西、福建及长江流域延伸。2023 年温州完成海铁联运 5 934 标箱，同比增长 19%，充分体现了温州多式联运蓬勃发展的趋势。最后是温州外贸航线网络不断拓展，对外开放水平不断提升。温州积极拓展外贸航线网络，不断增加外贸航线班次，现已开通东南亚、日本、俄罗斯等外贸航线 10 条，并计划到 2025 年累计开通外贸海运航线 15 条，实现中欧班列"义新欧"温州号年运行达 200 列，经由以上措施，温州的国际物流运输能力不断提高，温州港的国际竞争力也得到不断增强。2022 年，港口外贸吞吐量完成 332.3 万吨，同比增长 35.8%。

表 9 - 3    温州海洋交通运输业发展状况

| 年份 | 历年港口货物吞吐量（万吨） |
| --- | --- |
| 2012 | 6 950.42 |
| 2013 | 6 996.95 |
| 2014 | 7 379.36 |
| 2015 | 7 901.05 |
| 2016 | 8 490.42 |
| 2017 | 8 503.00 |
| 2018 | 8 925.62 |
| 2019 | 8 238.94 |
| 2020 | 7 540.81 |
| 2021 | 7 975.89 |
| 2022 | 8 478.97 |

### 9.2.1.3    滨海旅游业

温州海岸线长，岛屿、沙滩、海洋湿地众多，具有充裕的滨海旅游资源，如洞头列岛、南麂列岛、渔寮、炎亭、西湾等海岸，石奇、礁美、滩佳、洞幽、岛绿，以其独特的自然风光和人文景观吸引着国内外游客。由表 9 - 4 可知，近 10 年温州接待的国内外旅客数量逐渐增长，2019 年实现国内旅游业收入达 1 528.66 亿元。虽然之后几年温州滨海旅游业受到新冠疫情的冲击，整体稍显疲乏，但疫情前的数据充分展现了滨海旅游业对于温州海洋经济的带动能力。2021 年，温州市出台《温州旅游业发展"十四五"规划》，并将旅游业定为全市着力培育的战略性支柱产业和富民强市的"幸福产业"，为滨海旅游业的发展提供了政策保障。

为了充分发挥滨海旅游业的经济带动作用，催生海洋经济新的经济增长点，温州市采取了以下措施。首先是整合滨海旅游资源，构建空间布局。温州市将积极构建"一核一带一岛一港"为特色布局的海洋旅游产业板块，有机串联沿海风景名胜古迹、历史文化城镇、旅游风情小镇和重大产业平台，完善温州旅游业产业链。其次是打造滨海特色品牌，增强品牌影响力。根据各市（县）自身特色打造相应的滨海旅游产品，并进行整体性宣传，突出这些滨海旅游品牌都隶属于温州的整体形象，打出温州滨海旅游知名度。最后是推动产业融合，开发滨海旅游新业态。温州在滨海旅游业的发展中注重文化、生态、养殖等产业与滨海旅游的深度融合，成功催生休闲渔业、生态旅游、旅游康养等新兴业态，丰富了温州滨海旅游的产品类型，增强了滨海旅游业的吸引力。

表9-4　温州滨海旅游业发展状况

| 年份 | 国内旅游者人数（万人） | 海外旅游者人数（人） | 国内旅游业业务收入（亿元） |
|---|---|---|---|
| 2012 | 4 887 | 575 397 | 464.24 |
| 2013 | 5 677 | 742 099 | 556.38 |
| 2014 | 6 487 | 910 803 | 651.43 |
| 2015 | 7 576 | 1 058 136 | 770.32 |
| 2016 | 8 824 | 1 210 288 | 919.82 |
| 2017 | 10 237 | 1 390 820 | 1 103.72 |
| 2018 | 11 861 | 555 291 | 1 315.10 |
| 2019 | 13 670 | 583 884 | 1 528.66 |
| 2020 | 11 939 | 29 028 | 1 293.11 |
| 2021 | 4 958 | 12 208 | 733.46 |
| 2022 | 4 687 | 6 279 | 723.16 |

## 9.2.2　海洋新兴产业蓬勃发展

### 9.2.2.1　清洁能源产业

温州具有丰裕的清洁能源，如风能、潮汐能、太阳能等，近些年来，温州把风电等新能源产业作为培育现代海洋产业集群的重要突破口，并出台《温州市科技兴海暨蓝碳创新行动方案》，强调要以海洋清洁能源为主线发展海洋科技创新体系。在政策支持下，越来越多的优质清洁能源产业项目落地温州。2023年，温州市签约了重大新能源产业项目102个，其中不乏海上风电、潮汐能开发等海洋清洁能源项目。风电行业龙头企业金风科技股份有限公司主动牵头投资"金风深远海海上风电零碳总部基地项目"，并围绕该项目打造集研发、制造、工程、运维全产业链集群化的世界级深远海漂浮式海上风电零碳总部基地，促进完善海上风电产业链，推动温州成为海洋清洁能源创新发展的新高地。

#### 9.2.2.2　海洋生物医药产业

近年来，温州市海洋产业结构呈现多元化发展的格局，生命健康产业作为温州市重点培育发展的五大战略性新兴产业之一，经过多年探索已经颇具规模。海洋生物医药产业作为生命健康产业的一个分支，也得到了长足的发展。2021 年，温州出台《温州市生命健康产业发展"十四五"规划》，指导洞头区和海经区依托丰裕的临海生物资源，重点发展海洋生物医药产业，并围绕诚意药业等海洋生物医药产业龙头企业建设海洋生物医药产业园区，推动产业集群的形成，增强产业的整体竞争力。同时，温州注重科技创新在海洋生物医药产业中的引领作用，加快攻克海洋生物资源提取技术，开发高附加值的绿色保健品和功能性食品。如诚意药业利用超级色谱技术生产高纯度鱼油（EPA），现已将鱼油 EPA 的含量提高至 98％以上。

#### 9.2.2.3　海洋生态产业

为响应温州"海上花园"的建设号召，实现海洋经济与海洋生态协同并进，温州市积极推动海洋生态产业的发展。首先是创新生态养殖模式，减少养殖对海洋环境的影响。如温州市依托千亩红树林资源，构建红树林种植-生态养殖耦合共存模式，既净化了水质又提升了青蟹等海产品的产量。其次是深入实施蓝色海湾整治活动，从根源上保护海洋生态。蓝湾工程实施后，温州市累计完成渔港清淤疏浚 157 万米$^3$，修复东岙等 10 个沙滩 15 万米$^2$，生态效益明显。最后就是积极推动海洋生态修复项目，促进海洋系统的可持续发展。温州市充分发挥民营经济的优势，吸引社会资本参与海洋生态保护修复项目，通过以奖代补等方式，激发社资、民资参与热情。2023 年，温州市积极申请并推动全国首例海洋生态修复类 EOD 项目在洞头区落地，该项目总共获得投资达28.8 亿元，为温州生态修复产业发展注入强劲动力。

## 9.3　温州市海洋产业发展的困难挑战

### 9.3.1　海洋资源利用面临困境，开发与保护矛盾突出

温州市作为海洋资源大市，拥有丰富的海洋资源，但海洋资源的开发利用却存在明显困境，主要表现在以下几个方面。首先是部分海洋资源被过度开

发，资源面临枯竭风险。如渔业资源，在资源衰退渔获量越来越少的情况下，部分渔民仍心存侥幸，存在使用违规渔具滥捕幼鱼、擅自扩大作业区域、休渔期出海作业以及违法渔船外逃偷捕等行为，影响了渔业资源的可持续发展，对海洋渔业资源结构造成了损坏。

其次就是海洋资源未能得到充分开发利用。温州虽然具有丰富的石油、天然气和海底矿产资源，但由于勘探技术的限制和开发成本的高昂，目前大部分矿产资源仍未得到有效开发，而且对于海洋矿产资源的开发规划不够科学完善，缺乏长远的战略眼光。在清洁能源开发层面，温州虽然已经对风能、潮汐能进行开发利用，但技术难题和高昂的投资成本限制了这些能源的大规模开发，导致相关项目开发进展缓慢。

最后就是海洋产业用海矛盾突出，海洋空间资源利用不合理。随着海洋经济的快速发展，各类海洋产业对海域的需求不断增加，不同产业之间在用海方面竞争激烈。例如，海洋渔业的养殖区域与港口建设、海洋能源开发等项目的用海范围时常发生重叠，引发了资源分配的矛盾。而且，海洋空间资源规划缺乏科学性和前瞻性，再加上一些不合理的围海养殖项目占据了大量优质岸线[3]，影响了临海工业、海洋旅游等产业的发展。这种不合理的利用方式不仅制约了海洋产业的可持续发展，也给海洋生态保护带来了巨大压力。

### 9.3.2 海洋科技整体水平较低，对海洋产业支撑作用较弱

相较天津、青岛、上海、宁波等海洋产业发达地区，温州市在海洋科技领域的发展相对滞后，整体海洋科技水平较低，进而导致其对海洋产业的支撑作用较弱。造成这种滞后的因素主要表现在以下几个方面。

首先，海洋科技获得的资金投入不足。温州市之前的发展重点主要放在海洋渔业、海洋交通运输业等传统优势产业的转型建设上，政府对海洋科研的投入有限，导致海洋科技基础设施建设滞后，高端科研设备匮乏，难以满足海洋科技创新的需求。其次，温州市海洋科技创新人才不足。温州本身并不是一个教育资源丰富的地区，并不具有丰富的海洋科研院所、涉海院校、科研平台，学术带头人和高层次科技人员较少，科技发展对海洋产业的引领和推动作用不足。而且温州市缺乏有竞争力的薪酬待遇、科研条件和发展平台，对相关海洋科技人才的吸引力不足，许多优秀的海洋科技人才选择前往沿海发达城市发展，这使得温州在海洋高科技行业方面的研发能力受到限制。再次，温州市在海洋科技创新成果转化方面存在诸多困难。科研机构与企业之间的合作不够紧

密，缺乏与企业的有效对接，产学研协同创新机制不完善，导致许多科研成果无法及时转化为实际生产力进行产业化运用。最后就是温州市在海洋产业关键核心技术方面仍存在诸多瓶颈，生产工艺与国际先进水平存在较大差距。例如，在海洋高端装备制造领域，核心零部件的制造技术和工艺仍依赖于进口，关键技术受制于人。

### 9.3.3　海洋产业结构单一，转型升级较为困难

虽然近几年温州市海洋产业结构朝着优化升级的趋势发展，但是支撑海洋经济的主力还是海洋渔业、海洋交通运输业等传统优势产业，诸如海洋生物医药、海洋新能源等新兴产业仍处于起步阶段，技术不成熟，市场份额较小，尚未形成规模效应。传统优势产业虽然为温州的海洋经济做出了重大贡献，但随着海洋经济由高速增长转向高质量发展，这种单一的产业结构为海洋经济带来的增长潜力逐渐减弱。而且这些传统优势产业虽然规模较大，但生产的产品还停留在初级加工的阶段，精深加工产品较少，产品附加值较低，在全国海洋产业市场上竞争力不足。还有就是传统的发展模式可能会给海洋环境带来压力，也不再适应现代产业的要求，亟待转型升级。

为了解决产业结构单一带来的限制，温州市正积极推动海洋产业结构优化升级。但是由于传统产业转型升级需要投入大量资金和技术支持，而且新兴产业的发展需要良好的政策支持和市场条件，这些都导致温州市产业转型升级面临着一定的困难。

### 9.3.4　环境污染问题较大，生态保护压力大

随着海洋产业的快速发展，温州市的海洋环境污染问题偏多，生态保护压力大。首先是海洋污染问题不少。随着温州临港工业的快速发展，大量的工业废水和生活污水未经有效处理直接排入海洋。其次，随着温州海洋产业的迅猛发展，海洋资源的开发利用强度不断加大，在追求经济效益的过程中，部分项目忽视了对生态环境的保护，红树林被违规占用、海洋保护区内的违规开发等活动时有发生，威胁了海洋生物的栖息地和生态系统的稳定性。最后就是生态保护工作面临着诸多挑战。加大生态保护的力度势必会影响到相关从业人员的利益，从而引起利益相关者的抵制，如何平衡产业发展与生态保护，实现经济与生态的双赢也亟待人们思考。

## ■ 9.4 温州市海洋产业发展的对策建议

作为温州海洋经济的支柱，海洋产业的高质量发展关乎着海洋产业结构的优化、战略性新兴产业的兴起、多层次就业机会的创建以及区域经济的发展。温州市濒临东海，拥有得天独厚的地理位置和深厚绵长的海洋文化底蕴，但目前囿于海洋资源利用不充分、科技创新资源支撑力不足、产业结构单一等困境，海洋产业的发展面临着挑战。为破解发展难题，本节针对温州海洋产业发展的困难挑战提出相应政策建议。

一是推动海洋资源有序开发利用。温州市政府应完善海洋资源开发与保护的相关法律法规，坚持推行禁渔期等制度，加大对违法违规行为的惩处力度，严厉打击非法开采、过度捕捞、违法填海等破坏海洋资源和生态环境的行为，减少人们的侥幸心理，给予海洋资源可持续利用的空间。同时加强对海洋资源的科学规划与管理，制定长期、中期和短期相结合的海洋资源开发规划，并根据海域生态适宜度进行分区[4]，严格控制生态敏感区域和重要生态功能区的开发活动，确保海洋生态系统的健康和稳定。对尚未得到充分利用的海洋资源，温州市政府应加大对海洋能源产业、清洁能源产业的关注，加强对相应产业的政策支持和资金投入，同时引导民间资本深层次进入海洋资源开发利用领域，发挥民营经济对于海洋产业的资金、技术支持，克服发展成本过于高昂、勘探开发技术缺失等问题。

为有效解决海洋空间资源紧缺、海洋产业用海矛盾加深这一困境，温州市政府应科学编制海岸带及近岸海域空间规划，明确海洋生态空间和海洋开发利用空间布局，统筹优化重点用海活动的分布安排。温州市还可以探索"立体用海"试点，有序推进海域立体分层设权，鼓励养殖用海与海上风电、休闲渔业等其他用海活动融合发展，从而最有效地利用海洋空间资源，促进海洋开发利用向深度和广度拓展。

二是增强海洋科技驱动力。海洋科技是海洋产业的基石，若要发展海洋产业，就要积极提升温州市政府整体海洋科技创新水平，充分发挥其对海洋产业的支撑引领作用。首先，温州市可以加大对海洋科技项目的招引力度，落实"百项千亿"重大建设项目，为海洋科技提供资金支撑，同时依托中国科学院大学、浙江大学温州研究院等高能级创新平台，加大海洋经济发展相关领域的核心关键技术研究，重点攻克进口依赖较为严重，对产业高质量发展有重大影响的"卡脖子"关键核心技术，为海洋相关产业发展提供技术储备。其次，温州市应积极推动海洋科技人才培育，打造海洋人才队伍。鼓励温州医科大学、温州大学等院校及科研院所发展海洋特色学科，培养涉海复合型技术人才。提供更为优厚的待遇条件、科研环境，设立海洋科技研发奖励资金，重点奖励取得重大创新和标志性成果的人才，增强温州市对海洋科技人才的吸引力。最后，温州市应参照国家科技成果转移转化示范区建设，建立和完善以科研中试和成果转化为主的海洋科技科研示范基地、创新实验基地，并积极拉动其与企业的合作，加强产学研用一体化，推动科研成果在海洋产业中的应用。同时建立健全海洋科技成果评估和交易体系，规范成果转化流程，大力实施海洋知识产权保护战略，促进科技成果的市场化流通。

三是加大海洋产业结构转型升级的力度。温州市的海洋产业结构虽然正在向着转型优化的趋势发展，但总体来说长期以来较为单一，主要集中在传统的渔业和船舶制造业等领域。为解决海洋产业结构单一、产业转型困难的问题，温州市可以从以下几个方面入手。第一，加大对海洋新兴产业的扶持力度。温州市政府可以出台针对海洋新兴产业的扶持政策，如税收优惠、财政补贴、贷款贴息等，降低企业的运营成本和投资风险，吸引更多社会资本进入海洋新兴产业领域。同时设立海洋产业发展引导基金、创新基金，重点支持海洋生物医药、海洋新能源等战略性新兴产业的创新发展。第二，推动海洋传统产业的转型升级。引进先进的技术和装备，发展精深加工产业，延长传统产业的产业链，提升传统产业现代化发展水平。第三，促进海洋产业融合发展。积极推动海洋一二三产业融合，发展休闲渔业、海洋牧场等产业新业态，培育新的海洋经济增长点。同时积极促进海洋产业与陆域产业协同融合，推动科技创新、现代金融、人力资源等更多进入海洋产业领域，发挥陆海产业的互补性和协同性，陆海统筹拉动海洋经济高质量发展。

四是坚持海洋产业绿色可持续发展。对于海洋产业快速发展而带来的环境污染问题，温州市可以从以下几个方面采取措施解决。首先是积极推动海洋产业的绿色化转型。鼓励和支持海洋渔业、海洋能源、海洋旅游等产业采用低碳、环保的生产方式和技术，减少生产过程中的污染物排放，大力发展海洋新能源产业，逐步替代传统的高污染能源。同时促进产业融合，探索"海上风电＋海洋牧场""休闲渔业"等融合发展新业态。其次是加强海洋产业的规划与布局。积极促成海洋产业园区建设，从而实现产业集聚和资源共享，减少污染物的分散产生，集中治理污染。最后就是建立健全海洋生态补偿机制，完善海洋生态补偿的法律法规[5]。对于因海洋开发活动造成生态损害的企业和项目，加大惩罚力度，要求其按照规定缴纳生态补偿费用，用于受损生态系统的修复和保护。

# 9.5 温州市海洋产业发展的典型案例

## 9.5.1 浙江温州海洋经济发展示范区

### 9.5.1.1 基本情况

浙江温州海洋经济发展示范区（以下简称海经区）位于浙江省温州市，濒临我国东南沿海，地理位置优越，是连接长三角地区和海西经济区的重要节点。温州海经区立足于这一特殊区位，结合瓯江口产业集聚区、洞头海洋生态经济区、状元岙港区、大小门临港产业区、国家海洋特色产业园区等产业园区，构建"一核一轴、四区多岛"的空间格局，总面积约 148.3 平方千米，其中启动区面积约 24 平方千米。自 2018 年起，国家发展和改革委员会、自然资源部联合印发《关于建设海洋经济发展示范区的通知》，支持包括温州在内的全国沿海 14 个海洋经济发展示范区建设。2019 年，浙江省政府批复同意《浙江温州海洋经济发展示范区建设总体方案》，明确了示范区的发展目标和任务。在政府的政策支持和地理位置的双重驱动下，海经区迅速发展，现已成为温州市乃至浙江省海洋经济发展的重要引擎。

### 9.5.1.2 主要措施及成效

（1）产业集聚招大引强，构建现代化海洋产业体系

温州海经区依托"渔、港、景、能"等资源，发挥空间资源、政策扶持等优势，积极推动瓯江口产业集聚区建设，并通过不断强化招商引资，招引现代海洋产业相关企业在示范区集聚，同时紧盯风电等海洋新兴产业赛道，坚持传统产业转型与战略性新兴产业发展双管齐下，为现代化海洋产业体系的构建提供新发展动能。通过以上措施，海经区内经济保持稳健良好的运行状态，同时金风海上风电项目等重大产业项目成功落地，并招引了多个风电产业链配套项目集聚，海上风电全产业链集群正在加速形成[6]。

（2）招商引资稳步推进，为产业发展提供支撑

近年来，温州海经区聚焦新能源、新材料、智能装备制造等主导产业，持续深化"一把手＋全员＋中介＋派驻"招商组合机制，坚持将项目招引作为产业平台的"生命线"工程，稳步推进招商引资，为示范区内海洋产业的发展注

入血液。2023 年，海经区与乐清共商建立重大项目招商联动分成机制，与浙江股权服务集团、中国（上海）自由贸易试验区临港新片区等建立招商战略伙伴关系，全年招引亿元以上产业项目 18 个，落地亿元以上项目 7 个，其中 10 亿元项目 1 个，"千亩百亿"新型零碳产业园签约企业 22 家。

（3）创新动能加速培育，推动海洋科技成果转化

创新是推动海洋产业高质量发展的关键动力。自海经区挂牌成立以来，就积极推进科技创新平台建设，如海洋科技创业园、海洋科技创新园、双创平台等，引进 50 余家电子信息、生物医药、新材料等领域企业在双创平台集聚，并引入中国科学院大学温州研究院、浙江大学温州研究院等校地合作平台，构建海洋产业全链条式成果转化模式。同时海经区还积极举办香港和澳门特别行政区高校博士海经行等活动，增强对高层次人才的吸引力。在不断提升海洋科技创新能力的努力下，海经区加速释放示范区创新开放活力，取得了丰硕的成果。2023 年，示范区内新增孵化空间 9.82 万米$^3$，新增国家高新技术企业 6 家、省科技型中小企业 19 家、省级高新技术企业研发中心 1 家，新增外国高端人才和专业人才对华工作数量 18 人，天津大学安全（应急）研究院获批创建医学救援关键技术装备重点实验室，为应急管理部第一批 9 个重点培育实验室之一，首批 5 个科研成果成功产业化应用。

（4）创新吸引社会资本模式，优化海洋产业营商环境

在政策引导下，海经区明确了"探索民营经济参与海洋经济发展的新模式"的发展任务，结合温州市民营经济发展迅速的优势，积极采取措施创新社会资本参与建设模式，例如通过以奖代补吸引社会资本投入，还有就是出台《温州民营经济参与海洋经济创新改革试点工作方案》，为民间资本提供政策保障。经由这些措施，海经区成功撬动社会资本投入，社会投资占比从 2017 年的 32％提升至 2020 年的 76％，海洋产业营商环境得到进一步优化。在生态修复层面，海经区出台《温州市洞头区社会资本参与海洋生态修复项目建设管理试行办法》，按照"谁修复、谁受益"原则，赋予参与海洋生态保护修复的企业一定期限的自然资源资产使用权，成功吸引了 10 多家民企加入，打破了政府在海洋生态修复"孤军作战"的发展困境。

（5）生态经济协同发展，坚持"海上花园"建设之路

海经区在发展海洋产业的同时，始终坚持绿色发展，推动海洋经济与生态协同融合，促进温州"海上花园"建设。首先是促进产业融合，推动绿色低碳产业体系建设。海经区发挥"两菜一鱼"的养殖优势，建设集"育苗养殖、加

工销售、休闲娱乐"于一体的海上综合体和"深水养殖＋休闲渔业＋岛礁观光"模式的鹿西白龙屿生态海洋牧场，通过产业融合来提高资源的高效配置，带动示范区内海洋传统产业绿色低碳转型，减少对海洋环境的污染。还有就是坚持推进"蓝色海湾"整治活动，通过修复海岸线、建设海洋特别保护区等措施来修复受损退化的海洋生态系统。蓝湾工程实施后，2020 年 8 月周边海域一类、二类海水水质达到了 94.8%，"南红北柳"年固碳近 200 吨，紫菜、羊栖菜年吸碳近 14 000 吨。这些数据表明海经区在生态修复方面取得了显著成效。

### 9.5.1.3　经验启示

（1）明确方向，跟随政策指引

政府的政策规划可以为海洋产业的发展提供明确的方向和有力的支持，如《浙江温州海洋经济发展示范区建设总体方案》就为海经区指明了"探索民营经济参与海洋经济发展新模式和开展海岛生态文明建设示范"的示范任务，鼓励海经区充分利用温州民营经济发展迅速的优势。因而在发展海洋产业时，要跟随政府的政策和战略规划的指引，才能为海洋产业的发展提供政策保障、选择正确方向。

（2）发挥优势，利用现有资源

海经区的前身是瓯江口产业集聚区，产业要素在瓯江口汇聚，产业链已经有所构建，本身就具有一定的海洋产业吸引优势，海经区只需要在瓯江口产业集聚区的基础上，强化招商引资，就能吸引更多的现代海洋产业和战略性新兴产业。再加上海经区具有丰富的海洋资源，可以有效地促进海洋产业的集群发展和产业链的完善。所以在发展海洋产业时要善于充分认识和发挥现有资源优势，科学规划和管理现有资源，进而为海洋产业发展、增强海洋产业竞争力注入更强的动力。

（3）坚持创新，增强科技驱动

海洋产业的转型需要通过海洋科技的创新来驱动，海洋新兴产业的兴起和发展也需要海洋科技的创新来支撑。所以在发展海洋产业时，要积极推动创新，重视科技创新平台的建设，引进和培育高新技术企业，吸引高层次人才，同时要构建产学研用一体化的海洋科技创新模式，推动海洋科技成果有序流动和共享，实现技术研发、成果转化、产业化的有效衔接，从而发挥科技创新的驱动作用，提升海洋产业的竞争力[7]。

（4）绿色发展，生态经济双赢

在发展海洋产业时，绿色发展是推动产业高质量转型和升级的关键。要坚持绿色发展，贯彻可持续发展理念，推动海洋产业绿色低碳转型，减少对海洋生态系统的破坏，有效促进海洋产业从高速发展转向高质量发展，进而达成海洋经济与海洋生态的双赢局面。

## 参考文献

[1] 潘凤钗，姜宝珍．基于体制机制创新视角的区域海洋经济发展对策研究：以温州市为例［J］．浙江农业学报，2013，25（6）：1429-1434.

[2] 张雪．宋元时期温州海运发展研究［D］．温州：温州大学，2022.

[3] 应超，高扬，田鹏，等．陆海统筹视角下温州市海岸带国土空间开发利用时空变化特征研究［J］．海洋通报，2023，42（2）：202-215.

[4] 向芸芸，杨辉，陈培雄，等．基于生态适宜性评价的海洋生态系统管理：以温州市洞头区为例［J］．应用海洋学学报，2018，37（4）：551-559.

[5] 戈华清．构建我国海洋生态补偿法律机制的实然性分析［J］．生态经济，2010（4）：149-153.

[6] 伍秀蓉．向海揽风！温州海经区正逢其时［N］．温州日报，2022-07-12（002）.

[7] 沈体雁，秦琳贵．海洋经济发展示范区建设：积极成效、存在问题与对策建议［J］．国家治理，2022（14）：41-45.

# 10　海洋产业发展的嘉兴实践

## 10.1　嘉兴市海洋产业发展的历史变迁

　　嘉兴作为浙江省海洋经济发展示范区的一员，其海洋产业是浙江省海洋经济发展的重要组成部分。嘉兴市，浙江省辖地级市，位于浙江省东北部，长江三角洲杭嘉湖平原腹地，东接上海市，西邻杭州市、湖州市，北联苏州市，南与宁波隔钱塘江相望，是长江三角洲、上海大都市圈及杭州都市圈的重要城市。嘉兴作为浙江省海洋经济发展"北翼"布局的重要节点，全市管辖海域总面积 1 504 平方千米，海岛总数 32 个，海岸线 82 千米[1]。2023 年全市生产总值达 7 062.45 亿元，其中沿海地区（海宁、海盐、平湖、嘉兴港区）实现海洋生产总值 3 218.56 亿元，占全市地区生产总值的 45.6%，沿海地区经济发展已经成为嘉兴市经济发展的重要支撑。截至 2020 年，嘉兴海洋生产总值为 692.38 亿元，占嘉兴市 GDP 的 12.3%，全市海洋经济发展总体水平稳步提升。嘉兴市海洋产业类型多样，产业发展历史悠久，发展成效显著，在嘉兴市经济发展中扮演了重要角色。纵观嘉兴市海洋产业发展历史，根据改革开放以后嘉兴市海洋产业发展的阶段性特征，大致可将其分为以下几个发展阶段。

### 10.1.1　1978—2000 年：发展起步阶段

　　嘉兴有 2 000 多年的人文历史，自古为繁华富庶之地。嘉兴市海洋产业发展历史悠久，海洋渔业、船舶制造工业等自古以来就全国闻名，曾有"鱼米之乡、文化之邦、战船工厂"之称，是浙江省海洋经济发展起步较早的城市之一。自 1978 年改革开放以来，嘉兴市海洋产业发展建设始终不断推进，该阶段主要处于传统的海洋资源开发利用阶段，属于粗放式的海洋经济发展模式，海洋产业类型单一,海洋产业布局分散,发展相对较为缓慢,海洋产业规模小,技术含量较低,专业化水平差,经济效益低下。同时,大规模的海洋资源开发与利用及科学技术含量较低,造成了海洋环境污染及海洋资源生态破坏相对偏多,海洋环境压力逐渐增大。以嘉兴港为主体的港口建设成为该时期嘉兴市海洋产业发展的主要方向,改革开放的政策为嘉兴港建设与发展带来了更多的发展机遇,嘉兴港的开放进程随着改革开放政策的推进也不断加深,港口的功能不断完善,货物吞吐量不断增加,港口的管理体制与效率不断提升,在浙江省的地位也不断提高;截至 2000 年嘉兴港货物吞吐量达到 906 万吨,比上年增长 25.2%,为嘉兴港成为国内一流强港打下了坚实的基础。

## 10.1.2 2001—2011 年:加速发展阶段

21 世纪是海洋的世纪,海洋经济在经济发展中的作用与日俱增。自 21 世纪以来,海洋经济发展逐渐得到嘉兴市各级政府的重视,并始终致力于大力推动海洋经济发展,特别是海洋产业的转型与升级,通过采取一系列战略与措施切实推动了海洋经济的快速增长与产业结构的优化。2004 年嘉兴市召开了第一次海洋经济工作会议,2005 年嘉兴市做出了实施滨海开发的重大决策部署,把滨海开发列入全市"十一五"六大发展战略,先后制定了《嘉兴市海洋经济发展规划》《环杭州湾产业带嘉兴产区发展规划》等一系列海洋经济发展规划政策,推动嘉兴市从"运河时代"迈入"海洋时代"。截至 2010 年,滨海新区实现规模以上工业生产总值 489 亿元,创造全市近 1/10 的工业产值;嘉兴港实现货物吞吐量 4 432 万吨,接卸箱 35 万标箱。同年,嘉兴市海洋经济产值达到 118.8 亿元,占地区生产总值的 5.2%,占全省海洋生产总值的 3.2%,至此嘉兴市海洋经济进入加速全面发展阶段。但是该阶段海洋产业结构仍不尽合理,第一、二产业比重较高,第三产业及海洋新兴产业发展较差,滨海旅游及海洋科技服务业发展较为落后,海洋产业科技含量低,生态环境问题逐渐突出,成为制约该阶段嘉兴市海洋产业进一步发展的重要因素。

## 10.1.3 2012 年以来:转型发展阶段

党的二十大报告强调,发展海洋经济,保护海洋生态环境,加快建设海洋强国。因此,追求海洋经济高质量发展成为各地区海洋经济发展的重要目标。自 2012 年党的十八大以来,嘉兴市海洋产业进入转型发展的新阶段,嘉兴市海洋产业发展更加注重提升质量与效益,并逐渐转变传统的粗放式的海洋产业生产经营模式，加大海洋产业科技创新力度，着力构建现代化的海洋产业体系，推动海洋产业的高质量可持续发展。2012 年嘉兴市人民政府印发浙江海洋经济发展示范区嘉兴市实施方案，该方案指出要以转变海洋经济发展方式为主线，以港航服务业、临港先进制造业、海洋新兴产业及滨海旅游业发展为重点，以体制机制改革为动力，深入实施滨海开发带动战略[2]；2021 年《嘉兴市海洋经济发展"十四五"规划》指出，要围绕嘉兴强化陆海区域协调迈向"海洋时代"目标要求，加快构建现代海洋产业体系，增强海洋科技创新能力，进一步提升嘉兴市海洋经济综合实力与现代化发展水平；2023 年《嘉兴市海洋经济发展 2023 年工作要点》中将构建现代海洋产业体系、深化海洋经济对外开放及增强海洋科技创新能力作为嘉兴市 2023 年海洋产业发展的工作要点。截至 2020 年，嘉兴市海洋产业生产总值达到 692.38 亿元，占嘉兴市 GDP 的 12.3%，占全省海洋生产总值的 7.5%，海洋产业结构也持续不断优化，现代海洋产业体系基本成型。

## 10.2　嘉兴市海洋产业发展的现状特征

嘉兴市作为浙江省海洋经济发展"北翼"布局的重要组成部分，其海洋经济发展具有得天独厚的"港、渔、景、涂"等海洋资源组合优势与经济区位优势。近年来，在国家海洋经济发展的宏观政策背景下，浙江省及嘉兴市政府重视海洋经济发展，多次制定并颁布海洋经济发展的相关规划与政策，为嘉兴市海洋产业发展提供了有利条件。目前，嘉兴市海洋产业发展迅速，对区域经济发展的带动性逐渐增强，但海洋产业发展水平总体仍相对较低，随着海洋新兴产业逐渐引入，产业结构正逐渐趋于合理，产业体系日趋完备，海洋产业布局逐步优化调整，"一港一带多片"的海洋经济发展新格局正在逐步形成。

### 10.2.1　海洋渔业

嘉兴自古就是江南繁华富庶之地，素有"鱼米之乡、丝绸之府、文化之邦"的美称，嘉兴市域大陆海岸线东自平湖市的金丝娘桥，西至海盐县的高阳山，全长 81.84 千米，其中开阔平坦岸线约 55 千米，山丘岸线 26 千米多，另有岛屿海岸线总长 15.86 千米。全市渔业生产历史悠久，自然条件优越，经济鱼类和虾蟹类等渔业资源较为丰富，2019 年海洋捕捞产量 558 吨，海水养殖产量 5 吨，2022 年嘉兴市海水产品产量为 521 吨，比上年减少 5 吨。海水养殖与海水捕捞业是嘉兴市渔业的重要组成部分，但是嘉兴市海洋水产业明显落后于省内其他港口城市。目前，嘉兴市正大力发展现代渔业，着重建设现代渔业园区，按照扩大养殖、深化加工及搞活流通的思路，探索传统渔业转型升级路径，并加强海洋渔业资源养护，实现海洋渔业的健康绿色可持续发展。根据嘉兴市渔业发展实际，2017 年《嘉兴市海洋功能区划（2013—2020 年）》将嘉兴市海洋渔业发展主要分为两个农渔区：海盐农渔区和平湖农渔区，以保障渔业用海和捕捞用海，保障其渔业发展质量与效益。2021 年颁布的《嘉兴市海洋经济发展"十四五"规划》指出，要加快海洋渔业等海洋传统产业的优化升级，加强海洋渔业资源养护，推进"休渔养海"，提升现有海洋捕捞业机械的精密智能化水平，推进传统渔业向现代渔业转型升级。

## 10.2.2 海洋船舶工业

嘉兴市船舶工业历史悠久，春秋战国时期嘉兴市就有"战船工厂"之称，其海洋船舶工业是嘉兴市海洋产业的重要组成部分。但是由于嘉兴市地处平原内陆且受到航道桥梁的限制，嘉兴市海洋船舶工业在早期呈现"低、散、小"的状况，生产船舶技术含量不高，生产经营方式粗放，船舶企业较为分散，集约化程度低，生产规模相对较小，船舶工业的效益低下，船舶企业缺乏竞争力，配套行业发展缓慢且不平衡[3]。当前随着嘉兴造船工业的发展及企业转型升级，已逐渐走出一条"专、特、精"的新路。船舶行业龙头逐步突破关键核心技术，提升了高技术船舶的自主设计建造能力，船舶生产的技术含量逐渐增加，逐步建造了一批高技术含量、高附加值的船舶，船舶工业的生产规模也逐渐扩大，并呈现专业化、集约化、高端化发展态势。公务船舶建造在行业中享有盛誉，内河散装水泥船等特种船舶颇具特色，沿海起重船和采砂船建造后来居上，品牌经济效益逐渐增强，并形成多元发展的局面。在"双碳"目标及绿色发展理念的背景下，推动开展新能源船舶制造，研发无污染新型动力系统成为目前船舶工业研发的热点领域，嘉兴市也正大力提升船舶工业的节能环保与绿色化水平，同时率先引入社会化船舶检验机构，优化完善配套服务设施，提升了服务效率，深化船检服务增值化，为各方提供优质、便捷、高效服务。

## 10.2.3 海洋交通运输业

嘉兴市地处长江黄金水道和南北海运大通道构成的"T"形交会地带，具有内河与沿海港口无缝对接的优越地理位置，内河航道密度高，海河联运基础好，为嘉兴港口及海洋运输提供了有利条件。嘉兴市港口物流业及港航服务业发展主要依托嘉兴港，该港是浙江省"一体两翼多联"港口格局的重要组成部分，是浙北嘉湖平原在杭州湾沟通外海出口的门户，是嘉兴市海洋产业的重要组成部分。嘉兴港前身为乍浦港，2014年国务院函〔2014〕170号更名为嘉兴港，是嘉兴市港口建设的重点，其地位与作用逐渐突显，建设进程也日渐加快；2017年颁布的《嘉兴市海洋功能区划（2013—2020年）》中将港口航运区划为嘉兴市基本海洋功能分区，同年颁布的《嘉兴港总体规划（2017—2030年）》明确了嘉兴港的港界、港口性质与功能，在对港口吞吐量和船型发展进行科学预测的基础上，提出了港口岸线利用、港口空间布局、陆域和水域布置，港口配套设施，以及海河联运和环境保护等专项规划；2023年颁布的《嘉兴市海洋经济发展2023年工作要点》中指出要将嘉兴港打造为国内一流强港，提升其综合能级，使之成为长三角海河联运枢纽港，提升内外通达能力，加快沿海铁路建设。在各级政府宏观政策指导下，截至2023年嘉兴港完成货物吞吐量1.39亿吨，完成集装箱吞吐量340.44万标准箱，同比分别增长5.44%、19.29%，两项生产指标均稳居全省沿海港口第二位，集装箱吞吐量创嘉兴港历史新高，增速连续9年列全省首位，并逐渐由"东方大港"向"世界强港"迈进。

## 10.2.4　滨海旅游业

滨海旅游业作为现代旅游经济体系的重要组成部分已成为现代海洋产业体系重要的支柱产业。嘉兴市滨海旅游资源丰富，主要分布在平湖、海盐、海宁3个沿海县（市），集聚了山、海、潮、港等多种旅游要素，景观特色鲜明，开发价值高，为嘉兴市滨海旅游业发展奠定了较好的物质基础。嘉兴市地处"长三角"核心区域，区位交通优越，辐射范围相对较广，客源潜力巨大，滨海旅游市场广阔。政府高度重视嘉兴市滨海旅游业发展，2011年《浙江省嘉兴市"十二五"旅游产业发展规划》将滨海旅游作为嘉兴市"十二五"期间重点发展区块，并对主要滨海旅游区进行了定位。2015年《嘉兴滨海旅游业发展规划》在梳理现有政策的基础上，运用SWOT分析法具体剖析了嘉兴市滨海旅游业发展现状，并指明其优势、劣势、机遇与挑战。2022年《嘉兴市旅游业发展"十四五"规划》中提出"一心两翼四带五区"布局，其中将南部滨海旅游带纳入"四带"中，"五区"中提出海盐湖海休闲旅游区，借势长三角、融入大湾区，打造集湖光、山色、海景、人文于一体的长三角知名山海湖休闲旅游目的地。目前，滨海文旅休闲业已成为嘉兴市滨海旅游发展的主攻方向，沿海生态精品线路及海洋文化品牌培育已成为滨海旅游发展的新重点，嘉兴市滨海旅游业已逐渐呈现定位准确、产品多元、业态新颖、特色鲜明的特点，并逐步成为推动嘉兴市海洋经济发展的新引擎。

### 10.2.5　海洋清洁能源产业

开发利用海洋能源、统筹推动海洋能源绿色低碳发展是建设海洋强国的重要内容，海洋能源将成为社会发展的重要原动力。2012年《浙江海洋经济发展示范区规划嘉兴市实施方案》曾指出，嘉兴市应以核能、海上风能、太阳能等清洁能源为发展基础，大力推进海洋清洁能源产业发展[2]；2014年嘉兴市政府发布了《海洋清洁能源发展改革试点工作方案》，将嘉兴市作为海洋清洁能源发展改革试点，并提出要积极探索海洋清洁能源替代常规能源保障的新模式与新方法，加快形成具有较大影响力的海洋清洁能源基地，为推进浙江省海洋清洁能源发展和改革发挥先行示范作用。嘉兴市海洋清洁能源产业重点依托秦山核电生产基地及海上风电项目，大力发展核电、风电及太阳能作为海洋清洁能源，积极开发近海风能。截至目前，已基本形成了技术水平高、配套能力强、产业功能全、辐射范围广的核电产业体系，核电产业建设发展机制及功能配套逐渐完善；创新了风能项目建设推进机制，风电装机容量显著提升，开发进程加快；生物质能利用年替代折标煤数量增加；创新了光伏产业技术体系，探索形成了可持续发展的光伏发电商业创新模式，适应分布式的能源区域智能电网正在建设完善。

## 10.3　嘉兴市海洋产业发展的困难挑战

近年来，嘉兴市海洋经济虽呈现良好的发展态势，海洋产业发展迅速，产业结构也不断优化，但其发展水平较省内部分沿海地区而言仍然存在一定的差距，在其海洋产业发展过程中也面临着诸多问题与困境，如海洋经济总体实力仍然偏弱，海洋产业结构有待优化；科技创新水平较低，科技成果转化率不高；港口配套设施不足，陆海联动整体水平低；生态环境制约，管理体制效率有待提高等[4]。

### 10.3.1　海洋经济实力偏弱，产业结构有待优化

海洋经济在嘉兴市国民经济中已经占据重要地位并发挥重要作用。嘉兴市

政府重视海洋经济发展，先后制定并颁布了《浙江海洋经济发展示范区规划嘉兴市实施方案》《嘉兴市海洋功能区划（2013—2020年）》《嘉兴市海洋经济发展2023年工作要点》《嘉兴市海洋经济发展"十四五"规划》等一系列指导性文件，极大地推动了嘉兴市海洋产业的发展。嘉兴市海洋产业生产总值虽不断增加，海洋产业发展提速，但总体上全市海洋经济总量不高，海洋经济增长速度较缓，发展质量和发展水平有待提升，部分海洋产业竞争力不强，使得其海洋经济实力在全省沿海地区中仍然处于相对较低水平，海洋经济实力相对较弱，与其他沿海地区间存在较大差距，海洋经济发展仍存在较大的提升空间。嘉兴市海洋产业结构虽不断趋于合理但合理性仍然相对较低，海洋产业类型结构单一，海洋第二产业占比仍然相对较高，第三产业及海洋高新技术产业发展相对薄弱，滨海旅游和海洋信息服务业发展仍有较大空间[5]，海洋新兴产业发展仍处于起步阶段，发展水平仍然相对较低，成为嘉兴市海洋产业进一步转型发展的制约因素。海洋资源开发利用以海洋资源的初级开发为主[6]，海洋资源开发加工过程中的附加值相对较低，科技含量相对较低，劳动密集型产业比重远高于技术密集型产业。

## 10.3.2　科技创新水平较低，科技成果转化率不高

海洋科技是推动海洋事业发展的第一生产力。嘉兴市海洋产业发展存在科技创新水平较低，科技成果转化率不高的问题。嘉兴市海洋创新资源与能力不足，海洋科技产业技术含量普遍不高，嘉兴市海洋产业结构仍以劳动密集型为主，且其比重远高于技术密集型，在高技术含量的创新型涉海涉港企业数量及比例上不占优势，且部分涉海涉港企业等作为海洋经济创新的重要主体，其创新意识与创新积极性不足，企业内部创新激励机制不完善，成为阻碍海洋科技创新水平提升的重要因素。嘉兴市海洋产业创新型人才引进及储备不足，重要海洋经济领域高水平专业性人才缺乏，社会人才引进培养及创新激励机制仍然不完善，未形成完善的创新主体协调机制，现有海洋创新平台数量不多且层次不高，海洋重大科技创新人才与智力支撑力度不足，全社会海洋创新积极性与创新水平有待提升。嘉兴市海洋科技成果转化及产业化效率相对较低，科技成果转化渠道不畅，在知识产权保护、技术合作协调及市场培育中面临诸多挑战，海洋科技成果转化联合支持机制有待完善，海洋科技创新直接转化为生产力的能力有待提升。

### 10.3.3 港口配套设施不足，陆海联动整体水平低

坚持海陆统筹，科学开发利用蓝色国土空间是促进我国海洋经济和沿海地区经济可持续发展的关键途径。目前，嘉兴市港口建设仍存在很多问题，重生产性码头建设而轻港口公共配套设施使得部分港口配套设施建设不足，公共配套设施建设滞后，部分设备老旧陈化，公共配套设施更新缓慢，配套设施布局不合理，口岸功能不齐全，无法适应港口发展的需要。现有码头功能结构不合理，公用泊位比重较低，专业化码头缺乏，码头存在重复建设及低层次竞争，码头的专业化程度及作业效率有待进一步完善提升，且部分码头与其作业区分离一定程度上阻隔了上中下游产业间的联系，无法形成循环经济效益，制约了码头功能效益的充分发挥，港口口岸的开放进程滞后也影响着码头泊位功能的充分发挥。嘉兴市内河航道设施及航道线路建设不完善，内河运输和海运之间衔接不便，现有港区疏港道路建设不足，设计等级偏低，布局不合理，使港内集疏运通道网络不畅，港区联动不够紧密，铁路、机场、港口等互联互通程度有待加强，直接影响到腹地经济与临港经济之间的互动效率，使嘉兴市海河联运枢纽作用减弱，造成嘉兴港陆海联动整体水平不高，制约了嘉兴市港口经济的加快发展。

### 10.3.4 生态环境制约，管理体制效率有待提高

海洋生态环境保护是推动海洋经济高质量发展的重要支撑，海洋管理体制建设对海洋经济高质量发展与海洋强国建设具有重要意义。生态环境制约，管理体制效率不高是嘉兴市海洋经济发展过程中面临的重要困难与挑战。嘉兴市当前海洋经济发展与海洋环境承载力间的矛盾较大，嘉兴市沿海的化工、能源产业对海洋环境的污染较多，一些含有氮磷污染物的工业及生活废水排海使得嘉兴港沿海地区的水质环境偏差，水体存在富营养化问题，成为制约嘉兴市海洋经济及整个社会进一步发展的重要因素。嘉兴市自然岸线保有压力增大，海岛资源开发利用不足，岸线利用效率相对较低，生态补偿方式相对较为单一，海洋水生生物资源及其栖息地存在被破坏情况，海岸滩涂生态系统结构及生态功能存在一定程度退化现象，一些高污染企业的生产经营对陆地和海洋的生态环境造成负面影响。嘉兴港区的行政区划存在交叉分割的现象，由于隶属行政区域存在差异而难以形成海洋产业发展合力，一定程度上会影响行政效率及海洋政策执行的水平，从而不利于嘉兴市海洋产业的进一步发展。另外，嘉兴市

海洋产业政策的导向性相对较差，优势产业及新兴产业发展的优惠政策不突出，一定程度上抑制了部分海洋新兴产业发展的积极性，不利于嘉兴市海洋产业的优化升级与完善。

## 10.4 嘉兴市海洋产业发展的对策建议

在总结上述嘉兴市海洋产业发展过程中存在问题的基础上，根据嘉兴市海洋经济发展面临的问题及其实际发展状况，嘉兴市在后续海洋产业发展方面应加大科技创新力度，增强科技创新能力，提升海洋科技成果转化效率；加快完善港口基础设施建设，完善海陆联动运输网络，实现铁路、机场、港口等互联互通；加强海洋生态环境保护与修复，完善海洋产业发展的组织及政策保障。具体对策建议如下。

### 10.4.1 加大科技创新力度，增强科技创新能力

一是加快构建海洋科技创新平台，依托上海全球科创中心及嘉兴 G60 科创大走廊，积极参与重大科技基础设施共建，着力打造国家级省级海洋产业创新平台，并依托嘉兴市部分涉海高等学校、科研院所及重点实验室的科研能力，建立完善海洋科技创新实践基地。二是加强海洋人才队伍建设，健全科研人员双向流动机制，通过人才优惠等政策吸引一批海洋科技人才，培育一批海洋经济、海洋战略性新兴产业及涉海研究开发领域的高水平专业型人才，同时鼓励涉海企业建立创新人才培养及引进制度，为嘉兴市海洋科技创新提供必要的人才智力支撑。三是加大涉海涉港科技企业的引进孵化力度，大力发展嘉兴市现有的软件园、生物园、芯片园和材料园等产业基础，鼓励引导部分海洋新兴产业发展，通过领先海洋科技创新产业的发展带动整个海洋产业科技含量的提升；加大科技兴海攻关力度，支持海洋重大科技创新，重点突破一批船舶与工程装备、海洋生物资源开发与精深加工、海洋可再生能源开发利用、海洋生态环境保护和海洋现代服务业发展等关键技术。四是提升科研成果转化效率，完善海洋科技成果转化相关的扶持政策，加大政策的导向性支持力度，鼓励引导海洋科技创新，加快建设完善海洋科技成果转化的良性程序，加大海洋科技成果转化效率，逐步实现海洋科技创新。

## 10.4.2 加快港口设施建设，完善海陆联动运输网络

一是加强嘉兴港配套设施建设，加大港口基础设施建设力度，提高嘉兴港综合能级，优化嘉兴港"一港三区"功能布局；并深化嘉兴港与宁波-舟山港、上海港合作，加快构建万吨级泊位码头集群，提升码头大型化、专业化水平，推进智慧港口及数字港航建设，提升嘉兴港在全球百大集装箱港口中的排名，构建现代化港口体系；实施港区绿化工程，强化港口安全保障与应急能力，促进港口绿色安全发展。二是完善港口集疏运体系，打造长三角海河联运枢纽示范工程，有序推动内河航线沿长三角地区进一步扩展，加快构建"一枢纽八联十通道"海河联运网络；继续推进近洋航线、内贸航线及内河航线的建设与扩展，建立内河区域性海河联运综合枢纽，加快嘉兴第二进港航道建设，加快培育海河联运经营主体，探索"一单制"操作规程和组织模式，提升嘉兴港的内外通达能力。三是加快铁路与港口、机场与港口建设，提升铁路、机场及港口三者的联动效能，完善以嘉兴港为主体的集疏运体系；推动近洋航线向嘉兴港转移，全面推进外海锚地整治和建设工作及三大港区海河联运集疏运基础设施建设，扩大港口辐射范围，统筹港口与航运业的开发；加快沿海铁路建设及公路体系与轨道交通建设，积极谋划沿海客运及货运铁路建设，提高物流及客流运载能力，加快构建港口为中心的综合运输网，实现铁路、机场、港口等互联互通。

## 10.4.3 加强海洋生态保护，完善组织及政策保障

在海洋生态环境保护方面，一是加强海洋环境污染综合治理与海洋环境保护，推进近岸污染防治，打击取缔部分近岸高污染高能耗的传统海洋产业，推进船舶水污染物上岸处置，开展码头环境综合整治，严厉打击船舶污染物违法违规排放的行为，提升港口污染物接收能力；全面整治陆源污染，通过利用合理的环境规制适当控制入海河流总氮、总磷浓度，减少陆源污染物的排放量，全面整治提升入海排污口排污能力，并积极完善城镇污水处理厂和再生水处理设施布局和配置，提升企业及生活污水处理的能力。二是加强海洋生态保护与修复，创新多元化生态补偿方式，加快推进全市生态海岸带建设，严控新增围（填）海造陆，强化海岛资源保护利用，提高人工岸线利用效率，加强自然岸线保护，严守海洋生态保护红线；开展海洋生物增殖放流，积极组织开展部分海洋生物的生态修复项目，深化实施海域、海岛、海岸线等生态修复；积极调

整海洋产业能耗结构，鼓励低碳低能耗新兴海洋产业发展，积极开展海洋碳汇"嘉兴实践"。在组织及政策保障方面，一是优化管理体系，健全组织与政策保障，嘉兴市要建立健全全市海洋经济组织领导体系，优化领导小组工作管理机制，强化对海洋经济重大决策、重要规划和重要政策的统筹协调。二是加强责任分工，各县（市、区）和有关单位要制定具体落实举措，确保各项任务落到实处，保障相关政策的实施成效。三是强化政府政策支撑，要根据嘉兴市的实际情况制定相应的用海及海洋产业发展的政策，适当加大海洋新兴产业的扶植力度，通过资源要素的精准合理配置实现嘉兴市海洋产业的持续高效发展。

## 10.5　嘉兴市海洋产业发展的典型案例

由港而生、向港而兴是嘉兴市发展的真实写照。纵观近年的发展，以嘉兴港为核心的临港产业及其集疏运体系是嘉兴市海洋产业发展的典型案例之一。一直以来，嘉兴市积极抢抓世界一流强港和交通强省建设的重大机遇，推进长三角海河联运枢纽建设，实现水运建设投资率创新高，将为加快打造长三角海河联运枢纽贡献更大的力量。

### 10.5.1　案例基本情况

嘉兴港是地处沪杭两市之间的浙江省嘉兴市境内的港口，背靠长三角产业腹地，该港毗邻上海金山，前海后河，海河联运，是浙北地区的唯一出海口岸。嘉兴港全港分为3个部分，由东到西分别为独山港区、乍浦港区、海盐港区；嘉兴港经营业务主要包括装卸、仓储、物流、围栏作业、垃圾回收、船舶拖带、污水回收、清舱、洗舱、引航、外轮代理、救助打捞等。嘉兴港主要经营的货类为煤炭、石油、钢铁、矿建材料、水泥、木材、化肥及农药、盐、粮食等。2023年嘉兴港完成集装箱吞吐量高达340.44万标准箱，同比增长19.29%，创历史新高，总量与增速均居浙江省第二，完成海河联运吞吐量3 485.59万吨、集装箱吞吐量97.62万标准箱，同比分别增长5.25%、25.80%，海河联运优势突出。

嘉兴港建设历史经历了从运河时代到海洋时代的跨越。宋淳祐六年乍浦开埠，1917年孙中山先生巡视乍浦海面并提出在乍浦建设"东方大港"的宏伟设想，并记于其著作《实业计划》之中，但是由于政治、经济等原因，未能实施；1986年12月嘉兴港乍浦港区开工建设正式拉开序幕；经过嘉兴港一期、二期及三期工程建设，嘉兴港规模不断扩大，同时也迎来了跨越式发展；2001年4月交通部正式同意乍浦港通过验收，其开放进程进入新的历史阶段；2002年乍浦港正式更名为嘉兴港，成为浙江省四大港口之一；2014年12月国务院同意乍浦港口岸更名为嘉兴港口岸并扩大开放；2016年12月嘉兴港口岸实现全域开放；2023年经海关总署批准，作为东北吉林省内贸货物跨境运输入境口岸[7]。

## 10.5.2　主要做法和成效

近年来，嘉兴市"依港而兴"构筑大平台、引进大项目、培育大产业、建设大港口，大力推进海洋经济和滨海港产城统筹发展，不断强化港区产业集聚，发展规模经济，取得了一系列历史性成就和重大变化。

一是嘉兴港通过工业崛起扮演着各类先进制造业基地的重要角色，成为真正意义上的"东方大港"。嘉兴港是杭州湾北部制造业基地的核心区域，地理位置与交通条件极其优越，为临港产业发展提供了较好的基础条件，嘉兴市坚持紧盯化工新材料发展前沿，大力推进中国化工新材料嘉兴园区建设，提供优惠政策吸引企业入驻园区，形成产业优势与规模效应，目前多个化工新材料行业如聚碳酸酯、环氧乙烯及有机硅等均走在国际国内前列。航空航天产业园是嘉兴市临港现代机械装备制造产业发展的重点平台，主要承接上海大好高龙头产业，以引进整车、整机、整套为主攻方向的先进装备制造业，将成为嘉兴港区机械装备制造业发展的又一重要契机。

二是嘉兴港凭借其自身海河联运枢纽优势由"东方大港"迈向"世界强港"。嘉兴的地理位置使嘉兴港具有陆海联动、海河联运优势，但发展之初港口的专业化运营管理能力相对较弱，港口建设资金占用大、回报周期长，制约了嘉兴港的发展，其后通过与宁波港及上海港的控股建设与经营，港口装备更新，管理规范高效，嘉兴港的发展逐渐迈向高质量发展的轨道。同时，嘉兴港凭借海河联运的优势贯通国内国际双循环，加强与国际沿海国家的联系及业务往来，逐步扩展内陆经济腹地，完善港口内部的集疏运体系，加快铁路、航空、公路及航运间的互联互通，解决港区内"最后一公里"问题，使嘉兴港海河联运优势得以持续发挥，"一枢纽十通道八联"的海河联运总体布局逐渐形成。

## 10.5.3　经验启示

嘉兴港作为浙江省重要海河联运枢纽港口，其发展与建设成效日渐显著，其发展建设经验对浙江省乃至全国其他港口的建设与发展具有一定的参考借鉴意义，因而，总结嘉兴港建设的主要做法及成效，可将嘉兴港建设的经验启示总结为以下三点。

一是因地制宜，加强政策性引导与支撑。嘉兴港的建设是嘉兴市因地制宜充分利用其海河联运优势的重要体现，因地制宜地利用区域性生产要素及区位优势发展海洋经济，一方面可为海洋经济发展提供资源要素支撑，降低生产成本，增加经济效益；另一方面可为区域海洋经济发展增加一定的独特性，加快具有地方特色的优势海洋产业的形成。同时，嘉兴港的建设一定程度上受益于政府不断推出并完善的产业发展政策，嘉兴港区制造业及化学工业的发展离不开政府的财政及政策支持；政府推出引导性政策可为企业发展指明发展方向与道路，有利于形成空间上的产业集聚，增强竞争优势。

二是合理布局，完善基础配套设施建设。嘉兴港区相关海洋产业及港口建设布局相对合理，制造业及化学工业发展已呈现产业集聚现象且优势突出；海洋产业空间集聚能够加强企业间的交流与联系，形成一定的海洋产业规模效益。嘉兴港基础配套设施建设相对较为完善，为港区内海洋产业及港口运输业的发展提供了优越的条件，基础设施完善程度直接影响到海洋产业发展的效率与发展潜力。

三是扩大开放，深化国际性与区域性合作。嘉兴港的发展进程与我国改革开放发展的时间线相吻合，特别是其海洋交通运输业的发展与改革开放政策息息相关；扩大开放并深化区域性与国际性合作，可为海洋经济发展带来新的机遇，将加快海洋生产要素的区域性与全球性流动，推动构建全球海洋经济生产性网络，助力解决区域性及全球性海洋经济发展难题，加快我国的区域一体化进程，推动我国海洋经济发展与全球海洋经济发展接轨。

## 10.5.4  政策建议

总结上述嘉兴港发展的历程与成效，针对嘉兴港目前面临的问题，主要提出以下政策建议：一是要加快完善嘉兴港区基础设施建设。要根据目前港区内临港工业发展需要，加快推进必要的基础设施建设与完善，适当加大基础设施建设资金投入，及时更新淘汰部分陈旧落后基础设施，确保基础设施功能及性能完好，确保现有基础设施能够满足临港工业发展的需要，从而吸引更多临港工业企业入驻，以加快形成临港产业集群；加快海河联运基础设施建设，加深沿海航道通航水深，增设沿海锚地数量，完善嘉兴港区内基础设施布局，加快建设物流园区，合理划分堆场区间，优化堆场布局，满足未来大批量运输作业需求。二是推进港区内部集约化发展。要推进港区内临港工业的集约化发展，提高港区内资源要素的整合能力与配置效率，引导同类型产业空间集聚布局，促进要素在临港产业内部高效流动，形成规模化专业化经营模式，提升临港工业质量与发展效率；整合优化内河航道网梯级结构，完善内河航道网络，坚决整治内河沿线码头散、杂、乱的现象，实现货物规模化运输，形成合理的码头空间布局，有效提升嘉兴市海河联运的集约化水平。三是加大港区内部科技创新力度。加大科技创新支持力度，通过建立良好的创新政策激励机制，引导企业及公众积极参与关键领域技术创新，在全社会形成良好的自主创新氛围；加强海洋科技人才队伍建设，通过与科研院校及科研单位合作，引进并培养一批关键领域相关专业型人才，以推动重大关键技术创新，实施重大关键领域科技攻关，切实提升海洋科教能力。

## 参考文献

[1] 嘉兴市人民政府. 嘉兴市海洋经济发展"十四五"规划 [EB/OL]. (2021 - 09 - 07) [2024 - 07 - 30]. https://www.jiaxing.gov.cn/art/2021/11/9/art_1229426381_4801729.html.

[2] 嘉兴市人民政府关于印发浙江海洋经济发展示范区规划嘉兴市实施方案的通知 [J]. 嘉兴政报，2012 (8)：5 - 16.

[3] 廖正勇. 有效推进嘉兴市船舶工业发展 [J]. 中国水运，2010 (8)：52.

[4] 李国明，蒋明祥. 嘉兴市海洋经济发展特征及与温台比较分析 [J]. 统计科学与实践，2013 (11)：42 - 44.

[5] 朱薇婷. 嘉兴市海洋产业与腹地产业集群的耦合度提升研究 [C] //中国地质大学（北京），国际区域科学学会，中国地质大学（武汉），国土资源部资源环境承载力评价与规划重点实验室. Proceedings of International Conference on Sustainable Development and Policy Decision of Mineral Regions & the 3rd Annual Meeting of the Regional Science Association International. 嘉兴学院，2012：5.

[6] 黄徐晶. 嘉兴市海洋经济现状调查与对策分析 [J]. 农业与技术，2016，36 (4)：246.

[7] 郑小梅，吴婷竹. 从运河时代到海洋时代 [N]. 嘉兴日报，2023 - 07 - 31 (004).

# 11 海洋产业发展的绍兴实践

## 11.1 绍兴市海洋产业发展的历史变迁

### 11.1.1 新中国成立之前：海塘盐业的兴衰

绍兴市地处山地丘陵与浙北平原的交接地带，呈现出南高北低的地势，随着南涨北坍的自然规律造成绍兴海岸线的不断北推，海塘盐业逐渐兴起，通过建设塘堤将滨海土地分割为塘内的农业生产区与塘外的盐业生产区，逐步稳固土地、淡化土壤，把沼泽地转化为可开垦的农田。绍兴市海塘盐业的发展最早可追溯到春秋时期，越国建设了会稽地区最早的盐场并运用淡化海水的方法制盐，经过汉代与唐代的演变，海塘内的农业聚落进一步繁衍，基本形成了不被咸潮影响的稳定耕作环境。到明清时期，隶属两浙盐区的绍兴设置三江场、曹娥场、钱清场、东江场、金山场等五大盐场，每个盐场设场署进行等级化管理并独立于府县制度运行，由于盐业行政功能的介入，绍兴下辖各城镇开始具备盐业收储集散与商贸中心的功能，海洋资源禀赋逐渐带动内陆城镇经济发展。然而，盐业的发展很大程度依赖海洋环境与海岸线距离，早期的盐场离海较近，淡化海水与制盐过程完全融合一体，随着海岸线不断推移，海塘盐业的生产与运输成本不断提高；同时，自清代后期以来，三江口泥沙淤积，海岸生态环境遭到破坏，加之邻近城市宁波成为"五口通商"口岸之一，绍兴难以发挥交通与商贸优势，海塘盐业逐渐衰落，直至随后若干年，随着三江场等盐场被裁撤，盐业最终退场。

### 11.1.2 新中国成立之初：围涂造田与滩涂渔业

绍兴市沿海滩涂资源丰富，自清末民初以来，三江口沿岸的种稻、滩涂渔业已初具规模，然而受钱塘江江道频繁变动的影响，导致海潮入侵、泥沙淤积与河床摆动，滩涂环境遭到破坏。1968—1986 年，绍兴市按照"因势利导、以围代坝"的方针，根据海涂淤涨的实际情况进行大规模人工围涂，共围垦滩涂总面积 7.7 万亩。到 20 世纪 80 年代，随着机械化专业围垦技术的应用，绍兴治海围涂实现了从高滩地围垦向深海造田的转变，有效治理了钱塘江、曹娥江水患，绍兴市在此基础上大力发展滩涂渔业。首先，以发展渔业经济、缓解粮食安全问题为核心，把滩涂围垦的土地用于水产养殖，将滩涂贝类、海藻类、海水鱼类作为养殖主体，有效解决围涂发展工业与海水养殖的矛盾，同时提高渔民收入，鼓励渔民从事滩涂养殖开发；其次，以发展品质渔业为目标，打造培育"新昌石斑鱼""鉴湖河鲜"等区域性渔业品牌，并逐步探索滩涂渔旅、捕捞、垂钓的农家乐经济；最后，通过加强《中华人民共和国渔业法》等相关法律法规的宣传，强化监管，建立养殖档案，将滩涂渔业养殖程序规范化，推动绍兴滩涂渔业可持续发展。

### 11.1.3　改革春风：海上光伏发电产业兴起

改革开放初期，绍兴经历了从计划经济到市场经济的转变，形成以酿酒、纺织、印染、化工、机电等劳动密集型产业为主体的块状产业经济。进入 21 世纪后，随着互联网的普及，绍兴在"八八战略"指引下，扎实推进海洋制造业转型升级，进一步发挥块状特色产业优势，大力发展海上光伏发电产业，打造越城大湾区与杭州湾滨海新城，通过引入海洋高端人才和建设专业学院等方式，充分利用滨海新城发展分布式光伏发电的资源禀赋和现实基础，加快构建资源节约型、环境友好型的发展模式和产业体系，产品涉及光伏电池、光伏组件、光伏电源等多个领域。以绍兴港嵊州港区码头为例，建设有分布式光伏电站，安装光伏板 3 307 块，面积达 3 万米$^2$，其装卸设备、水平运输设备、生产辅助设备全部采用光伏电力驱动，理论发电量 158.22 万千瓦时，基本实现码头日间全绿电供应，与传统自动化集装箱码头相比，能耗降低 17%。尽管绍兴海上光伏发电产业仍然面临成本较高、转换效率不稳定、市场监管力度不足等挑战，但依托大数据、云计算等数字技术产业的不断发展，海上光伏发电产业的发展前景依然广阔。

### 11.1.4　党的十八大至今：构筑全域陆海联动新格局

党的十八大以来，随着对外开放的进一步加深，战略新兴产业发展迅速，消费市场日益活跃，2017 年绍兴进出口总额为 295 亿美元，是 1988 年绍兴最初开展进出口贸易以来的 3 749 倍，年均增长率达到 32.8%，在此背景下，绍兴不断提高海洋开发能力，使海洋经济成为新的增长点，并积极发挥长三角地理优势和联结杭甬交通枢纽的区位优势，深耕蓝色经济，顺应"海洋强国"战略，加快推进海洋产业高质量发展，拓展市域陆海统筹协调发展新格局，助力打造浙江省海洋经济发展新引擎与杭州湾金南翼海陆联动新枢纽。一方面，绍兴市积极同宁波、台州、杭州等城市合作共同发展海铁联运，建设皋埠、钱清、诸暨等货运站开通海铁联运班车，将货物通过铁路运输至宁波-舟山港等世界级深水大港，将绍兴的陆运优势转化为海运优势，截至 2023 年 8 月，绍兴至宁波-舟山港海铁联运班列单月业务量已突破 1 万标准箱，旺盛的外贸需求将不断助力绍兴当地涉海企业深度融入"一带一路"；另一方面，海铁联运催生了诸如数字物流、船舶智能制造等相关产业的蓬勃发展，共同推进海铁联运数字化、智能化，降低企业物流成本，带动相关海洋产业转型升级，提升区域经济发展水平，也为打造世界一流强港、建设交通强省提供经济和技术保障，同时，安全、稳定、高效的海铁联运运输通道也有效激发了绍兴外贸全球化发展的活力，进一步反哺绍兴海洋产业稳步向前发展。

## 11.2 绍兴市海洋产业发展的现状特征

### 11.2.1 海洋新材料产业行稳致远

在"八八战略"指引下，绍兴市深入贯彻浙江海洋强省建设战略部署，围绕"网络大城市"和"拥湾发展"战略导向，大力发展海洋新材料产业。当前，绍兴市海洋新材料产业主要聚焦高分子新材料、电子信息材料、功能性金属材料和前沿新材料四大板块，2020 年绍兴市海洋新材料产业产值为 1 542.1 亿元，到 2023 年已突破 3 000 亿元，蓬勃兴起的海洋新材料产业不仅在海洋经济中占据举足轻重的地位，还不断释放综合带动效应，为区域经济振兴注入强大活力。海洋新材料产业发展成效可概括为以下 3 个方面：第一，明确产业发展方向，增强产业链条韧性。《绍兴市海洋经济发展规划（2021—2025 年）》指出：提升化工新材料和精细化工产业水平，做强先进高分子材料"万亩千亿"新产业平台能级，培育发展临港新兴化工材料，海洋功能材料等行业，服务全省打造万亿级以绿色石化为支撑的油气全产业链集群。此外，绍兴市着眼于为海洋新材料产业中龙头企业配套的集成电路中小企业提供普惠政策，保障产业链供应链抵抗经济风险能力。第二，重视企业创新发展，鼓励产业项目落地。绍兴市以集聚高端，应用对接为重点，打造特色产业链，推动海洋新材料产业朝集群化、特色化、高端化方向发展，重点围绕企业自主创新、核心技术攻关、产学研合作等方面，支持企业创新研发和技术突破，鼓励新建集成电路设计、新材料研发、工程服务等不同阶段的创新服务平台，同时指引龙头企业向石墨烯、金属及高分子增材制造材料、智能复合材料等超前领域拓展业务范围，并按照项目总投资额度对产业化项目给予一定比例的资金、贷款支持。第三，强化生产要素支撑，重视人才培养支持。绍兴市对海洋新材料产业高端人才制定了个性化扶持政策，例如对企业核心团队按年度经营收入规模给予不同水平奖励，鼓励市内高校扩大集成电路、海洋科学相关专业招生规模，提升办学水平，稳步推进海洋新材料产业科研团队储备人才库建设。

## 11.2.2　海洋生物医药产业提质增效

截至 2023 年 7 月，绍兴市高端生物医药产业完成规模以上工业总产值收入达 356 亿元，增加值较 2021 年增长 11.6%，共有生物医药高新技术企业184 家，其中包含 23 家上市企业，3 家进入中国医药工业百强企业榜单，滨海新区海洋生物医药产业列入海洋强省建设 833 行动方案生物医药产业功能区块。绍兴市海洋生物医药产业发展成效主要表现为以下 3 个特征：第一是一核两区多点集聚发展格局。绍兴市依托滨海新区，杭州湾上虞经济开发区、新昌医药特色产业基地等区域，加速海洋生物医药产业集聚发展，打造以药品研发制造、基因疫苗、医用敷料及耗材、医用美容等为主体的高端生物医药产业集群，2022年新签约生物医药产业项目 23 个，协议总投资超 170 亿元，形成以绍兴滨海新区为核心引领，上虞区和新昌县跨越提升，柯桥区、诸暨市和嵊州市多点联动的发展格局。第二是创新成果产出丰硕。2022 年绍兴市海洋生物医药行业共有省级以上各类研发平台 57 个，先后共获国内外专利 640 多项，2023 年获批化学药品有效批文 886 个，二三类有效医疗器械注册证超过 1 000 件，主要聚焦鱼油提炼、海藻生物萃取、海洋生物基因工程等核心技术，在基因工程药物、疫苗、高端化学制剂等方面培育具有较强竞争力的优势产品，力争海洋生物医药领域研发应用取得明显突破。第三是资源整合不断加快。"十四五"以来，绍兴市锚定化学制药、海洋生物制药、现代中药等重点领域，构建创新链、产业链、空间链、服务链、资金链于一体的海洋生物医药产业生态圈，引育海洋生物医药龙头企业；同时积极落实生物医药产业发展扶持专项政策和人才招引规划，加快改革创新，健全海洋生物医药安全风险实时监控评估体系，全面构建海洋医药产业良性公平竞争环境，协同推进海洋生物医药产业做大做强。

### 11.2.3  海洋服务业扎实进步

在海洋强国战略背景下，绍兴市聚焦海洋现代服务业水平提升，通过构建定位明确、层次分明、布局合理、配套协调的服务体系，持续提升其在海铁联运中的交通枢纽地位，在加快打造互联互通国际物流大通道的基础上，稳步推动形成"陆海内外联动、东西双向互济"的开放格局。绍兴市在海洋服务业上取得的显著成效表现在：首先是港航物流服务业蓬勃发展。为对接浙江省"海洋强省"和"三位一体"港航物流体系建设，绍兴市依托杭州湾和金衢丽两大经济腹地，大力建设水路集疏运综合平台，提升通江达海主通道能级，新增500吨级以上泊位49个，越城港区中心作业区、上虞曹娥作业区、诸暨城郊作业区、滨海电厂码头等一批新建大型综合性港口、码头已初具规模，并围绕畅通杭甬运河、振兴两江水运、构建港口枢纽、发展河海联运的发展思路，加快水运基础设施建设及研究，加大水运市场培育力度。其次是海洋工程服务业稳中有进。绍兴依托建筑大市的先发优势和市场占有优势，把握海洋开发提速机遇，坚持走内外并举、量质并重的发展道路。一方面，加强同宁波、舟山的海洋建筑业合作，加速传统建筑业向海洋建筑工程服务业拓展延伸，并提升海洋海岛建筑设计能力，培育发展建筑防腐、防潮、防风化、淡水供应等建筑一体式关联服务；另一方面，以绍兴中心城市为布局重点，积极谋划设立海洋工程技术中心和服务中心，大力建设集海洋工程设计、承包、评估、维护服务等于一体的海洋工程服务基地。最后是滨海旅游服务业苗壮成长。借助绍兴作为中国优秀旅游城市品牌，推动传统文化、山水、民俗等旅游业态转型升级，延伸发展滨海旅游休闲度假、滨海农业体验、江海水上运动等新兴旅游业态，着力构建以滨海休闲度假、山水观光为主的蓝色旅游产业体系，以绍兴滨海湿地景观园为中心，串联鲁迅故里、兰亭、会稽山、柯岩风景区、新昌大佛寺景区等旅游资源，打造独属绍兴的"山海休闲旅游圈"。

## 11.3  绍兴市海洋产业发展的困难挑战

### 11.3.1  内陆辐射能力不足

"十四五"期间，绍兴市港口航运资源配置能力显著上升，航运竞争力明显增强，航运交易、航运金融保险、航运法律信息服务等现代航运服务体系不断健全，海洋交通运输业发展取得重大进步。然而，绍兴海洋产业仍存在诸如内陆辐射能力偏弱、企业主体实力不强等问题，一方面，海洋产业发展布局不协调，受限于绍兴所处地理环境的影响，海岸线长度仅 40 千米，城市海洋产业多集中在滨海区域，对于内陆区域的整体带动性不强，而在海洋产业布局地区之间，相关产业也欠缺整体规划，统一协调发展机制缺失，例如越城区、柯桥区、上虞区等地在相关海洋产业方面互动不足[1]；另一方面，海洋产业区域纵向发展不足，目前绍兴市在远洋捕捞、海洋清洁能源等产业的规划与发展尚存欠缺，从而对内陆纵深和省内大区域经济带动性明显不强，极大地束缚了绍兴海洋产业规模及质量的进一步提升。

## 11.3.2 科研创新驱动薄弱

在海洋科技创新体系建设方面，绍兴市面临海洋科研经费投入不足、科研产出困难、创新成果开拓乏力的问题。与此同时，在宁波、舟山、温州等浙江省沿海各地级市纷纷建设海洋大学、海洋学院或海洋创新实验室的趋势下，绍兴面临着海洋科技创新人才吸引力下降、国家级科技创新平台欠缺、完成重大科研项目能力不足等一系列困境。在成果转化与产学研深度合作方面，绍兴在海洋药物和生物制品领域尚缺乏国家级产业发展创新平台，企业面临关键技术"卡脖子"难题，产业研发技术转化项目的影响力有待提高，成果转化案例显示度有所不足，科研能力难以转化为经济效益。

## 11.3.3 对外开放发展滞后

在新冠疫情肆虐、俄乌冲突升级等"黑天鹅"事件影响下，绍兴海洋航运和海事活动的频次和强度明显下降，对绍兴海洋事业对外开放、国际交流合作进程造成剧烈冲击。一方面，绍兴虽然拥有发达的民营经济，但在城市发展规划上依旧相对保守，缺乏对外开放的心态，在引进外资和外来人才方面仍然存在一定限制与束缚，与宁波、杭州等对外开放力度较大的城市相比还有差距；另一方面，绍兴的海洋交通运输业产业规模较小，特别是国际物流、航运金融保险、海事法律和船舶供应服务缺乏核心优势，有待构建系统化、精细化的发展模式。此外，囿于海岸带等地理环境因素，绍兴无法像宁波-舟山港一样打造世界级深水大港，海洋运输成本较高，相关涉海企业多为本地企业，缺乏同时具有国内国际影响力的航运服务机构，导致绍兴海洋产业对外开放的发展水平落后。

## 11.4 绍兴市海洋产业发展的对策建议

### 11.4.1 有效释放港口经济活力

基于海洋产业对内陆经济带动能力不足的现状，本节从以下 3 个方面提出建议：第一，强化港口经济驱动能力，健全区域协同联动机制。绍兴作为长三角陆海联动节点城市，应积极与宁波、舟山等地级市合作，深度对接宁波-舟山港，打造义甬舟嵊新临港经济区，同时聚焦内河码头建设运营与物流通道、海铁联运建设，聚力构建绍兴内陆水运港与深水海港联动发展新格局，以海运调动陆运经济水平提升。第二，实施临海工业工程，构筑海岸带经济圈。全面有效利用海洋资源禀赋与海岸带生态环境优势，扩大临海工业规模，加快滨海新区、杭州湾上虞经济技术开发区、柯桥经济技术开发区等海洋经济发展平台建设，优化海洋产业结构，激发蓝色经济活力。第三，推动港产城深度融合，加快海洋经济成果转化。以海洋强港振兴海洋产业，以海洋产业带动城市经济增长，其中港口是龙头，产业是核心，城市为载体，依托强大的港口集疏运体系集聚资源，通过资源要素配置振兴海洋新材料产业、清洁能源产业、海洋服务业等临港产业，联通陆域经济，带动内陆产业发展。

### 11.4.2 扎实推进海洋科技创新

针对绍兴海洋产业科研创新能力薄弱的短板，应从以下 3 个方面予以改善：首先，应发挥政府引领的功能，建立合理的政策体系，鼓励促进海洋科研投入与研发，落实政府部门服务主体地位，同时对接各类海洋科研机构与平台，充分发挥经略海洋的治理支撑作用，并加快海洋科技人才队伍建设，培育引进海洋高层次人才。其次，充分发挥企业的创新主体作用，做强涉海"创新园"科创平台，结合对本地海洋新材料、海洋生物医药等海洋科技型企业进行摸底排查的情况，了解涉海企业面临的主要困难，给予政策和财政支持帮扶，加快涉海产业关键技术攻关及海洋科技创新成果转化[2]。最后，建立和完善海洋产业大数据系统，在 5G、智慧云等新兴技术发展背景下，利用绍兴的数字产业发展优势，积极推动海洋产业与新兴数字技术融合，利用大数据助力海洋产业新发展，在提高海洋产业发展速度的同时，还可以反馈海洋产业发展存在的短板与困境。

### 11.4.3　全面提高对外开放水平

针对绍兴海洋产业对外开放水平相对滞后的问题，可从以下 3 个方面突破：一是打造现代港航集疏运体系，建设以"强港航、畅物流、兴产业"为目标的高水平港口，加快打造通江达海的航道港口码头，推动水运与产业融合发展，推进沿湾快速通道建成，促进人才、信息、技术等高端要素资源的集聚与流通。二是培育壮大市场主体，制定实施航运服务企业集聚发展支持政策，坚持做大做强本土企业与引进培育国际性企业并举，着力提升航运服务主体规模和发展水平，并支持占大多数的涉海中小企业深度融入大企业供应链，形成大中小企业协同创新、融通发展生态。三是拓展海洋经济开放平台，大力建设绍兴综合保税区、跨境电商综合试验区、市场采购贸易试点、自贸试验区联动创新区等涉海经济贸易平台，打造区域综合物流枢纽，以优质品牌企业的培育为抓手，持续巩固港口装卸、水路货运、货运代理和仓储服务等传统领域，进一步发挥船舶管理、港口泊位等的竞争优势。此外，应坚持陆海统筹，通过打造义甬舟内陆"无水港"，接轨义新欧国际开放通道，激发"双循环"经济活力，在补齐海运能力短板的同时，稳步提高智慧物流陆港整体水平。

## 11.5　绍兴市海洋产业发展的典型案例

### 11.5.1　案例基本情况

绍兴滨海新区位于嘉绍跨江大桥南岸，2019 年 11 月 29 日正式揭牌成为浙江省首批新区之一，作为绍兴全面融入长三角一体化发展和杭绍甬一体化示范区建设的桥头堡，滨海新区涵盖绍兴越城区 10 个街道约 430 平方千米，常住人口约 60 万人，以打造全省传统产业转型升级示范区、杭绍甬一体化发展先行区、杭州湾南翼生态宜居新城区为发展目标，充分发挥招商引资优势，为绍兴市海洋经济腾飞提供坚实保障。滨海新区地处上海、杭州、宁波等大都市区的交通几何中心，汇合杭甬高速、杭绍台高速、常台高速等主干道，交通便捷发达，并坐拥绍兴北站城际客运枢纽和绍兴滨海站综合交通枢纽两大交通枢纽，其中绍兴北站以杭绍甬城际客运交通为主，发挥近城优势，支撑绍兴打造辐射长三角联合枢纽重要节点，整合周边高铁、轨道、航空、长途客运等公共交通功能，实现多种交通运输方式零距离换乘；绍兴滨海站则是位于滨海智慧通道与跨湾输运通道交会处的区域十字大通道综合性枢纽，以大型货运交通和南北向跨湾输运交通为主要职能，形成外部"两横一纵"交通格局。同时，在绍兴数字经济产业蓬勃发展的背景下，地铁 1 号线、智慧快速路等一批数字化重大基础设施项目全面投入运营，教育、医疗等公共服务配套完善，并与中国科学院大学、杭州电子科技大学、浙江金融职业学院等高校合作，产城融合步伐不断加快。

### 11.5.2　主要做法和成效

在产业发展方面，滨海新区拥有袍江经开区、绍兴高新区、绍兴综保区 3 个国家级平台，重点发展集成电路、生物医药、高端装备和新能源四大主导产业，其中集成电路产业以区域 IDM 产业模式为方向，初步形成设计、制造、封测、设备、材料、应用的集成电路全产业链，2023 年集成电路产值突破 650 亿元，入选浙江省"万亩千亿"新产业平台；生物医药产业围绕生物制剂、创新科研、医疗器械、康养服务的产业链，加快打造创新医药谷、细胞治疗谷、智能康复谷、营养健康谷等四大特色产业谷，2023 年产值超过 350 亿元；高端装备产业以新能源汽车整车及零部件装备、现代环保装备、电子装备为重点，着力打造数字化智能装备系统。2023 年滨海新区实现地区生产总值 924 亿元，增长 8.2％，增速位居全省七大新区第一；一般公共预算收入 73 亿元，增长 8％；规模以上工业增加值 384 亿元，同比增长 10.6％；固定资产投资同比增长 7.6％，其中高新技术产业投资、制造业投资分别增长 43％和 38.1％，聚焦高质量发展"蓝色引擎"的打造，积极推动海洋新材料产业和生物医药产业实现质的有效提升和量的合理增长，经过长期实践探索，充分发挥了海洋制造业巩固壮大蓝色经济的支撑作用。

在科技创新方面，滨海新区南端片区中心城市内设有科技创新园，与杭州萧山机场、上海浦东机场距离车程在 90 分钟之内，是新区内集科研、办公、孵化及生活等综合配套于一体的科技创新创业平台，科创园总体规划面积为 700 亩，重点引进生物医药、医疗器械、新能源、新材料、电子信息等五大产业，打造一流创新创业孵化基地，通过搭建企业集聚平台、人才服务基地、共性技术开发平台等方式吸引中小企业集群布局，孵化科技型企业，培育软件企业，发展服务外包与科技创意、文化创意产业，推动海洋装备制造、海洋新材料、海洋清洁能源等战略性新兴产业发展，加快推进海洋产业重构和城市能级提升。截至 2023 年，科创园一期已入驻科技创业型企业、产业孵化项目等 34 家，其中包含 4 家研究院、1 家研发中心、1 个院士专家工作站，参与海洋科研攻关的高端人才包括博士 56 人、硕士 159 人。入驻企业主要从事先进电池技术研发、海洋生物制药研发、光伏工程技术、海上风电研发、医疗器械研发、数字内容先进技术、微流控检测技术、计量检定和产品质量检验等。此外，"十四五"期间，滨海新区积极响应海洋强省建设号召，大力搭建科创平台，主要推进以下 3 项措施：

第一，打造"绍芯"实验室，加快进入省级实验室序列。解决海洋半导体先导技术研究领域和数模混合特种集成电路先导工艺领域等一批原创性关键技术和"卡脖子"难题，打造世界领先的纳米电子和数字技术领域研发创新中心与独立公共研发平台。

第二，建设滨海科技城，打造湾区科创新高地。以"智汇大滨海，筑梦科技城"为行动纲领，全面推进国科生命健康创新园、国际生命健康科技产业新城、精准医学产业园等一批标志性重大项目建设，加快建成长三角科技成果转化承载地、杭州湾南翼产业创新策源地、北接 G60 科创大走廊桥头堡。

第三，建设镜湖科技城，打造湾区海洋经济新引擎。积极发挥镜湖科技城在绍兴科创大走廊布局中的核心引领作用，形成海洋科技主导、空间布局合理、基础设施完善、生态环境良好的要素集聚高地和成果转化高地，加快打造杭州湾创新示范区和长三角科产城一体化先行区。

在生态景观方面，滨海新区积极构建"三带一廊"景观格局，包含杭州湾生态海岸带、人文休闲带、生态公园带和曹娥江滨江廊道 4 个部分。杭州湾生态海岸带西起杭绍边界，东至绍甬边界，全部海岸线 24.1 千米，总规划范围约 406 平方千米，是打造杭州湾南岸高品质空间环境的核心组成与重要节点。从地理环境来看，江湾交汇、陆海清晰的区位造就了充足的海岸带区域可利用空间，水网河流纵横密集、湿地资源禀赋雄厚带来的生态环境优势使"一江、一湾、一平原"的海岸带成为绍兴滨海特有的生态文化标志，生态海岸带域内建有曹娥江大闸水利风景区、海塘文化公园、围涂赋碑、钱塘镇海等治水围涂文化景观资源。同时，海岸带在滩涂围垦、海塘防护安全方面基础良好，目前已围垦一线海塘 25.86 千米，二线海塘 22.95 千米，为生态海岸带区域发展提供了良好的安全支撑。杭州湾生态海岸带作为浙江省生态海岸带建设工程的重要一环，其发展特色主要表现在：

第一，坚持拥湾发展导向，强化生态海岸带顶层设计。绍兴同杭州、宁波合作，共同起草《杭绍甬产业创新带战略研究》，谋划共建杭州湾产业科创示范走廊、产业数字融合示范走廊、产业都市融合示范走廊，重点打造滨海"江湾汇流主题区"，积极创建滨海都市型生态海岸带示范段，打造杭州湾滨海生态产业集群体系。

第二，彰显海洋生态特色，推进生态环境整治。一方面，打造以曹娥江、杭州湾为基础的"一纵一横、江湾汇流"生态廊道系统，推进海塘安澜工程，系统开展入海排污口溯源整治，加快海塘多功能融合进程。另一方面，着力打造两岸城市风光带，充分发挥数字化产业优势带动海洋生态产业发展，建设大数据监管数字云平台、水环境监控系统、污染源监控系统等，构建绿色智造产业体系，推动两岸产业整体优化升级。

第三，坚持重点项目引领，加快建设绿色工程。生态海岸带围绕生态提升、智慧塑造、时尚升级三大核心领域，推进美丽湾区、绿道网络、滨海副中心、曹娥江两岸风光带、未来社区等标志性工程建设，以"未来城市实践区"理念加快滨海区域产城人文融合发展，并加强与杭州钱塘、宁波前湾生态海岸带的对接，建立建设经营协同机制，联动杭甬提升杭州湾南岸整体空间品质。人文休闲带自南向北连接兰亭、古城、镜湖、三江口等历史文化符号，将绍兴文化元素与城市生态空间有机结合，推动城市文脉向海延展。生态公园带和滨江廊道从山到海，串联会稽山公园、东鉴湖湿地、智岛公园、海上花园等生态景观节点，糅合海洋空间与陆地边界，依托城市多样互通的蓝脉水网，构建滨水慢道和绿色街道网络，实现生活空间与生态空间的无缝衔接，同时腾退沿江工业，还原绿色河岸，打造生态休闲水廊道，促进蓝色经济发展与海洋自然生态协同共进。

### 11.5.3　经验启示

在经济全球化复杂变迁，贸易保护主义抬头，俄乌冲突、新冠疫情等"黑天鹅"事件频发的背景下，绍兴滨海新区能够持续占据海洋产业高地，主要原因在于：

一是区位条件得天独厚，交通枢纽优势明显。从地理位置上看，滨海新区对外交通呈"三横六纵"的格局，地处上海、宁波、杭州、温州等城市群中间位置，与杭州萧山国际机场、宁波栎社国际机场均有直通国道，距离宁波-舟山港84海里、上海港108海里，嘉绍跨江大桥与杭甬高铁的开通进一步放大了开发区的交通枢纽优势，提升了开发区的信息流通效率与产品输出速度，为拓展新材料领域、招商增资扩产奠定了基础。

二是重视产业集聚赋能，建设"万亩千亿"新平台。着力向新材料产业链上下游延伸，构建集链成群的产业生态，2022 年，已集聚海洋新材料企业 126 家，圆锦新材料、中化蓝天高端氟材料产业链项目开工建设，总投资 14 亿元，产业集聚度达到 85.1%。依托政府部门实行的产业头部战略，形成从头部平台、头部产业、头部行业到头部企业的全面联动，优化生产力空间布局，抢占海洋新材料产业高地，不断向高端树脂、高性能工程塑料、高分子氟材料等海洋新材料产业链延伸拓展，逐步形成海洋工程材料、电子信息材料、功能性金属材料共同发展的产业格局。

三是重视产业创新驱动，加强科研人才引进。围绕集群智造、创新驱动，注入产能转换新动力，2017 年以来，滨海新区积极围绕新材料产业组织召开论坛峰会，打造新材料行业领域专业交流平台，鼓励企业与高校院所以共建、合并等方式建设企业研发中心、企业研究院和重点实验室，强化政校企三方联动，建立"产业研究院＋大学研究院＋企业研究院"三大研究院，实现产学研用深度融合，加强产业链上下游配套合作，整合提升产业链，加快推进新材料产业转型升级，引导新材料产业有序良性发展。

## 11.5.4　对策建议

针对绍兴滨海新区产业发展的显著成效和经验，本节提出以下对策建议：

第一，扩大招商引资，夯实产业基础。加快培育壮大战略性新兴产业，聚焦集成电路、生物医药、高端装备及海洋新材料四大主导产业，通过实施链式集群招商，加速项目资源导入，推动产业链、人才链、创新链协同发展，带动产业链上下游高质量集聚；同时，主动向海借力，将长三角作为重大招商引资项目的重要来源地，力争把新区打造成为长三角国际资本和大企业集团延伸投资优选地，不断为海洋产业新业态注入资金活力。

第二，培育特色产业链，加速产城融合。以"建链、补链、强链"为重点，大力实施产业链精准招商行动。紧盯头部企业、重大项目，着力补强产业链短板环节和"卡脖子"技术项目，促进产业集群加速形成。以绍兴城市空间发展格局为基础优化滨海新区空间布局，推动产城融合发展，提升集聚和辐射带动能力，提高城市品质和现代化水平，实现绍兴从深厚走向宽广，从过去走向未来的发展诉求，构建大湾之滨、向海而生的长远格局。

第三，加快区域协同发展，打造区域交通枢纽。深入实施融杭联甬接沪区域发展战略，聚焦杭绍甬一体化发展，着力构建全方位、宽领域、多层次的对接共融格局。实施综合交通网络化、公共服务同城化、产业平台协同化、城市发展融合化等行动，加快打造杭绍甬一体化发展先行区，成为全省高质量发展的重要增长极。并加强与杭州钱塘新区、宁波前湾新区的产业协同、设施联动、城市互动，全方位、多领域、高层次地开展战略合作、区域对接，高起点共建杭州湾南翼智造走廊。

## 参考文献

［1］焦习燕，孙慧. 新旧动能转换背景下山东省海洋产业发展现状及对策研究［J］. 投资与创业，2021，32（5）：40-42.

［2］刘永红. 海洋产业高质量发展战略研究：以山东省为例［J］. 山东行政学院学报，2020（5）：107-112.

# 12 海洋产业发展的舟山实践

舟山市，作为中国东南沿海重要的海洋经济城市之一，其独特的地理位置和丰富的海洋资源，使其在海洋产业发展中具有不可替代的地位和重要作用。几个世纪以来，舟山以其蔚蓝的海岸线和丰富多彩的海洋文化，吸引着世界各地的目光。从古代的渔业兴盛到现代的海洋工程，舟山的海洋产业始终是其经济的重要支柱和增长点。随着改革开放的深入和国家战略的实施，舟山市海洋产业迎来了新的发展机遇和挑战。

## 12.1　舟山市海洋产业发展的历史变迁

### 12.1.1　早期发展阶段

#### 12.1.1.1　海洋产业萌芽

舟山市介于东经 121°30′～123°25′，北纬 29°32′～31°04′，地处东部黄金海岸线与长江黄金水道交汇处，拥有 1 390 个岛屿，以"东海鱼仓"之称闻名世界，坐拥得天独厚的海洋资源，是浙江省乃至全国海洋经济发展的重要区域。唐宋时期，随着海上贸易的兴起，舟山的渔业逐步发展壮大，渔产品不仅满足本地需求，还通过海上贸易输送至长江流域和江南各地。宋代舟山渔民不仅积累了丰富的捕鱼经验，还创造了许多独特的捕鱼技术，如"拖网捕鱼法"和"围网捕鱼法"，这些技术在当时大大提高了捕捞效率。资料显示，宋代舟山的渔业在经济中占据重要地位，促进了地方经济的发展与繁荣。明清时期，舟山渔业继续繁荣发展。明代中叶，舟山成为"朝贡贸易"的重要中转站，吸引了大量东南亚及西方国家的商船。因此，这一时期舟山渔业产量显著提升，渔产品种类和质量均有所提高，成为东南沿海的重要渔业基地[1]。

### 12.1.1.2 海上贸易兴起

舟山市因其优越的地理位置，自古以来就是海上交通的重要枢纽。明清时期，舟山作为中国海上丝绸之路的重要港口之一，海上贸易得到极大发展。据《舟山市志》记载，舟山港口成为中外商船的停泊点，贸易品种繁多，包括丝绸、瓷器、茶叶和药材等，极大地促进了地方经济的发展。明代中叶，舟山成为朝贡贸易的重要中转站，吸引了大量东南亚及西方国家的商船。根据相关数据显示[2]，这一时期舟山的海上贸易总量逐年增加，贸易品类丰富多样，为地方经济的繁荣做出了重要贡献。清代，舟山的海上贸易网络逐渐形成，以定海、普陀为中心的贸易活动遍及东南沿海，成为重要的商贸城市之一[3]。因此，舟山的商贸活动不仅推动了地方经济的快速发展，还吸引了大量外地商人前来投资，进一步增强了舟山的经济实力和国际影响力。

## 12.1.2 快速成长阶段

### 12.1.2.1 海洋捕捞业的壮大

新中国成立以来，舟山市的海洋捕捞业迎来了快速发展的时期，至 1960 年渔业生产总值达到了 6 894 万元，是 1951 年的 3.4 倍。1978 年后的 20 年是改革开放红利最大的一段时期，渔业作为最先被放开的领域之一，迎来了它的发展春天。1978 年到 1999 年的渔业生产总值年均增长率高达 18.9%。为响应国家号召，贯彻国民经济"调整、改革、整顿、提高"的方针，舟山开始了渔业资源保护，调整近海捕捞作业，开始开拓外海发展远洋渔业，1985 年舟山开启了渔业远洋征程的篇章，作为中国首支远洋船队远赴西非开展捕捞作业，1990 年远洋鱿钓试捕获得成功，1992 年，舟山第一家远洋渔业资格企业正式组建，捕捞量迅速增长，至 1996 年远洋渔业捕捞量首次突破 10 万吨，水产品总产量首次突破百万大关。

### 12.1.2.2 海洋运输与港口建设

20 世纪中期，随着海洋运输业和港口建设迅速发展。舟山港口群形成了以定海港、普陀港、老塘山港为核心的多功能港区，为舟山的海洋经济注入了新的活力。浙江省港航管理中心统计数据显示，舟山港口于 1987 年开港运作，1990 年全港货物吞吐量只有 186 万吨。2003 年，浙江省提出要加快宁波、舟山港一体化进程。2005 年 12 月 20 日，浙江省政府正式对外宣布，决定自 2006 年 1 月 1 日起，正式启用"宁波-舟山港"名称。浙江省港航管理中心统计数据显示，舟山港口于 1987 年开港运作，1990 年全港货物吞吐量只有 186 万吨。进入 21 世纪以来，舟山港域港口货物吞吐量连续高速增长，一直保持着 20％以上的增幅，从 2001 年的 3 281 万吨节节攀升，至 2006 年首次突破 1 亿吨大关，2023 年达到 65 132 万吨（图 12-1）。港口开发加快，资源集约利用程度不断提高，万吨级泊位快速增长，生产性泊位 359 个，其中万吨以上深水泊位 96 个，成为长三角地区重要的港口之一。宁波—舟山港 2023 年完成货物吞吐量超 13.24 亿吨，较上年增长 4.9％，连续 15 年位居全球第一。宁波—舟山港也从一个默默无闻的小渔港跻身国内沿海十大亿吨港口行列。

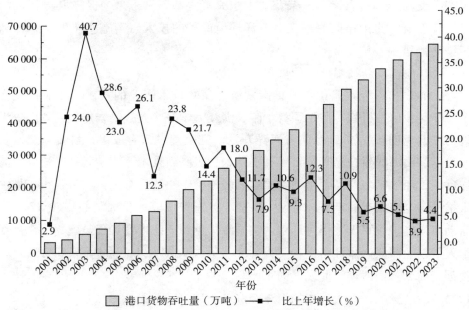

图 12-1　2001—2023 年舟山港域港口货物吞吐量及其增长速度

## 12.1.3　转型升级阶段

### 12.1.3.1　21 世纪初的海洋经济（2000—2011 年）

（1）海洋资源的开发利用

进入 21 世纪，舟山政府积极鼓励企业投资海洋资源开发，逐渐形成了以海洋渔业、海洋交通运输、海洋石油天然气、海洋旅游为主的多元化海洋经济体系。2011 年国务院批准设立舟山群岛新区，标志着舟山市海洋产业发展进入了新的阶段。新区的设立为舟山市提供了更多的政策支持和资金投入，为舟山市海洋产业的发展提供了明确的方向和指导。

随着海洋经济的持续快速发展，海洋经济对舟山市 GDP 的贡献率逐年上升，已成为推动地方经济增长的重要引擎之一。据统计，截至 2012 年，全年海洋经济总产出 1 959 亿元，按可比价计算，比上年增长 13.1%；海洋经济增加值 585 亿元，比上年增长 12.0%。海洋经济增加值占全市 GDP 的比重为 68.7%，比上年提高 0.1 个百分点，形成了以"一城诸岛"为重点的海洋产业集聚格局。此外，舟山市实施渔业"十百千万"工程，建成了一批现代渔业示范区和渔港经济区，国家级远洋渔业基地建设扎实推进，舟山水产品交易中心投入运营，荣获"中国海鲜之都"称号。为保障海洋经济的可持续发展，舟山市政府加大对海洋环境保护的投入，实施海洋生态修复和污染防治措施。

（2）海洋高新技术产业的崛起

2000—2012 年，舟山市逐步探索海洋高新技术产业的发展。政府设立多个海洋科技研发机构，与中国科学院、浙江大学等建立战略合作关系，引进大院名校共建创新载体 34 家。省海洋开发研究院建设富有成果，科技创意研发园、摘箬山海洋科技岛等项目顺利实施，省级高新技术产业园区挂牌成立。海洋食品、船舶舾装产品两个国家质量监督检验中心落户舟山，质量强市工作深入推进。全市共有高新技术企业 32 家，实施省级以上重大科技专项 173 项。启动海洋经济领军人才引进计划，实施海洋创新团队培育工程，建立了海外留学人员创业园区，累计引进各类人才 1.1 万余人，人才总量达到 20 万人，科技创新成为舟山海洋产业发展的重要驱动力。

### 12.1.3.2 党的十八大以来的海洋经济（2012 年至今）

（1）政策引导和规划布局

中央和地方政府高度重视海洋经济的发展，出台了一系列政策措施，推动海洋产业的转型升级。《浙江省海洋经济发展"十四五"规划》的出台和实施明确了舟山市在全省海洋经济中的定位。舟山市政府在《舟山市海洋经济发展规划（2015—2030）》中明确提出，通过优化产业结构、提升科技水平和加强资源管理，实现海洋经济的高质量发展。此外，政府设立了海洋经济发展专项基金，累计投入 50 亿元，用于支持海洋科技研发、基础设施建设和生态保护等方面，为海洋产业的转型升级提供了坚实保障。

（2）科技创新驱动与人才培养

为促进海洋经济的高质量发展，舟山市大力发展海洋高端装备制造业和海洋新能源产业，促进海洋产业链的延伸和优化。新闻媒体报道指出，舟山的海洋高新技术产业在全国具有一定的影响力，吸引了大量高科技企业和人才的聚集。如创新平台建设进展顺利，建设海洋科技创新港，推动东海实验室创建省海洋实验室，绿色石化技术创新中心列入省政府与清华大学"十四五"省校合作重点项目，中国科学院宁波材料研究所（舟山）中试研发基地快速推进。加快创新人才集聚，持续推进"舟创未来"海纳计划和大学生聚舟计划，2021年，新引育"高精尖"人才104人；新引进紧缺专业人才52人；新引进高校毕业生16 658人，其中硕士及以上学历775人；R&D经费投入占GDP比重为2.00%，比2012年提高0.64个百分点。这些机构和人才在海洋生物技术、海洋资源勘探与开发、海洋环境保护等领域取得了一系列重大成果，为海洋产业的可持续发展提供了强有力的科技支撑。同时，舟山市通过设立海洋科技专项基金、建设海洋科技产业园区等方式，为海洋科技人才提供良好的创新创业环境和发展空间。

（3）海洋新兴和前沿产业的崛起

自党的十八大以来，舟山积极发展海洋经济，在海洋新兴和前沿产业方面取得显著成就。海洋生物医药、可再生能源、高端装备制造和信息技术等新兴产业迅速崛起，成为新的经济增长点。绿色石化基地全面建成，装备制造优化升级，修船份额占全国的1/3以上，港航物流通江达海，舟山港域货物吞吐量突破6亿吨。海事服务蓬勃发展，保税船用燃料油供应量和结算量分别占全国的30%和50%。舟山还探索出以油气全产业链为特色的发展道路，建成全国最大、位居全球前列的石化基地和全国最大的能源保障基地。自贸区设立6年来，舟山累计形成215项制度创新成果，其中103项为全国首创，显著提升了能源供应能力，为实现碳中和目标做出了重要贡献。

（4）生态保护与可持续发展

在推动海洋经济发展的过程中，舟山市始终将海洋生态环境保护作为优先事项。政府制定了严格的海洋生态环境保护法规和政策，加强了监测、评估和保护工作。通过实施生态修复和污染防治工程，海洋生态环境质量得到了有效改善。同时，加大了执法力度，打击破坏海洋生态的违法行为。舟山市还积极倡导绿色、低碳和循环的海洋经济模式，推广节能减排技术，发展清洁能源，并加强废弃物回收处理，促进海洋经济的可持续发展。

## 12.2　舟山市海洋产业发展的现状特征

　　舟山是全国海洋经济比重最大的地级市，也是最具海洋产业特色的城市。经过多年的发展，舟山已形成了以港口物流、临港工业、海洋旅游、现代渔业为支柱的海洋产业体系。按照建设经略海洋先行示范区的要求，构建"一岛一功能"海岛特色发展体系和现代海洋产业体系，2022 年，全市海洋经济增加值占 GDP 比重达到 68.5%（图 12-2），是全国海洋经济比重最高的城市之一。

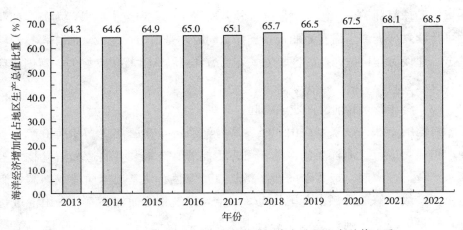

图 12-2　2013—2022 年海洋经济增加值占地区生产总值比重

### 12.2.1　海洋优势产业提质增效

#### 12.2.1.1　海洋渔业

　　舟山市位于中国东海，海洋渔业是其重要经济支柱。根据舟山市统计局的数据，1955 年以来的几十年间，舟山水产品国内捕捞占比常年超过 98%，是传统优势产业。1991 年开始有远洋捕捞记录，1995 年中国全面实施海洋伏季休渔制度。2023 年全市渔业总产量 195.6 万吨，同比增长 3.89%。其中，国内捕捞量 84.53 万吨，同比下降 0.61%；远洋捕捞量 79.74 万吨，同比增长 8.55%；水产养殖产量 31.35 万吨，同比增长 5.24%（图 12-3）。

　　（1）国内捕捞量逐年下降，远洋捕捞占比上升

　　"十三五"期间，舟山市在 5 年间的捕捞总产量（包含国内捕捞和远洋捕

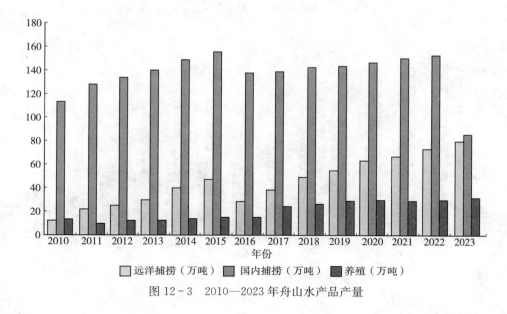

图 12-3  2010—2023 年舟山水产品产量

捞）由 161.50 万吨减少至 149.78 万吨。其中国内捕捞量由 114.98 万吨缩减
至 86.73 万吨；远洋捕捞量由 46.52 万吨递增到 63.05 万吨。远洋渔业产量占
全国的 22％和全省的 90％以上，鱿鱼产量达到 48.27 万吨，占全国鱿鱼产量
的近 2/3，远洋渔业总产值超过 300 亿元，被誉为"中国鱿钓渔业第一市"。
远洋捕捞成为舟山渔业新的重要增长点。截至 2020 年底，全市有远洋渔业资
格企业 39 家，为全国地级市之最。

（2）产业结构优化，海水养殖发展迅速

作为中国重要港口，舟山沿岸和沿海水域需供大型船只通行，难以规模化
养殖。然而，随着科技进步，舟山在海水养殖和内湾栖息地修复方面取得了显
著发展。舟山推动绿色养殖，提高养捕产量比重，成立了"舟山渔业育种育苗
科创中心"，突破关键技术，首次培育出全雌黄姑鱼新品系"全雌 1 号"，并开
展大黄鱼耐低温和厚壳贻贝耐低盐选育。养捕比从 2010 年的6.71：58.51增加
到 2023 年的 14.87：79.76。

（3）减船转产，控制捕捞能力

据悉，帆张网作业方式是舟山传统的渔业作业方式，具有渔货选择性差、
资源消耗大、作业安全风险高等特点。为了减少事故发生并优化渔业产业结
构，舟山积极推行"减船转产"，发展海水养殖和休闲渔业，推动渔民转型。
从 2010 年至 2022 年，舟山市捕捞渔船数量减少了 2 959 艘（图 12-4），有效

降低了捕捞能力。

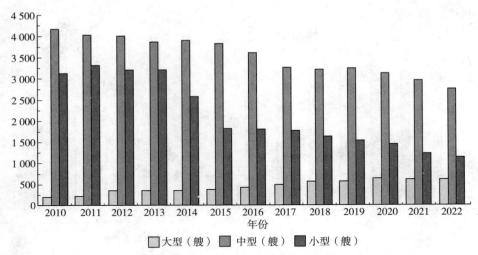

图 12-4    2010—2022 年舟山捕捞渔船数量（按功率分）

### 12.2.1.2    港口建设与海上航运

舟山市凭借优越的地理位置，成为中国重要的深水港之一。2023 年宁波-舟山港货物吞吐量完成 13.24 亿吨（图 12-5），同比增长 4.9%，连续 15 年位居全球第一，集装箱吞吐量完成 3 530 万标箱，同比增长 5.9%，稳居全球第三。

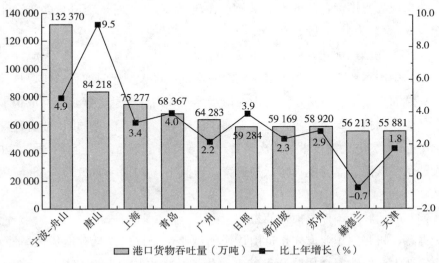

图 12-5    2023 年全球前十大货物吞吐量港口排名

全年舟山港域货物吞吐量达 65 132 万吨，同比增长 4.4%；外贸货物吞吐量为 20 596 万吨，增长 14.4%；集装箱吞吐量 299.9 万标箱（图 12-6），增长 16.5%。全市有 359 个生产性泊位，其中 96 个为万吨级以上。舟山港拥有 300 多条集装箱航线，连接全球 600 多个港口。2023 年，舟山保税船燃油加注量为 704.64 万吨，同比增长 16.95%，稳居全国第一、全球第四。舟山港完成首单国际航行船舶保税 LNG 加注，成为全球少数拥有"船到船"LNG 加注能力的港口，巩固其作为全球重要港航物流中心的地位。

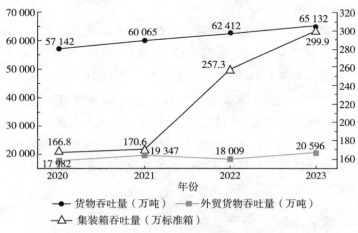

图 12-6　2020—2023 年舟山沿海港口货物、集装箱吞吐量

### 12.2.1.3　海洋工程与装备制造

作为舟山市海洋经济发展的核心支柱，海洋工程与装备制造涵盖了广泛的技术装备领域，涉及海洋油气开采平台、大型运输船舶和其他高技术含量的装备。近年来，舟山市凭借国际海工市场复苏的有利契机，积极推动海洋工程与装备制造业的转型升级，取得了显著成效。舟山市政府出台了"船八条"政策，通过优化政策环境和加强行业整合，着力解决了新船保函、产能置换等关键性问题，推动企业结构调整与行业资源的高效配置。具体而言，舟山市在海洋工程装备制造方面取得了诸多标志性成果，特别是大型浮式天然气（FLNG）上部模块、陆地 LNG 液化模块和极地发电模块的成功交付，展示了该市在高端海洋技术领域的领先地位。此外，舟山市还通过推动与国际市场的深度融合，成功落地了一系列高附加值项目，如 10 500 箱 LNG 双燃料动力集装箱船和全球首艘甲醇双燃料集装箱船改装项目。这些项目不仅提升了舟山市的国际竞争力，也为其产业的长期可持续发展奠定了坚实基础。截至 2023 年，舟山市船舶修造行业产值实现年均增长 26%，新接订单量显著增加，造船完

工总量达到 188.8 万载重吨，同比增长 44.4％；新接订单量 532.7 万载重吨，同比增长 173.1％；手持订单量达到 801.2 万载重吨，同比增长 82.8％。充分反映了舟山在全球海洋工程与装备制造市场中的重要地位。此外，舟山市凭借在海洋工程制造领域的突出表现，成功入选全省"415X"先进制造业产业集群的"核心区"和"协同区"，并成为国家级船舶与海工产业示范基地，为全国相关领域的发展提供了重要示范作用。

### 12.2.1.4 海洋旅游

舟山市以其丰富的海洋旅游资源，融合了优美的自然景观和深厚的文化底蕴。根据舟山市统计局数据，2022 年旅游总收入达 172.1 亿元，同比增长 11.9％；旅游接待人数为 1 112.7 万人次，同比下降 16.6％；入境过夜游客达 9 254 万人次。全市共有 34 家滨海（海岛）类 A 级旅游景区。未来，舟山将通过强化重大产业项目带动力，打造海岛公园样板区，完善"3+3"体系，开发滨海优质旅游产品，提升基础设施和配套服务。嵊泗县、普陀区争创国家全域旅游示范区，嵊泗列岛争创国家级旅游度假区，普陀山景区建设世界级旅游景区，南洞艺谷打造省级生态旅游区。

## 12.2.2 海洋新兴和前沿产业快速增长

### 12.2.2.1 海洋生物医药

舟山正加快建设海洋科技创新中心，构建现代海洋产业体系，重点发展石化新材料和海洋生物医药等区域性产业科创中心，提升海洋科技创新平台的水平。2023 年，长三角海洋生物医药创新中心在舟山建成了 3 400 米² 的生物中试车间、3 000 米² 的研发与检测实验室和 1 000 米² 的 GMP 生产车间，提供广泛的中试研发和技术服务。未来，创新中心将联合国内知名高校和企业，围绕创新资源集聚、关键技术攻关、产业服务、成果转化和人才培养等功能，建设覆盖研发、中试与生产的全链条服务平台，推动海洋生物医药产业的发展，助力舟山市建设现代海洋城市。

### 12.2.2.2 海洋可再生能源

舟山市在海洋可再生能源领域的研究和应用方面取得了重要进展，位于岱山秀山岛的 LHD 海洋潮流能发电项目机组已进入"第四代"，推动我国潮流能发展进入"兆瓦时代"；全市各地陆上风电、海上风电早已精心布局落子。定海马目风电项目还意外出圈，成为舟山市交旅融合赋能乡村振兴的新风景。在嵊泗，中国能源建设股份有限公司已确定建设 5 吉瓦时全自动电化学储能大型电力储能系统集成和海上新能源创新中心项目；中国广核集团有限公司将建设配套高端氢能装备制造及氢能一体化示范项目。另外，针对"风光潮"等新能源的不稳定性，舟山还加快推进多元融合高弹性电网建设，优化电网网架结构，推动新能源的高效接入和"源网荷储"的互动调控，增强多样性新能源并网服务和消纳。据舟山市发展和改革委员会统计，截至目前，舟山市可再生能源发电总装机容量达 186.7 万千瓦，占全市发电总装机容量的 32%。

### 12.2.2.3　海洋高端装备制造

与传统的海洋工程装备制造有所不同，海洋高端装备制造更侧重于技术创新与产业链的延伸，推动产业向高附加值方向发展。近年来，舟山市通过实施一系列创新举措，实现了船舶工业的"数质双升"，2023 年全市船舶海工产业集群规模以上企业营收达到 141.2 亿元，同比增长 34.8%，占全省比重 25%，在全省范围内占据领先地位。普陀区作为舟山市海洋高端装备制造的核心区域，近年来先后完成了多个国际领先的项目。例如，全球首艘甲醇双燃料动力改造船的修理、全国首制甲醇加注运输船改造业务等项目的顺利推进，进一步提升了舟山市在国际市场中的竞争力。普陀区目前共有在修和在建的船舶订单超过 70 个，工期已排至 2027 年，显示出其在海洋高端装备制造领域的长期增长潜力。

在高端装备制造领域，舟山市大力推动企业自主研发与技术创新。全力支持舟山中远海运重工和惠生海工等龙头企业积极投资建设高技术装备项目，涵盖了从 7.5 万吨级浮船坞到 15.4 万吨级穿梭油轮等一系列高附加值船型。这些项目不仅填补了国内行业空白，还大幅提升了舟山在全球高端装备制造中的话语权。重点项目之一的中远海运重工四号船坞及相关配套设施的建设，将进一步推动舟山市向中国领先、世界一流的海洋高端装备制造中心迈进。此外，普陀西白莲岛上的鑫泰海工和亚泰船舶项目正在加速推进，这两个项目的总投资分别为 23 亿元和 9.2 亿元，建成后将使西白莲岛成为全球最大的高端绿色修船基地。这不仅将提升舟山市在全球修船领域的影响力，还将为该市海洋高端装备制造业的持续增长提供重要支撑。

### 12.2.2.4　海洋电子信息业

舟山海洋电子信息产业经多年发展，形成了以车船仪器仪表、微特电机、海洋软件及信息服务业、电子元件、应用电子为主的海洋电子信息产品结构体系。在向海洋工程装备发展过程中，相关电子信息产业尤其是在卫星通信导航、船舶设计、船用电气等产品领域得到较好发展。船载移动卫星电视接收系统、北斗海洋渔业船载终端等产品都已实现产业化。在船舶设计领域专业化、系统化服务优势明显。2012 年 7 月，舟山市船舶工业设计基地被认定为省级特色工业设计基地，已引进 20 家专业船舶设计公司。在配电板、控制台、充放电板等船用电气产品领域，电子海图系统、综合船桥系统、综合雷达导航系统产品及航运一体化信息服务平台等方面积累一定基础，信息技术大量地应用于船舶之上，促进船舶逐步向全船综合自动化层次发展。软件及信息服务业和LED 产业形成了一定的产业基础，在对海洋工程光缆电缆、海上风能等领域的招商引资上也取得积极进展。

## 12.3　舟山市海洋产业发展的困难挑战

### 12.3.1　海洋渔业资源存在明显衰退

舟山市作为中国东海的重要渔业基地，长期以来，渔业资源是其经济发展的重要支撑。大黄鱼、小黄鱼、带鱼、乌贼曾是舟山近海捕捞业中主要的经济鱼类。然而，由于过度捕捞和环境污染导致四大海产资源量受到了较大影响。其中大黄鱼的捕捞量在 1974 年达到顶峰后便衰退，多年形不成鱼汛，如今市场上能买到的大黄鱼大多为人工养殖。2020 年国内捕捞水产品在舟山水产品总量中占比首次低于 50％。2015 年研究表明[4]，小黄鱼和乌贼已经变成兼捕对象，带鱼是"四大海产"中唯一尚能形成鱼汛，还具有一定捕捞潜力的种类，但捕捞产量和占比也在持续下降。随着"四大海产"的捕捞量持续下降，舟山渔捞种类逐渐低值化、低龄化、小型化，捕捞渔获物平均营养级处于下降趋势，渔获种类更替明显。

### 12.3.2　海洋生态环境保护形势严峻

随着工业化和城市化进程的加快，舟山市的海洋环境污染问题较明显。工业废水、生活污水以及船舶污染等都是海洋污染的重要来源。2022 年舟山市排放的工业废水总量达到 2 390 万吨。舟山海域的水质监测结果也显示，2023 年舟山市近岸海域优良率为 48.9％，同比下降 2.8 个百分点。其中一类水质占 32.6％，同比上升 7.6 个百分点；二类海水占 16.3％，同比下降 10.4 个百分点；三类海水占 8.8％，同比上升 0.9 个百分点；四类海水占 8.0％，同比下降 5.0 个百分点；劣四类海水占 34.3％（图 12-7），同比上升 6.9 个百分点。主要超标指标为无机氮、活性磷酸盐。海水呈富营养化状态的近岸海域面积比例为 47.1％。其中轻度富营养化海域面积比例 15.2％、中度富营养化海域面积比例 13.4%、重度富营养化海域面积比例 18.5%。嵊泗县、岱山县、定海区和普陀区富营养化海域面积占比分别为 38.6%、74.0%、100% 和 28.0%。

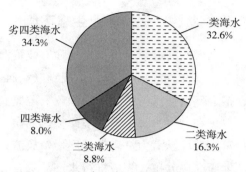

图 12-7　2023 年舟山市近岸海域水质类别示意图

## 12.3.3　海洋科技创新能力有待提高

　　尽管舟山市在海洋科技创新方面取得了一定进展，为舟山实现跨越式发展打下了扎实基础。但是总体上看新区科技事业发展与省内外先进城市和新区跨越发展的更高要求相比，还存在一定的差距和不足，面临一些亟待解决的问题：①创新策源能力亟待突破。虽然海洋科技方面填补多项行业空白，但国家级创新平台载体相对不足，重大标志性科技成果还不够多。舟山市高新技术企业无论是在数量上还是规模上，都与省内其他地市有较大差距。②企业技术创新能力不强。企业创新意识欠缺，创新动力和活力不足。企业缺乏高质量研发机构，研发经费投入强度与省内外先进城市相比有一定差距，创新能力不适应高质量发展要求。③高端科技创新人才匮乏。由于地处海岛、高能级平台缺乏、财政实力不足等客观原因，"高精尖"海洋创新人才、科技创业领军人才引进相比其他地市要困难得多，成为制约科技创新的最大短板。

## 12.3.4　海洋产业结构有待调整

　　舟山市的海洋产业结构相对单一，传统渔业和港口运输占据了主要地位，而新兴海洋产业的发展相对滞后。据统计，渔业和港口运输业占舟山市海洋经济总量的 70% 以上，而海洋生物医药、海洋可再生能源等新兴产业仅占 10%。产业结构单一不仅限制了舟山市海洋经济的发展潜力，也增加了产业风险。特别是在渔业资源枯竭和全球经济波动的背景下，单一的产业结构难以支撑舟山市海洋经济的可持续发展。

## 12.4 舟山市海洋产业发展的对策建议

### 12.4.1 坚持绿色发展路线，保护渔业生态环境

为了应对渔业资源枯竭的问题，舟山市应加强渔业资源管理，实行科学的捕捞限额和禁渔期制度。《舟山市渔业资源保护规划（2021—2030）》提出，通过实施休渔期制度、推广环保捕捞技术和加强渔业资源监测，恢复和保护渔业资源。加强渔业资源保护和沿岸水域生态环境修复，加快建设海洋牧场，科学评估舟山渔场资源总量和环境承载力，合理开展增殖放流；转变渔业生产经营方式，大力发展水产健康绿色养殖，积极推行水产品综合利用和绿色加工；严格控制捕捞强度，减轻近海捕捞压力；加快推进国家绿色渔业实验基地建设，着力构建绿色渔业管理体系，努力推进舟山渔业绿色发展。

### 12.4.2 加大环境保护力度，促进海洋可持续发展

完善海洋环境保护法规制度，保证治理措施的有效实施。我国现行的海洋环境保护制度是改革开放以后才逐步建立和发展起来的，而其中的环保收费和环境税收制度经过 20 多年的实践已经显现种种缺陷和不足。在市场经济体制下，企业和个人的目标都是追求个体利益最大化，主观上总是想方设法地逃避环境责任，避免环境成本的内部化。所以应设计完备周密、可操作性强、适时进行调整的地方性海洋环境法规，规范企业和个人的行为，降低生产和消费活动对海洋环境的影响。可以参照发达国家治理海洋环境的经验，制定严格而完善的法规制度，严格控制对海洋环境的污染。

### 12.4.3 提升科技创新能力，提高产业核心竞争力

坚持创新的核心地位，深入实施科技自立自强战略，加快提升创新能力和创新供给质量，打造长三角海洋高新技术产业基地和海洋科技创新中心。首先要加大海洋科技人才培养的力度。开发海洋产业涉及范围广，包括海洋渔业、海洋药物、船舶设计、近海工程和海岸工程、海上运输系统等，这些方面都需要进行研究。要满足多种海洋经济产业的需求，就必须建立不同层次的人才培养计划。各级政府要在政策和资金上给予支持。对于高级研究人员，要依托省内高等院校海洋专业进行深度培养；同时需要重视海洋产业技术工、熟练工等基础人才的输送，加强职业院校和相关企业的技术培训力量。其次要注重整合

省内海洋科研力量，特别是整合省内有实力高校的涉海专业，加强协作与交流。同时加快推进建设国家、省级重点涉海实验室和中试基地，加强对海洋科技的研究和开发，增强海洋科技创新能力。最后要鼓励科技创新，支持海洋企业走科技型发展的道路。要推进海洋科技产业化，制定明确有效的政策措施，促进各类海洋企业与科研单位联合，充分发挥企业作为技术开发主体的作用。

### 12.4.4 构建现代产业体系，实现海洋经济高质量发展

推进产业基础高端化、产业链现代化，积极发展海洋先进制造业、现代服务业，提升数字经济水平，大力发展战略性新兴产业和未来产业，建设高能级产业平台，不断增强现代海洋产业体系核心竞争力，持续推动经济发展质量变革、效率变革、动力变革。第一，提升船舶与临港装备产业，优化产业布局，开发特种船、豪华邮轮、游艇、电动船舶、海工装备、海上风电、深海探测等高附加值产品体系，发展智慧装备产业，打造国际绿色修船基地。第二，提升海岛旅游产业品质，补齐海岛旅游短板，创新旅游新业态新产品，建设国家健康旅游示范基地，打造海岛公园和浙江海岛大花园核心板块，建成全域旅游示范市，建设世界佛教文化胜地和国际海岛休闲度假目的地。第三，大力发展"数字经济"，推动 5G、大数据、人工智能等数字技术与实体经济深度融合，加快推进数字产业化。积极发展软件研发和信息服务产业，创建数字化创新平台，推动海洋数字文创产业，探索建设国际数字离岛。第四，加快培育新能源、新材料、生物技术、高端装备、新一代信息技术等产业。全力发展海洋电子信息产业，实施"智慧海洋"工程，拓展海上无人装备、海洋感知装备、海洋大数据等产业领域，建设国家特色海洋电子信息产业基地。大力发展新能源产业，打造全国特色海洋新能源制造与应用示范基地。

## 12.5 舟山市海洋产业发展的典型案例

### 12.5.1 案例基本情况

中国渔业看浙江，浙江渔业看舟山，舟山"一条鱼"，"游"出百亿产业。舟山市作为中国远洋渔业的先锋，早在 20 世纪 80 年代因近海资源枯竭，将目光投向太平洋和大西洋，开创了远洋渔业的先河。经过几十年的发展，舟山建立了覆盖远洋捕捞、冷链物流、精深加工、水产交易、金融服务和科研创新的全产业链体系，实现了"走出去、运回来、引进来"的远洋经济模式。截至

2021 年，舟山拥有 39 家远洋渔业资格企业，685 艘远洋捕捞渔船，占全国的 20％以上，远洋渔业经济总产值达 353 亿元，同比增长近 10％。

## 12.5.2 主要做法和成效

### 12.5.2.1 远洋渔业基地建设，布局延展全产业链

舟山在全国率先建设国家远洋渔业基地，完善从捕捞到加工、销售、物流的全产业链。通过招商引资，吸引大量国内外企业入驻，形成显著的集聚效应，建成全球最大规模的全程可追溯超低温金枪鱼精深加工生产线，年加工金枪鱼 15 万吨以上，产品远销国内外。在基础设施方面，舟山市远洋渔业集团累计投入超 20 亿元建设供电、供热、污水处理等基础设施，完善冷链物流体系。舟山现有 10 座冷库，总库容 50 万吨，是浙江省冷库密度最高区域。3 座万吨级远洋渔业专用码头和基地母港码头装卸设施，为企业提供高效服务。2021 年，舟山吸引了超过 10 万吨金枪鱼在基地口岸卸货，为金枪鱼产业新经济增长极提供基础保障。

### 12.5.2.2 推动数字化转型，提高产业效率

舟山市推进"远洋云＋"供应链服务平台建设，涵盖线上交易、数字仓储、云上物流和数字金融等模块，提升产业链效率和效益。该平台实现数据互联互通和高效贸易，支持 100 万用户在线交易。同时，完善信息透明化与数据互联互通。在"远洋云＋"平台上，以仓单和订单为基础进行挂牌和竞价交易，买卖双方在线发布信息和交互，形成高效数据互通。这不仅提高了交易效率，还通过银行和融资租赁等嵌入式在线服务实现无缝资金结算。除此之外，舟山国际农产品贸易中心在线交易平台显示中国远洋鱿鱼指数及价格信息，帮助货主企业透明化交易。

### 12.5.2.3 产城融合，引进高附加值项目

发展远洋渔业小镇，促进产城融合。舟山通过发展远洋渔业小镇，促进产业与城市的融合发展。小镇内设有大洋世家、远洋餐厅、进口酒体验中心等商铺，并举办中小学研学活动，提升当地旅游和文化产业。2021 年，小镇接待游客 32.9 万人次，成为展示舟山远洋渔业发展的重要窗口。小镇吸引浙江兴业集团有限公司、舟渔明珠工业园等 266 家远洋渔业相关企业，重点打造海洋健康食品、新型海洋保健品和远洋生物医药等海洋健康产业。舟山新诺佳生物工程有限责任公司通过提炼深海鱼油生产高附加值的食品和保健品，2021 年企业年营业收入达 2.5 亿元，订单已排到 10 月。

### 12.5.3　经验启示

#### 12.5.3.1　全产业链发展

舟山市通过构建完整的产业链，实现了渔业资源的高效利用和增值。全产业链模式不仅增强了抗风险能力和整体竞争力，还为应对市场波动和资源枯竭提供了有效手段。具体而言，舟山建立了从捕捞到加工、销售、物流等环节的紧密联系，提升了整体运营效率，为其他地区提供了全产业链发展的借鉴模式。

#### 12.5.3.2　科技创新驱动

高度重视科技创新，通过与高校和科研机构合作，推动科技成果的转化和应用。舟山不仅依靠技术引进，还注重自主研发，形成了科技创新驱动发展的良性循环。舟山与浙江大学合作建立了多个海洋科技创新实验室，推动了海洋科技的快速发展。这种模式不仅提升了当地的科技水平和产业竞争力，也为全国其他地区提供了科技创新的范例，强调了科技在产业发展中的核心作用。科技创新也成为舟山提升产业核心竞争力的重要手段，为产业升级提供了强有力的支持。

#### 12.5.3.3　政策引领发展

舟山市政府积极制定并实施了一系列支持海洋经济发展的政策，旨在为产业发展营造稳定且高效的环境。这些政策措施包括设立专项资金、提供税收优惠以及简化行政审批程序等，为企业的创新和发展奠定了坚实基础。通过政府的引导与扶持，舟山在竞争激烈的海洋经济市场中始终保持着领先地位，不断推动区域经济的高质量增长。在政策实施方面，舟山市不仅注重对本地企业的直接支持，还通过创新监管机制，优化产业发展环境。比如，政府通过设立海洋产业发展专项资金，支持重点领域的科研创新与技术研发，提升本地企业的核心竞争力。同时，针对海洋经济中高能耗和高污染产业，舟山市加强了环境管理标准的制定与执行，推动了绿色海洋经济的发展。此外，政策的制定还注重区域协同发展，通过一系列跨区域合作平台，推动舟山与周边城市的产业联动与资源共享，进一步提升了整体产业链的竞争力。

#### 12.5.3.4　国际合作共赢

在全球化的经济格局下，舟山市充分认识到国际合作对于推动海洋产业升级与创新的重要性。舟山通过与全球领先的经济体建立紧密合作关系，引进先进的技术和管理经验，显著提升了本地产业链的国际竞争力。以舟山与德国合作建设的海洋工程技术研发中心为例，该中心通过技术转移和共同研发，推动了舟山在海洋工程装备制造领域的技术突破，进一步巩固了舟山在这一领域的领先地位。同时，舟山与日本合作开展的海洋环境保护项目，也为当地生态环境管理注入了国际先进的理念与技术。此类国际合作项目不仅带来了环保技术的进步，还提升了舟山在全球海洋环境治理中的影响力。这些合作通过技术创新与国际标准的接轨，为本地产业的可持续发展提供了强有力的支撑。

### 12.5.3.5 数字化赋能转型

舟山市通过加速推进数字化转型，显著提升了海洋产业链的效率和创新能力。"远洋云＋"供应链服务平台的构建，不仅实现了数据的无缝对接和实时交互，还为企业提供了精准高效的贸易支持和决策依据。该平台的运行优化了物流、信息流和资金流的协调管理，提高了供应链上下游的协同效应。这一转型不仅仅是对技术的应用，更是对整个产业链条进行结构性调整与升级，以适应全球数字经济的发展趋势。

数字化技术通过促进自动化和智能化应用，推动了舟山市海洋经济的现代化转型。数字化赋能带来的信息透明化和精准管理，不仅降低了运营成本，还增强了产业链的弹性和应对全球市场波动的能力。此外，数字化手段有助于企业及时捕捉市场变化，灵活调整生产和供应策略，实现对市场需求的快速响应。舟山市的实践表明，数字化技术在提升生产效率、资源配置效率以及推动产业国际化方面具有不可替代的作用。其他沿海地区可以借鉴舟山市的成功经验，将数字化技术深度融入海洋产业发展战略中，构建智能化供应链管理体系，以增强产业竞争力。通过推动大数据、人工智能和区块链技术的应用，能够进一步提高海洋经济的全链条管理水平，促进经济发展与科技创新的深度融合。在这一背景下，数字化转型不仅是提升产业效益的工具，更是推动海洋经济现代化转型的重要引擎。

### 12.5.3.6 生态保护共促发展

舟山市在海洋经济发展过程中，始终高度重视生态环境保护，推行绿色发展与资源保护并行的战略方针。通过引入环保捕捞技术和严格执行休渔期制度，舟山市有效降低了渔业资源的过度开发压力，逐步实现了渔业资源的可持续利用。舟山在朱家尖岛实施的海草床修复项目，正是该市生态保护与修复工作的典型代表。该项目不仅恢复了海草床的生态功能，还大幅提升了该区域的生物多样性，成为海洋生态系统良性循环的关键环节。

舟山市的环境保护政策不仅限于单一生态系统的修复，更涵盖了海洋生态的整体性、系统性保护。通过一系列政策的实施，舟山市在减少海洋环境污染、恢复生态功能以及推动海洋经济可持续发展方面取得了显著成效。这些生态保护措施不仅维护了海洋资源的稳定性，还为渔业和其他相关产业的发展提供了长期保障，推动了区域经济的绿色转型。其他沿海地区应借鉴舟山市的实践经验，在经济发展中融入生态保护的理念，通过创新环保技术和绿色渔业发展，形成经济与环境协同发展的格局。通过科学的资源管理和生态修复技术，确保海洋资源的可持续利用，实现经济效益和生态效益的双重提升，为全国绿色发展的战略目标提供了舟山样本。

## 12.5.4 对策建议

### 12.5.4.1 强化渔业资源管理，科学管理和可持续利用

实施科学的捕捞限额和禁渔期制度，防止过度捕捞，确保渔业资源的可持续利用。具体措施包括加强渔业资源监测，推广环保捕捞技术，建立渔业资源保护区等。此外，政府可以引导渔民采用更环保的捕捞方法，减少对海洋生态的破坏，同时进行定期评估，以调整捕捞限额和禁渔期策略。

### 12.5.4.2 加大环境保护力度，完善法规和严格监管

完善海洋环境保护的相关法律法规，加强对工业废水、生活污水和船舶污染的监管，确保排放物达标。通过实施污染源控制、海洋环境修复和生态保护等措施，提高海洋环境质量。设立专项环保基金，支持海洋污染防治项目的开展，同时建立长期监测机制，确保环保措施的有效落实。

### 12.5.4.3 提升科技创新能力，增加科研投入和激励创新

加大对海洋科技研发的投入，鼓励企业和科研机构开展技术创新。设立专项科技基金，支持海洋科技领域的研发项目，推动科技成果的转化和应用。通过建设创新平台，加强产学研合作，提升科技水平。例如，政府可以与高校和科研机构合作，建立海洋科技研究中心，推动前沿科技的研发和应用。

### 12.5.4.4 加强人才培养和引进，优化政策待遇和工作环境

政府应通过提供优厚的政策待遇和工作生活条件，吸引和留住海洋科技、工程、管理等方面的人才。设立专项人才引进基金，鼓励企业和科研机构引进高层次海洋人才。加强与高校和科研机构的合作，建立海洋产业人才培养基地，为海洋产业的发展提供强有力的人才支持。通过举办国际学术交流活动，提高本地人才的国际视野和专业水平。

### 12.5.4.5 优化产业结构，促进多元化和新兴产业发展

政府应通过政策引导和资金支持，促进海洋生物医药、海洋可再生能源和海洋高端装备制造等新兴产业的发展。设立专项产业发展基金，支持新兴产业

的技术研发和市场推广，提升海洋经济的多样性和抗风险能力。通过产业政策调整，鼓励企业向高附加值和技术密集型方向发展，形成多元化的产业格局。

**12.5.4.6 增强国际合作，引进先进技术和拓展国际市场**

通过参与国际项目和开展合作研究，引进先进技术和管理经验，提升技术和管理水平。鼓励本地企业开拓国际市场，推动海洋产品的出口，提升国际市场份额。同时，建立国际合作机制，促进技术和人才的双向交流。

## 参考文献

[1] 陈辰立. 明清传统时代大东海渔业活动对岛屿的利用 [J]. 中国社会经济史研究，2019（1）：21-27.

[2] 刘军. 明清时期海上商品贸易研究（1368—1840）[D]. 大连：东北财经大学，2009.

[3] 董瑞兴. 舟山渔业史话 [M]. 北京：中国文史出版社，2007.

[4] 赵淑江，夏灵敏，李汝伟，等. 舟山渔场的过去、现在与未来 [J]. 海洋开发与管理，2015（2）：44-48.

# 13　海洋产业发展的台州实践

## ■ 13.1　台州市海洋产业发展的历史变迁

东面是浩阔的大海，余三面群山环绕，台州市是山水共生的生态宝地。然而，随着人口的逐年增加，人多地少的问题较为突出。于是围海造田成为台州人向大海索要土地的途径。围海造田为台州进一步开展造船、对外贸易等海洋经济活动提供了土地资源。资料显示，台州市围垦历史悠久，修筑海塘历史可追溯至唐代。跨入新时代，滩涂围垦力度却也未显著减少。围海造田的历史遗留问题与不充分合理利用海洋资源的意识使得台州市的海洋经济基础相对薄弱，成为其海洋经济全面发展时期的一大制约因素。

台州在很早时期便开展了海洋经济活动。在新石器时期，台州地区就掌握了造船技术，并发展出独特的航海技术。这些技术为台州的海上贸易和渔业活动提供了有力支持。汉末时期，与日本、朝鲜等国便有贸易往来。唐代时，台州的海门（今椒江）已成为重要的对外商埠，与日本、朝鲜等地的贸易更加频繁[1]。台州沿海渔民长期以捕鱼为生，积累了丰富的渔业资源开发经验。古代台州的海域是水产资源丰富的海区之一，渔民们通过捕捞、养殖等方式获取海产品，支撑了当地的经济生活。然而台州市囿于传统低效的发展路径依赖，海洋产业发展虽历史悠久，却始终难以成为支柱产业。改革开放40年来，台州始终坚持海洋开发战略不动摇，成功从闭锁落后的浙江一隅发展成为最开放、最具经济活力的地区之一。本节将从时间维度，以3个主要发展节点，即改革开放初期、21世纪初期、党的十八大至今，对台州市海洋产业发展的历史与变迁进行阐述。

### 13.1.1　改革开放初期——海洋经济基础薄弱状况开始改变

改革开放初期，"单一的舟楫之便、渔盐之利的'小舢板'"的观念使得台州市缺乏海洋产业发展的思想指导，海洋经济基础相对薄弱，海洋产业主要集中于传统渔业与水产加工业上，呈现出单一的产业发展模式。数据表明，1978年台州市水产品总产量为 11.22 万吨，渔民人均收入仅为 41.7 元。为了改变产出总量少、海洋经济基础薄弱、渔民收入少的状况，台州于 1982 年提出"两水一加"的发展战略，即发展水产、水果及其相关加工业，海洋产业发展的思想开始转变，进一步加大了海洋资源开发的力度，促进了海洋产业特别是渔业的发展壮大。这一阶段的海洋产业发展为台州后续的海洋经济腾飞奠定了初步基础。

### 13.1.2　21 世纪初期——海洋产业发展进入全新阶段

21 世纪初期，台州市更加注重海洋产业的发展与海洋资源的开发，从东海落后地区跻身沿海发达城市之列，其海洋产业的发展进入了一个全新的阶段。从确定战略定位与规划、加大政策扶持与推进、重视科技创新与人才培养等方面助推海洋经济快速发展，并逐渐形成自身发展特色。21 世纪初期，台州市明确提出"建设海洋经济强市"的战略目标，并制定了相应的发展规划；2007 年台州提出了"三个台州"战略，其中之一便是利用台州海岸线绵长的优势，发展海洋经济，开发蓝色国土，建设"海上台州"。这些战略的实施，不仅明确了海洋渔业、沿海能源、船舶工业、港口海运以及滨海旅游等五大主导产业的发展方向，并且使得台州市海洋产业发展进入新阶段，海洋产业体系不断优化，海洋生产总值持续增长。

在此时期，海洋渔业、临港工业与港口海运业成为海洋经济主导产业。海洋产业结构呈"二三一"型，处于海洋产业结构演化的第四阶段[2]。其中，第一产业增加值比重占台州市海洋经济增加值的 23%[3]，说明台州市海洋经济发展仍未摆脱以渔业为主的发展模式。海洋渔业作为海洋第一产业，仍是海洋经济最重要的组成部分之一。台州市通过提高渔业生产科技水平、优化渔业生产结构、完善渔业基础设施建设等措施，使得渔业产出总量逐年上升，渔业供给结构不断调整，进一步推动台州市海洋渔业可持续发展。临港工业在台州市港口建设与临港产业带逐步形成的基础上，成为海洋经济发展的重要支柱。台州市重点发展能源、化工、船舶制造等临港工业。此外，港口航运业在这一阶段也得到快速发展。通过加强港口基础设施建设、提高港口服务质量等措施，2012 年，台州港完成货物吞吐量 5 358.22 万吨，比上年增长了 5.1%。其中，外贸吞吐量为 939.32 万吨，下降了 4.4%；集装箱吞吐量达到 15.09 万标箱，增长了 11.9%[4]。然而，台州市也存在着海洋产业结构内部的弊端，即传统动能与新兴动能之间的接续不力。海洋渔业等传统海洋产业稳步发展，而新兴产业，如海洋高端装备制造、海洋生物医药等产业规模较小，发展速度偏慢。此外，台州市囿于传统海洋产业发展路径依赖，使其海洋产业转型升级缺少必要的技术体系支撑，海洋产业能级相比其他城市差距较为显著。

## 13.1.3 党的十八大以来——海洋经济实力显著提升

党的十八大以来，台州市海洋经济综合实力显著提升。2023 年，台州市实现海洋生产总值 1 024 亿元，比 2012 年的 373 亿元增长 174.53%，年均增长 15.9%，海洋生产总值占地区生产总值比重为 16.4%，对地区经济发展的贡献度进一步增强。同时，海洋产业体系优化呈现新亮点。海洋产业加快转型升级，海洋经济第二、三产业增加值稳步提升，产业结构进一步优化。第二产业增加值占海洋经济比重显著提高，成为引领全市海洋经济发展的主引擎[5]。

台州市加大海洋供给侧结构性改革的力度，渔业综合实力显著增强，位居浙江省首位，获批国家渔船管理综合改革试验区，海洋渔业实现了绿色转型。通过一系列渔业基础设施建设与改革，渔业产值从 2012 年的 177.65 亿元增长至 2023 年的 357.06 亿元，年均增长率达到 9.18%，其间渔民收入也实现逐年提高的目标[6]。同时，渔业生产结构也得到了进一步调整与优化。养殖与捕捞产量比由 2015 年的 29:71 调整为 2020 年的 40:60，养殖产量占比显著提升[7]；在海洋第二产业发展中，涉海工业总产值稳步上升。临港装备制造技术有显著提升、成果丰硕。然而，海洋船舶工业受经济环境影响，产出有所下降。此外，台州市海洋第三产业发展态势优异，在海洋交通运输业的发展中，海洋运输船舶单船吨位大幅提高，船舶总运力增长显著，海上客运量和货运量稳步增长。2023 年，台州港完成货物吞吐量 7 380 万吨，其中外贸货物吞吐量 1 245.29 万吨，完成集装箱吞吐量 68.56 万标箱[8]。此外，滨海旅游业快速发展，旅游人数逐年增加。与此同时，台州市海洋产业发展依然存在着诸多问题：缺乏带动能力强的海洋产业集群，海洋科技创新能力不足，缺乏高级功能平台支持，导致区域竞争力较弱等。

## ■ 13.2　台州市海洋产业发展的现状特征

山海之间，风起潮涌，乘风 40 多年，台州市蓝色经济扬帆起航。"十三五"以来，全市抓紧海洋强市战略，着力推进海洋产业体系优化、从全局谋划湾区重点平台建设、不断推进海洋经济重大项目落实，在推动海洋经济高质量方面取得显著成绩，海洋经济综合实力迈上新的台阶。当前国内外形势复杂多变，台州市推进海洋经济高质量发展面临诸多新挑战与新机遇。台州市海洋禀赋十分丰富，对海洋资源与环境的保护与修复取得显著成果，海洋经济高质量发展潜力巨大。台州市始终坚持向海图强、向海发展，推动蓝色经济成为全市经济高质量转型发展的重要支撑。

### 13.2.1　政策聚焦"产业强海"，全力建设海洋强市

台州市致力于以建设海洋强市为指引，聚焦"产业强海"。将改革创新作为海洋产业转型升级的根本动力，积极优化海洋产业结构，加快形成"3＋3＋4"现代海洋产业体系；打造海洋经济发展新局面，构建"一体、两翼、三带、六区"的海洋经济新发展格局，进一步推动海洋经济高质量发展。规划鞭辟入里，表明台州市力求全方位成体系提升海洋经济实力的决心与毅力。同时，台州市高位部署，出台并实施一系列政策，着力抓海洋重点项目落地，真正做到聚焦"产业强海"，全力建设海洋强市。

2022 年 6 月，台州市人民政府印发《台州市临港产业带发展规划》，明确台州将以港口＋腹地＋平台＋制造的优势，不断向海图强、陆海联动，推动全市域发展海洋经济。同时，该规划着重强调通过新能源、新材料、新医药健康、未来汽车、精密制造等五大产业城的建设，将台州打造成世界知名现代海洋城市、全球一流临港产业带[9]。此后，先后召开海洋经济发展暨临港产业带建设推进大会、全市海洋强市建设暨数字经济高质量发展推进会，以及以"海洋经济高质量发展"为主题的"市政府开门听建议"座谈会，台州市海洋经济发展局也挂牌成立，这些都充分表明了台州市力求高位部署推动海洋产业快速发展的毅力与决心。同时，台州市狠抓倍增平台与海洋强市重点项目推进。出台《台州市海洋经济高质量发展倍增行动计划》，计划实施"八大产业升级行动"，谋划建设"六大倍增平台"，编制海洋强市建设重点工作任务、重大项目"两张清单"，开展"十五五"海洋经济规划前期调研，在全省率先开展海洋经

济统计核算和季度快报分析[10]；出台《2024 年台州口岸跨境贸易便利化行动计划》，力求提高台州市跨境贸易的便利化程度，打造市场化、法治化、国际化的一流口岸营商环境。此外，台州市还将 53 个项目列入海洋强省重大项目，并已完成项目推进投资 235 亿元。正是台州市推动海洋经济高质量发展的决心，不断将政策聚焦"产业强海"，全力建设海洋强市，使其至今能够取得显著的发展成果，为海洋产业结构优化升级，经济实力跃上新台阶提供大方向的指导与发展激励。

## 13.2.2　三大优势产业领跑海洋经济高质量发展

在各项海洋产业发展战略方针、政策、规划、计划的指导引领与激励以及各个涉海主体的努力下，台州市海洋产业体系优化呈现出了新亮点，海洋经济综合实力迈上新台阶。数据显示，在"十三五"期间，海洋经济生产总值稳步上升，年均增长率为 9.13%。其中，台州市海洋渔业、临港装备制造业、滨海旅游业发展取得显著成效，领跑海洋经济高质量发展。

### 13.2.2.1　敬海兴渔以海强市——台州市海洋渔业的转型升级

台州市渔业资源丰富，全市海域总面积约 6 629.1 平方千米，大陆海岸线长度 700.5 千米，为海洋渔业快速发展提供了坚实的基础。台州市海洋渔业在改革开放初期阶段，还是"小舢板"的单一发展模式。现今，作为中国主要渔区，被誉为"东海渔仓"，拥有全国闻名的大陈渔场和三门湾等海水养殖场所。从 20 世纪 80 年代以来，"两水一加""三个台州""建设海洋经济强市"等战略的提出以及台州港的快速发展，为海洋渔业实力不断壮大提供重要支撑。数据显示，渔业产值逐年增加，海水养殖面积减少，但产量稳步上升，海洋捕捞量逐年递减（图 13-1 至图 13-4）。综上，台州市海洋渔业综合实力实现稳步上升，供给侧结构性调整推进，绿色转型发展有所成效；渔民人均收入逐年提高，海洋渔业取得"减量增收、提质增效"的成绩。

台州市不断推进现代渔业发展，聚焦"耕海牧渔"，渔业产能不断增强，产业发展模式实现多元化。从"两区一县"创建工作取得优异成果〔玉环、临海、椒江、三门成功创建为浙江省海洋生态建设示范区（全省共 5 个），三门创建为浙江省渔业转型发展先行区；玉环、临海创建为国家平安渔业示范县，三门和温岭创建为浙江省平安渔业示范县〕[6]，到积极推进智慧渔港、平安渔港、清洁渔港、产业渔港、美丽渔港"五大渔港"建设任务，温岭市渔港经济区成功入选全国首批渔港经济区试点[11]。玉环市渔港经济区也成功入选国家

图 13-1　渔业产值和水产品总产量变化

图 13-2　海水养殖面积和产量变化

图 13-3　海洋捕捞产量变化

图 13-4　远洋渔业产量变化

级沿海渔港经济区试点名单，标志着台州市不断探索渔业经济发展新模式，在渔港经济区建设方面取得了重要进展。此外，台州市致力于发展设施渔业，进一步促进海洋渔业提质增效。全省首套"垦荒一号"深远海智能化养殖平台正式在台州市投产，省级水产健康养殖和生态养殖示范区创建也稳步推进。除此之外，在水产养殖方面，台州市深化水产绿色健康养殖，重点关注技术服务指导，形成了一批绿色生态健康、提质增效明显、示范带动较好的养殖技术与模式。

台州市在不断实现渔业产值稳步提升、供给侧结构性调整优化、现代化渔业发展模式创新的同时，积极贯彻"海洋强国"战略与"海洋命运共同体"的理念，积极治理渔业生产后端造成的一系列污染，真正实现渔业生产各阶段的提质增效。台州市椒江区全国首创"海洋云仓1.0"治污模式，在中心渔港、大陈渔港铺设智能硬件，提供覆盖进出辖区渔船1 000多艘的海域污染物分类回收服务。近年，椒江区继续推进"海洋云仓2.0"升级，利用数字化技术，将"渔省心"数字化平台与海洋云仓相结合，成功实现渔业生产清洁化、绿色化及治污模式运转体系的高效化。

### 13.2.2.2 与世界经济同起伏——临港装备制造业的瓶颈突破

台州船舶制造业的发展历史悠久，向前可追溯到明朝，又因为捕鱼业的盛行，台州具备丰富的船舶制造经验。在海岸线绵长的自然优势下，凭借已有的造船经验与民间资本的支持，积年发展，全年新船订单破亿吨，造就了欣欣向荣之势，使台州成为"中国中小型船舶生产基地"，并开启台州市临港装备制造业发展之门。然而金融危机席卷全球，致使国际船舶市场需求锐减，台州船舶制造产能存在过剩问题，在船舶业利润空间降低的情况下，台州船舶制造业变得不景气。

2020年，台州市船舶制造业迎来春天，正是"十三五"时期临港装备制造技术的显著提升，为船舶制造业的复苏提供了机遇，可以说台州市造船业与临港制造业相辅相成，息息相关。近年来，台州市临港装备制造业形成较为完善的产业链与产业集群，涵盖了船舶制造、海洋工程装备、港口机械等多个领域。这些产业在台州市的临港区域集聚发展，形成了规模效应和协同效应，为促进其技术创新，进一步推进制造业高质量转型，提供了现实基础。同时，临港装备制造业注重技术创新和产品研发，不断推出具有自主知识产权的新产品。例如，在船舶制造领域，台州市企业积极引进和应用先进的设计理念和技术手段，提升船舶的节能环保性能和智能化水平。随着制造技术实力的不断提升，船舶制造业找到了新的发展机遇，不断探索现代化造船之路。传统货船建造数量大幅减少，取而代之的是新型的科技型、智能化、多用途、数字化海工装备。从产品设计入手，根据客户需求，凭借自主创新的技术优势，拓展研发稳定性更强、性价比更高的多样化产品。同时，辅助以系统性技术中心的整合与设计、施工、质检的"一条龙"生产结构，成功实现生产效率与生产质量的双提升。此外，在提高生产的同时，台州市积极响应生态环保的号召，走出了一条节能环保的造船路线。可以说，在市场几近饱和的情况下台州市立足于科技创新，不断向高端制造业转型，积极培育产业竞争力，实现增长破局。

### 13.2.2.3 "旅游向东看"——滨海旅游业的亮丽风景线

台州市作为海岛城市，拥有着丰富的滨海旅游资源与海洋文化底蕴。美丽的海岛风光包括，被誉为"东海"明珠的大陈岛、集自然奇观与海景和人文景观于一体的大鹿岛、星罗棋布的东矶列岛等，被称为浙江最美的小渔村——温岭石塘小箬村拥有趣味的渔村文化与渔猎文化。这些丰富的资源，为台州市多元化、特色化发展滨海旅游业提供了得天独厚的基础条件。

"十四五"期间，台州市实施"旅游向东看"战略与"一体化"战略，旨在进一步加大东部滨海旅游带开发，建设滨海大花园，打造山海台州新格局。其中，积极推进一批重大文旅项目，如浙江·台州1号公路、天台山文化产业园等，这些项目的投入与建成极大地提升了台州滨海旅游的吸引力和竞争力。特别是台州1号公路的建设，串联了多个滨海沿线景区，为游客提供了便捷的旅游通道和丰富的旅游体验。同时，台州市不断完善旅游基础设施，在公共交通方面，建成了多个综合码头和豪华客轮，开通了多条景区公交线路及夜班车；在住宿餐饮方面，有序推进知名酒店和精品民宿建设，并出台了一系列服务质量管理办法；在应急配套方面，加强了停车场、旅游厕所等设施的建设和管理，极大程度提升游客服务体验。在特色品牌建设方面，围绕"世界美食之都"目标，深化"台州菜"品牌宣传，培育了一批具有地方特色的美食街区。同时，还积极推动浙江·台州1号公路沿线美食带建设，进一步丰富了旅游产品的种类和品质。

此外，近年来，台州市在处理围海造田历史遗留问题方面成效显著，近海生态修复与保护工作持续进行。依托生态环境修复，为滨海旅游业提供"绿色元素"。同时，积极挖掘"红色文章"，讲好垦荒故事；紧扣"蓝色"主题，突显海岛旅游特色。"三元素"的相辅相成，促使台州市滨海旅游业发展成果显著。

### 13.2.3　依托"一流强港"建设，临港产业集聚加紧

台州历来是对外交往的海上门户，南宋时期即有日本商船出入，19世纪起成为中国东南沿海重要的海上贸易口岸。1994年8月，分布于台州沿海的21个港口资源得以更加科学合理利用，并以台州港之名列入中国现代化大港之列[12]。2001年，台州市内港口统一更名为台州港。浙江海港集团的成立，为台州港助力形成了资源共享、优势互补、错位发展、齐头并进的发展新格局。至2020年，得益于浙江自贸试验区在全国实现扩区，台州港口扩大开放获得国务院正式审批，总开放范围达到970平方千米，促使台州港真正成为台州市产业转型升级的重要突破口和新的增长点。

一流强港建设是海洋产业发展的必要基础，海洋产业高质量发展是一流强港建设的最终目标。2022年，台州市人民政府印发《台州市临港产业带发展规划》，明确要充分发挥"港口＋腹地＋平台＋制造"的优势，将世界一流强港建设作为重要的发展工程；2024年印发《台州市海洋经济高质量发展倍增行动计划》，谋划建设"六大倍增平台"，具体实施"八大产业升级行动"。台州市致力于促进一流强港建设与海洋产业发展相辅相成、同步推进。数据显示，台州市港航指标稳定增长且成效显著。2023年台州港完成港口货物吞吐量7 380万吨、集装箱吞吐量68.56万标箱，分别同比增长18.25%、19.53%，持续保持两位数增长，增速均居全省沿海港口前列。在重大项目推进方面进展有序。首个10万吨级码头华能玉环电厂改扩建项目完成交工验收，头门二期码头项目完成竣工验收，头门港区500万吨水泥中转配置站工程等项目主体完工。台州港在数字化和智慧化方面也取得了显著进展。例如，推广应用"云船检"实用型数改项目，已有80艘次现有船舶通过云船检开展营运检验。此外，台州港注重绿色港航建设，已完成港口岸电设施建设19套，超过浙江省考核目标的58.3%；完成船舶受电设施改造23套。未来将继续推进绿色港航建设，实现港口的可持续发展。

台州市港口在基础设施建设、货物吞吐量、航线开辟、数字化与智慧化建设等方面均取得了显著成绩，依托台州港的现代化建设，临港产业聚集不断加紧。依据《台州市海洋经济高质量发展倍增行动计划》，304个临港产业重大项目完成投资。在临港产业带建设中，注重构建产业新生态，包括创新核、制造核和服务核等圈层式产业生态。通过搭建创新平台、引进创新人才、完善服务体系等举措，为产业发展提供全方位的支持和保障。同时，通过引进和培育

一批龙头企业和重大项目，如台州湾新材料产业园项目、比亚迪刀片电池项目、吉利智能汽车生态产业园项目等，为临港产业带的发展注入强劲动力。目前，台州湾新材料产业园项目、三门核电二期项目、吉利汽车小镇等项目正在加速推进，部分项目已经建成投产或即将投产。基于此，台州市临港产业带正在逐步形成以新能源、新材料、新医药健康、未来汽车和精密制造等为主导的产业集群，并且收效明显。

### 13.2.4　海湾平台建设与海岛开发利用取得新成果

近年来，台州市在海湾重点平台建设与海岛开发利用方面取得了显著的新成果。首先是海湾平台建设。台州市海湾重点平台的建设发展主要体现在台州湾经济技术开发区的各项举措和成就上。在通道经济建设方面，不断提升港口能级，开通国际航线，进一步完善综合交通网络。具体来讲，与省海港集团达成合作，将头门港区定位为宁波-舟山港南翼核心港区，并纳入世界一流强港建设规划。此外，开通至印度尼西亚、菲律宾、泰国等国家的近洋航线，拓宽台州海上通道。公铁水空"四位一体"的综合立体交通网基本形成，为物流运输提供了便利条件。在产业经济发展方面，通过"基金＋基地＋产业链＋供应链金融"新型招商引资模式，成功引进多个亿元以上项目，总投资额巨大。已形成汽车制造、现代医药两大支柱产业，并正加快布局新能源汽车产业。在数字化建设方面，湾区内企业积极参与技术创新，多个项目被列入省级技术创新成果名单。同时，依托信息化平台，实现数据互通和通关效率提升，降低企业通关成本。在绿色发展方面，杜下浦河等主要河道水质稳定达标，多个环保项目入选省级标杆项目。安全生产双重预防机制数字化建设得到应急管理部肯定，化工园区被列为全省重点升D级园区之一。综上所述，台州市围绕浙江大湾区建设，全力推动开发区园区整合提升，形成"2＋11"产业平台体系。台州湾、三门湾、乐清湾区域统筹发展，"三湾联动"格局加速形成。台州湾新区获批设立，成为第六个省级新区。头门港经济开发区获批省级经济开发区，2021年成功晋级国家级经济技术开发区。台州通用航空产业平台列入全省首批"万亩千亿"新产业平台培育名单。浙台（玉环）经贸合作区列入商务部与浙江省重点合作项目，并荣获全省十佳开放平台[5]。

台州市海岛开发利用成果显著，主要体现在以下几个方面。首先，海岛公园建设方面。台州市多座岛屿被列入浙江省十大海岛公园建设名单，其中，大陈岛等海岛公园的建设取得了显著成效。这些海岛公园不仅提升了海岛的生态环境质量，还促进了海岛旅游业的发展，为当地经济带来了新的增长点。其次，在清洁能源开发与利用方面。台州市在大陈岛建设了全国首个海岛"绿氢"综合能源示范工程。该工程利用海岛丰富的风电资源，通过质子交换膜技术电解水制氢，构建了"制氢—储氢—燃料电池"热电联供系统[12]。这一工程的成功投运，为我国海岛综合开发与生态保护提供了成功范例，同时也为我国可再生能源制氢储能、氢能多元耦合与高效利用提供了可复制可推广的示范样板。最后，在经济社会效益方面。海岛旅游业的发展为当地居民提供了更多的就业机会和收入来源，清洁能源的开发利用降低了海岛的能源成本和环境压力，同时，海岛的开发利用还促进了区域间经济的协调有序发展。

## 13.3　台州市海洋产业发展的困难挑战

近年，台州市海洋产业发展紧紧围绕海洋强国战略和现代化湾区建设，不断优化海洋产业体系，推动湾区重点平台建设与海洋开发利用，积极推进海洋经济重大项目，对推动台州市海洋经济高质量发展取得了一系列优异的成果。然而，台州市海洋产业发展还存在着诸多问题与不足：海洋经济基础偏弱，区域竞争力不强，缺乏高能级功能平台支持；海洋科技创新不足，创业生态环境较差；生态修复、资源环境养护压力大。

### 13.3.1　海洋经济基础偏弱，区域竞争力不强

围海造田的历史遗留问题与不充分合理利用海洋资源的意识使得台州市的海洋经济基础相对薄弱，尽管台州市的海洋经济在不断发展，但其海洋生产总值占全市地区生产总值的比重仍然有待提升。例如，根据台州市审计局发布的数据，2022年台州市海洋生产总值为1 024.84亿元，同比增长2.4%，占全市地区生产总值的比重为16.97%。这一比例虽然显示出一定的增长，但相较其他沿海发达城市而言，仍有一定的提升空间。首先，海洋产业体系不够优化，结构之弊较为明显，新兴动能与传统动能接续不力。台州市海洋经济中，传统产业仍占据较大比重，以稳健的速度成长，而新兴产业和高新技术产业的发展相对滞后，总量规模相对较小，尤其是海洋生物医药、海洋高端装备制造等海洋战略性新兴产业；在产业能级提升方面，台州市较长时间囿于传统发展路径依赖、海洋科技创新不足等方面的叠加影响，致使台州与宁波、舟山的海洋产业能级差距较为显著；在产业支撑方面，海洋产业链、资本链、创新链之

间耦合不足。海洋创新体系尚未系统性形成，对产业发展的关键技术支撑乏力。其次，政策匹配、执行存在问题。有关单位在重大政策和决策部署推进落实、履行海洋生态保护职责和遵守法律法规、资金管理使用和项目建设管理等方面存在问题。同时，在保障性与约束型政策制定及匹配方面存在不足。综合管理顶层设计缺乏，从科技、金融、财税等角度促进海洋经济高质量发展的系统性政策体系尚未健全，涉海专项规划与社会发展总体规划衔接度较低。最后，海洋经济的发展需要大量的资金投入，包括基础设施建设、科技研发、人才培养等方面。然而，台州市在海洋经济方面的资金投入相对有限，难以满足快速发展的需要。这些都导致海洋经济的整体附加值和竞争力相对较低，难以形成强大的产业支撑，赋予其海洋经济发展充分的动能。

### 13.3.2 海洋科技创新不足，创业环境较差

台州市在海洋科技创新方面存在明显短板，缺乏高水平科研平台和人才支撑。这导致海洋科技成果转化效率不高，难以形成具有自主知识产权的核心技术和产品，海洋产业转型升级的技术支撑力不足，影响海洋经济发展的竞争力。台州市相较其他城市在海洋科技创新方面的不足主要表现为3点：一是海洋科技可持续创新能力不强，海洋科技创业服务中心、海洋高新技术园区建设相对落后，社会资源集成度低，海洋高新技术相关企业数量少、规模小，信息技术在科技兴海中应用程度较低。二是海洋科技研发投入不足，难以满足高校与研究机构科技研发和创新能力发展的需要，同时，台州普遍存在海洋科技人才数量和质量不足现象，缺乏海洋科研高层次人才，知识更新慢，能力素质无法跟上科技经济发展形势。三是海洋产业创业生态环境较差，由于台州市处在海洋传统产业与新兴产业接续的矛盾阶段，创业者需要面对来自传统企业和新兴企业的双重竞争压力。由于海洋产业创业补贴等政策体系尚未健全，创业者需要具备较强的资金实力和风险管理能力，且面临较高的市场风险和技术风险。

### 13.3.3 生态修复、资源环境养护压力较大

台州市围垦历史悠久，修筑海塘历史可追溯至唐代。跨入新时代，滩涂围垦力度却未见减少。围海造田的历史遗留问题与不充分合理利用海洋资源的意识致使台州市的海洋经济基础相对薄弱，台州市面临着海洋生态环境修复的压力。第一，海水养殖环境监管不足。部分海水养殖项目未按规定开展环境影响

评价，海水养殖尾水排放超标，对海洋生态环境造成一定影响。第二，历史围填海区域生态修复进度滞后。台州市部分历史围填海区域的生态修复工作进展缓慢，可能导致海洋生态系统难以恢复，影响海洋生物的栖息和繁衍。第三，重大政策和决策部署推进落实方面存在问题。如两项规划建设任务安排不合理，两条主要入海河流及其国控断面未纳入市级考核文件，主要入海河流的水质未达到规划控制目标等。第四，法律法规执行不严。部分海域使用金征收管理不到位，存在未及时征收、误收、多收等问题；部分建设项目采购程序不规范，项目实施监管不到位等[13]。综上，台州市海洋生态环境修复直接影响海洋产业结构的转型升级，生态修复的不及时，很大程度上会对海洋产业高质量发展产生较大的压力。

## 13.4　台州市海洋产业发展的对策建议

### 13.4.1　构建海洋经济新发展格局

台州市囿于海洋传统产业路径依赖，产业结构之弊依旧存在，不仅反映在生产总值的增速上，在产能升级与产业支撑等维度也能显示出海洋传统产业与新兴产业的接续不力。因此，台州市应将产业结构体系作为切入点，继续推动建设"3+3+4"现代海洋产业体系，构建海洋经济新发展格局。首先，做大海洋经济三大核心产业。加快提升港航物流发展水平，完善码头泊位、仓储堆场等基础设施建设。以"四港"联动为重要抓手，优化运输结构，大力发展"公铁水"联运，形成以沿海港口、铁路货运中心、公路港等为核心的综合物流枢纽。加快壮大海洋生物医药产业。积极推进海洋生物医药园区建设，重点生产附加值高、污染低的创新药物原料药及中间体。不断延伸医药健康产业链，促进海洋生物医药集群化发展，推动上下游生物技术与信息技术的融合发展。持续发展海洋新能源产业，依托台州沿海优势，积极发展海上风电、安全核电，进一步加强新能源匹配基地建设。其次，做强海洋经济产业三大优势产业。高效发展现代海洋渔业，依托智慧数据与信息化技术，全面强化渔业产业链各阶段的高效化与价值增值，大力发展绿色生态智慧海洋渔业，进一步打造特色渔港经济区与渔村。择优发展临港先进制造业。依托重大项目与汽车及零部件等先进装备制造业，建设绿色化、智能化先进临港制造业集群。加快发展近岸文旅产业，推动滨海十大旅游小镇、20个东海明珠旅游岛现代化建设，结合历史文化遗存打造海岛旅游精品路线。最后，培育海洋经济四大新兴产业。

积极建设化工新材料基地，依托全市发达的化工产业及龙头企业生产技术优势，结合港口运输便利，重点推进上下游生产前后端绿色化、环保化、可降解化，逐步建设化工新材料全国示范基地；积极建设风电全产业链基地，谋划示范工程、发展配套产业，构建科研、制造、运维集于一体的风电全产业链；积极推进海水淡化与综合利用，加快研发海水综合利用技术，推进海水利用关键技术产业化。进一步减少海岛生活淡水、重点工业生产用水、海水农业灌溉用水的供给局限。积极培育海洋高端装备制造业。持续推进海洋船舶制造业通过生产技术提高、多样化产品生产向更高端船舶产业发展。加强区域间、企业间合作，助力生产高技术、高附加值的装备和设备，培育形成海洋高端装备产业集群。

### 13.4.2　强化海洋科技创新能力培育

科学技术是第一生产力，海洋科技创新能力是海洋产业发展的关键因素，不仅可以提高生产流程与供应链运行效率、优化产业体系、助力产业高质量转型发展，还可以为海洋生态环境提供有力保护，最终推动和保障整个海洋产业的有序运作、健康发展。台州市海洋科技创新不足，亟须强化海洋科技创新能力的培育。第一，加大政策倾斜力度。台州市政府可以加强政策引导与规划引领，明确提出海洋产业技术创新的方向和目标；加大财政投入，通过设立专项资金、提供税收优惠等政策措施，鼓励企业增加研发投入，推动海洋产业技术创新；同时，加强专利产权保护，保障创新技术项目的有序进行与制度性保护，合理提高专利技术激励奖励，进一步激发社会主体对海洋科技创新的动力。第二，搭建创新平台与载体，推进产学研深度融合。建设高能级科创平台，对标全球科技前沿，聚焦医药健康、智能装备、光电等重点方向，建设标志性科创平台和产业技术创新载体；引进大院名校共建创新平台，与国内外知名高校、科研院所合作，共建联合实验室、创新联合体等，提升技术创新策源能力；打造海洋产业技术研究院，谋划创建海洋产业技术研究院，并在玉环等沿海县（市、区）设立分中心，为海洋产业技术创新提供平台支持。第三，引育高水平创新人才。实施人才计划，实施"十百千万"人才计划等，打造海洋经济领域人才"引育用留"全链条，吸引和培育高水平创新人才；优化人才服务生态，搭建具有吸引力的人才汇聚平台，为创新人才提供良好的工作和生活环境。

### 13.4.3　优化海洋生态环境治理体系

台州市生态修复与资源环境养护压力较大，对海洋产业结构绿色转型，海洋经济高质量发展产生阻碍，海洋生态环境的修复与保护需形成全方位、多层次的体系。首先，需要政策引领与规划先行。制定科学规划，继续制定和完善海洋生态修复与保护的长期规划，明确目标、任务和措施，确保修复与保护工作有序进行；强化政策引导，出台相关政策，鼓励和支持海洋生态修复项目，为修复工作提供政策保障。其次，积极推进生态修复工程。推进重点区域修复，继续推进受损岸线、海湾、海岛和典型海洋生态系统等重点区域的结构和功能修复，如台州湾新区东部历史围（填）海修复项目、玉环市国家级"蓝色海湾"项目等；实施增殖放流，加大增殖放流力度，投放鱼苗、贝类等海洋生物，恢复海洋生物多样性；加强滨海湿地和岸线的修复，构建生态屏障，提高海洋生态系统的稳定性和抵抗力。最后，提升公众参与度。加强宣传教育，通过媒体、网络等多种渠道，加强海洋生态保护和修复的宣传教育，增强公众的环保意识和参与度；鼓励公众积极参与海洋生态保护活动，如海滩清洁、海洋生态监测等，形成全社会共同保护海洋的良好氛围。

# 13.5 台州市海洋产业发展的典型案例

## 13.5.1 走在前列：大陈岛国家级海岛现代化示范区建设

### 13.5.1.1 大陈岛基本情况介绍

台州市大陈岛是一个集自然美景与人文历史于一体的著名岛屿。在地理位置与气候方面，大陈岛位于浙江省台州市椒江区东南 52 千米的东海海域，由上大陈岛和下大陈岛组成，总面积达到 11.89 平方千米。岛上气候宜人，年平均气温 16.7℃，具有典型的冬暖夏凉亚热带海洋性季风气候环境，全年气候温和湿润，雨量充足，光照充沛，适宜旅游和居住。同时，大陈岛拥有丰富多样的自然景观，森林覆盖率达 56%，拥有众多海上奇观，如"东海第一大盆景"甲午岩、碧水细沙的帽羽沙、乌沙头海滨浴场和风景如画的屏风山、浪通门等。其中，甲午岩由两块巨大的礁石组成，造型雄奇，被誉为"中国第一海上盆景"。此外，大陈岛历史悠久，文化底蕴深厚。作为全国百家红色经典景区之一，具有独特的政治地位和重要的历史意义。岛上建有青年志愿垦荒队员留下的垦荒史迹和纪念碑等，是爱国主义教育的重要基地。岛上有大陈岛碉堡、水牢、战壕、坑道等战争遗址，是一江山战役的历史见证[14]。

为充分开发与利用大陈岛丰富多样的禀赋，并为其现代化发展提供基础保障，台州市政府高度重视，进一步加强基层治理与民生工程建设与海岛生态环境建设。在基层治理方面，理顺畅通党建联建运行机制，全方位建强"海岛党建红色服务矩阵"，抓实党的建设主线。关于民生工程的推进，在卫生院新建、供水管网保障、美丽庭院建设等民生工程上下更大功夫，兜好社会民生底线，为全方位发展大陈岛打下良好基础；在海岛生态环境建设方面，大陈岛生态修复项目总投资巨大，获得中央财政奖补资金支持，在岛上实施并完成多个重点项目，包括砂质岸线修复、侵蚀岸线防护加固、滨海生态廊道建设等。这些工程不仅恢复了岛上自然岸线，还改善了近岸水质，增强了抵御自然灾害的能力。同时，当地政府和环保组织积极开展海洋保护知识普及活动，提高公众对海洋生态保护的认识和参与度。渔民和居民也积极参与海洋垃圾清理、生态修复等公益活动，共同守护美丽海湾。大陈岛的生态治理与保护工作取得了显著成效，为大陈岛现代化建设，产业生态化与生态产业化建设提供了良好的发展环境。

### 13.5.1.2　主要做法及成效

（1）"致富渔"——大陈岛的海洋渔业发展

台州市为推动大陈岛海洋渔业现代化、高效化与可持续化发展，采取了一系列措施并取得显著的成效。首先是政府政策和规划的支持与引导。台州市政府出台《关于大力弘扬大陈岛垦荒精神 加快"小康的大陈、现代化的大陈"建设的若干意见》，意见指出"高点定位，全岛谋划"的开发思维、主攻发展的优势项目与湾区经济发展大格局的协调意识，为有序引导、高效开展大陈岛建设发展提供方向基础。大陈岛政府出台了一系列配套扶持政策，包括产业扶持资金、税收优惠、贷款贴息等，为渔业发展提供了有力支持。政府还加大了对渔业资源的监管和保护力度，确保了渔业资源的可持续利用；此外，大陈岛重视渔业人才的培养和引进工作。通过举办培训班、邀请专家授课等方式，提高渔民的技术水平和经营管理能力。同时，还积极引进高校和科研机构的智力支持，为渔业发展提供科技支撑和创新动力。其次，大陈岛积极推进养殖技术创新与应用。大陈岛积极引进先进技术，如大型抗风浪的深水网箱养殖技术，这种技术不仅提高了养殖效率，还增强了养殖设施的抗风浪能力，确保了养殖过程的安全和稳定。此外，大陈岛重视应用全电养殖模式，岛上部分养殖场采用了全电养殖模式，对水产增氧、水循环、黄鱼加工、冷藏、运输等环节进行了"一站式"电能替代改造[14]，降低了养殖成本，减少了污染排放。再次，大陈岛致力于海洋渔业的产业升级与品牌建设。在产业升级方面，大陈岛在促进养殖产业集聚的同时，重视产业链的延伸与产业融合发展。通过政策扶持和市场引导，吸引了多家黄鱼养殖企业入驻，形成了养殖企业集聚效应。这些企业通过引进先进技术和设备、优化养殖管理等方式，不断提高养殖效率和产品质量。大陈岛不仅注重大黄鱼的养殖和销售，还积极延伸渔业产业链，发展水产品加工、冷链物流、休闲渔业等产业，不仅提高了渔业附加值，还促进了当地经济的多元化发展。同时，大陈岛依托丰富的渔业资源和独特的海岛风光，积极发展文旅产业。通过打造黄鱼宴、黄鱼游、黄鱼节等特色消费场景，将旅游业、服务业与渔业深度融合，吸引了大量游客前来观光旅游和消费，带动了当地住宿、餐饮等服务业的发展。与此同时，大陈岛注重品牌建设，通过参加各类展会、举办品鉴会等方式，提高"大陈黄鱼"品牌的知名度和美誉度。目前，"大陈黄鱼"已成为国家地理标志品牌和全国名特优新农产品。最后，大陈岛在快速发展与提高渔业生产效率的同时，也致力于资源保护与可持续发展。通过建设海洋牧场示范区、投放人工鱼礁、实施增殖放流等措施，有效修复了海洋渔业资源，提高了大黄鱼等优质鱼类的存活率和产量。同时，为了保护渔业资源，渔民们自觉延长休渔期，减少对渔业资源的过度捕捞，从而保障了海洋生态环境的平衡。大陈岛海洋渔业高效化、现代化的发展给当地带来了显著的经济效益与社会效益。渔业的发展带动了当地经济的增长，提高了渔民的收入水平和生活质量。据统计，大陈黄鱼年产量达 9 250 吨，产值约 11 亿元，约占全省黄鱼产值的 2/3。渔业现代化发展不仅带动了相关产业的发展和就业机会的增加，还促进了当地社会的稳定和发展，以及海洋文化的传承和弘扬。

（2）"海岛绿能"——大陈岛的绿色能源革命

第一，风能开发。大陈岛风能资源得天独厚，岛上已建有 34 台风力发电机，年均发电量超过 6 000 万千瓦时，在满足自身用电需求的同时，还向大陆反哺 80% 的清洁能源。同时，岛上投运了世界首个柔性低频输电示范工程，构建起"陆地—海岛—风电"互联系统，将岛上低频风力发电机发出的电能高效输送到陆地[15]，提升了电能输送效率。第二，氢能利用。大陈岛建成了全国首个海岛"绿氢"综合能源示范工程，实现了清洁电力到清洁气体能源转化的"全过程零碳"。在制氢和氢发电等关键技术上取得突破，推动了中国在氢能利用领域的发展。第三，太阳能应用。大陈岛积极推广太阳能光伏技术，如在学校屋顶等场所安装太阳能光伏电板，提高可再生能源的利用率。第四，综合能源系统构建。大陈岛逐步构建起包括核电、风电、光伏、水电、储能和氢能等在内的综合能源系统，形成能源清洁生产和末端高效利用的低碳闭环新范式，促进"核风光水蓄氢储"全产业链发展。大陈岛绿色能源革命的成果，不仅因地制宜实现了海洋产业结构的绿色转型、提高了当地居民生活质量，也为其他海岛振兴、新能源产业发展提供了丰富的经验。

（3）全岛旅游化、旅游全岛化——大陈岛的旅游模式

台州市为大力发展大陈岛现代化海岛旅游模式，采取了多项措施，并取得了显著的成效。首先，政策扶持与资金投入。大陈岛出台了《椒江区扶持大陈岛旅游业发展奖补政策》，设置旅游业复苏扶持资金，用于大陈岛旅游等线路的奖补。同时注重旅游度假区总体规划，围绕历史人文大陈、自然生态大陈、休闲度假大陈3条主线，全面提升大陈岛的多元化产品体系服务功能，将其建设成为现代海洋休闲度假示范区、中国红色旅游第一岛及国家级旅游度假区。并且成功申请国家财政补助资金和专项债，用于海岛生态环境修复、红色旅游景点建设等项目。其次，大陈岛重视特色项目推进、品牌建设与推广。加速推进"大花园"建设，实施"蓝色海湾"修复和海岛特色林相改造等工程，打造海岛优美生态环境。推进军事文化主题公园、垦荒剧场等红色旅游景点的建设，提升旅游品质；在品牌建设与推广方面，建立商旅文联动促销机制，与小红书等企业搭建合作渠道，策划推出系列个性化旅游产品。开发"数字大陈"服务平台，集成预订支付、智能讲解、智能导航等功能，提高游客的参与度和体验感。最后，大陈岛一直关注旅游服务与品质的提升。充分发挥"渔小二"服务团队的品牌优势，为游客提供引导咨询、红色讲解等暖心服务。健全旅游综合执法、投诉统一受理、突发事件应对等机制，强化对餐饮、住宿、交通等重点领域的综合监管。此外，还提升酒店、民宿服务品质，加大筛查力度，重视游客投诉，确保游客接待标准。大陈岛通过政策扶持、项目推进、品牌塑造与服务提升等措施，成功推动了旅游业的发展，并取得了显著的成效，近年来，大陈岛的旅游收入持续增长。例如，2023年全年接待游客19万人次，增长11.8%，旅游收入1.56亿元，同比增长24.8%。

（4）"零碳"海岛——大陈岛的生态贡献

台州市为实现"双碳"目标不断努力实践，助力将大陈岛打造成"碳中和"示范岛，现今取得了显著的成效。大陈岛不断推进碳汇先行示范。台州市生态环境局椒江分局联合相关机构对大陈海域和陆地进行了系统性调查和采样，通过模型推导、现场监测相结合的方式，全面评估和论证大陈岛海洋蓝碳的储量和价值。同时，椒江区大陈镇政府在"大陈岛碳中和示范岛建设工程"中，重点建设了"双碳大陈数字化平台"，该项目由吴丰昌院士团队领衔，联

合多家科研机构共同打造，为碳汇量核算和交易提供了技术支持。经过科学评估测算，2022年大陈岛沉淀的年净碳收入达到47 436吨碳当量[16]，具备开展海洋蓝碳研究的有利自然条件。2023年椒江区大陈岛贻贝养殖固碳项目碳资产交易拍卖会在线上举行，浙江水晶光电股份有限公司成功拍得2 223吨贝类碳汇，折合45.2元/吨。这是大陈岛在海洋蓝碳交易方面的首次尝试，标志着其蓝碳生态系统的价值得到了市场认可。同时，大陈岛不断践行低碳生活实践。已实现陆上交通全电化，除工程车辆外，岛上已无燃油汽车，这一举措每年可减少大量二氧化碳排放；以有家客栈为代表的民宿在政府倡导下进行了全电改造，使用电炊具替代煤气灶，在减少安全隐患的同时，也实现了低碳排放和成本节约。在垃圾与污水处理方面，大陈岛采用机械-生物处理（MBT）技术实现岛上垃圾的低碳处置，并通过废水处理及低碳回收改造减少二氧化碳排放。大陈岛"零碳"海岛的实践不仅有助于大陈岛实现碳中和目标，还为其他地区实现"双碳"目标提供了有益借鉴。

### 13.5.1.3　经验启示

大陈岛建设的成果得益于多方面的措施。以海岛生态环境治理为其海洋产业发展提供生态环境基础；以创新与产业升级为海洋产业新业态发展提供核心支持；以引导海岛居民践行绿色生活方式为海洋产业发展提供社会力量。具体来说：

一是坚持以绿色发展理论引领海岛建设。首先是政策支持与引导。大陈岛建设的成果得益于台州市政府及当地政府坚持绿色发展理念，加强政策支持与规划引导。可见，政府需出台并落实一系列政策措施，支持海岛清洁能源、生态治理、产业升级等领域的发展，为海岛现代化建设指引方向。其次，机制创新与探索。探索EOD模式等新型发展模式，推动海岛经济社会与生态环境的协调发展。例如，通过统筹优化村居立面、美丽渔港、滨海绿道建设等措施，提升海岛人居环境质量。最后，生态治理与保护。如实施"蓝色循环"等海洋塑料污染治理新模式，将海洋塑料垃圾变废为宝，形成可持续发展的分配体系，既能保护海洋环境，又能带动相关产业的发展。或者，在发展现代化渔业时，通过设计、改造人工鱼礁与网箱式、浮筏式浮鱼礁等形式，构建海洋生物栖息、繁衍的良好场所，提升海域生态质量，促进海洋渔业资源的可持续利用。

二是创新海洋产业新业态与发展模式。首先是积极发展海岛生态旅游。整合优化、多层次发掘区域范围的文化旅游资源，宣传重大文化项目，夯实区域的文化供给之基。与此同时，助力打造精品旅游线路，重点培育诸如"大花园"建设之类颇具自然吸引力和人文内涵的特色旅游空间。其次是促进产业融合发展。例如"渔文旅"融合发展，借助当地特色——"靠山吃山唱山歌、靠海吃海念海经"，通过充分挖掘探索突出元素，将其串联成线，紧扣"沉浸式旅游"最热点，探索孵化观光摄影、民宿垂钓、捕捞体验等 9 类新型休闲观光消费场景。最后是加快海洋传统产业绿色转型升级。持续推广节能减排技术，聚焦绿色低碳、节能环保、海洋资源循环、海洋生态治理等领域，大力推进生态创业、生态创客集聚发展。从生产生活两方面共同助力实现"双碳"目标。

三是引导海岛居民践行绿色生活方式。一方面引导居民养成绿色消费习惯。弘扬节约美德，积极宣传绿色消费理念和方式，大力研发和投放绿色产品，多措并举促使居民加入绿色消费大军。落实生活垃圾分类存放、回收及利用工作。另一方面应向全岛居民发出绿色出行的号召。在海岛区域内大力推广绿色交通设施和工具，落成更趋完善的绿色交通体系，增加绿色能源应用在整个交通领域的占比，加速域内车辆的电动化进程，进一步发掘各大港口的泊船效能，提高电动船舶的占比，大力发展诸如充电桩之类的配套设施。打造畅通的、实用的、高舒适度的绿色海岛出行交通体系。充分发挥轨道交通的主体作用，打造能耗更低、污染更小、效率更高的换乘体系，参考轨道交通的规划，合理规划和建设换乘停车场等和换乘相配套的设施。

## 参考文献

[1] 赵莹波. 台州古代海上交通和台州商人初探 [J]. 元史及民族与边疆研究集刊，2014（2）：101-111.

[2] 马仁锋，李伟芳，李加林，等. 浙江省海洋产业结构差异与优化研究：与沿海 10 省份及省内市域双尺度分析视角 [J]. 资源开发与市场，2013，29（2）：187-191.

[3] 屠海将. 浙江省台州市海洋经济发展战略研究 [J]. 经济师，2012（3）：231-233.

[4] 国家统计局. 2012 年国民经济和社会发展统计公报 [EB/OL]. （2013-02-25）[2024-07-31]. http://hynews.zjol.com.cn/hynews/system/2013/02/25/016120184.shtml.

[5] 台州市政府办公室. 台州市人民政府关于印发台州市海洋经济发展"十四五"规划的通知 [EB/OL]. （2021-11-19）[2024-07-31]. https://www.zjtz.gov.cn/art/2021/11/30/art_1229795979_3757929.html.

[6] 台州市发展改革委. 市发展改革委 市港航口岸和渔业管理局关于印发《台州市渔业高质量发展"十四五"规划》的通知 [EB/OL]. （2021-06-30）[2024-07-31]. https://www.zjtz.gov.cn/art/2021/12/2/art_1229550293_3758694.html.

［7］牟盛辰．台州海洋经济供给侧结构性改革对策研究［J］．政策瞭望，2017（9）：42-44.

［8］台州市统计局．台州市2023年国民经济和社会发展统计公报［EB/OL］．（2024-04-10）
［2024-07-31］．http：//tjj．zjtz．gov．cn/art/2024/4/10/art_1229020471_58673599．html.

［9］台州市政府办公室．台州市人民政府办公室关于印发台州市支持临港产业带建设政策20
条的通知［EB/OL］．（2022-11-11）［2024-07-31］．https：//www．zjtz．gov．cn/
art/2022/11/11/art_1229564401_1681539．html.

［10］台州市海洋经济发展局．台州市海洋经济发展局2024年一季度重点工作完成情况
［EB/OL］．（2024-05-27）［2024-07-31］．https：//www．zjtz．gov．cn/art/2024/
5/27/art_1229192479_3931433．html.

［11］颜静．温岭市渔港经济区纳入国家首批试点［N］．台州日报，2021-12-20.

［12］徐梓沐，曹琼蕾．国网浙江电力公司建强电网打造"零碳"海岛［EB/OL］．（2022-
09-09）［2024-07-31］．https：//baijiahao．baidu．com/s？id=17434706404988016388&
wfr=spider&for=pc.

［13］台州市审计局．2024年第8号公告：台州市海洋生态保护和高质量发展情况专项审计
调查［EB/OL］．（2024-03-15）［2024-09-12］．http：//sjj．zjtz．gov．cn/art/
2024/3/15/art_1229568394_3921214．html.

［14］光明图片．浙江大陈：生态养殖的"振兴密码"［EB/OL］．（2022-07-08）［2024-
07-31］．https：//m．gmw．cn/baijia/2022-07/08/35871044．html.

［15］中国电力网．国网浙江电力公司奋力建设世界一流企业［EB/OL］．（2022-10-28）
［2024-07-31］．http：//mm．chinapower．com．cn/dww/qygl/20221028/172578．html.

［16］中华网生活．走进椒江：蓝色循环与海洋蓝碳，引领全球环保新潮流［EB/OL］．
（2023-11-06）［2024-07-31］．https：//life．china．com/2023-11-06/content_
259662．html.

# 案例篇

# 14 构建 "一核两带" 发展格局，壮大鄞州海洋新质生产力

鄞州地处浙江东部沿海，是计划单列市宁波的都市核心区。这里地理位置优越，拥江揽湖滨海，区内资源丰富、空间形态多样，是象山港湾的核心区块；这里产业基础扎实，覆盖海洋船舶工业、海洋工程装备制造业、港航服务业等多个领域，并拥有日月重工、寰宇东方、美康生物等一批龙头企业；这里平台支撑有力，拥有宁波国际航运物流产业集聚区、鄞州经济开发区等产业集聚空间，宁波国际会展中心、宁波国际会议中心等对外交流窗口及院士中心、南高教园区等科创高地也汇聚于此。这里海洋经济发展前景广阔，2022 年鄞州区本级海洋生产增加值达 343.8 亿元，占全市比重 15.2%。海洋经济工作2021、2022、2023 年度连续 3 年获得市政府督查激励。

## ■ 14.1 主要做法和成效

近年来，鄞州坚持陆海统筹、城海互动，突出创新引领、明确分工协作，加速产业创新发展、集聚发展，积极构建"一核两带"即"中创核、北港航、南工业"的海洋经济发展新格局。

### 14.1.1 聚焦"中创核"新驱动，打造海洋科创高地

依托南高教园区、创智钱湖片区等高端智力资源汇集优势，内创外联，增强国际国内海洋科创资源链接能力，打造城南-钱湖海洋创智核。一是以项目开发为对象，深化校企合作。坚持产学研联合攻关的模式，结合企业市场资金优势和高校研究院科研优势，对于"卡脖子"技术形成合力，共推关键核心技术的重大突破。如美康生物，在高性能海洋基质稳定剂和封闭剂的开发及在高

端体外诊断试剂中的应用项目中，与浙江大学宁波"五位一体"校区教育发展中心联合开发，借力高校生物系统工程与食品科学、材料、机械、能源、化工等 9 个学院资源，攻关海洋生物中抗菌肽的研究应用。二是以技术转化为目的，打造交流基地。将学术研究与实际应用充分结合，采用研究院研发、企业配套生产、数据共享交换的模式，形成"项目研发—投入生产—数据反哺—升级再造"的分领域长期合作链。如中声海洋装备有限公司利用中国科学院声学研究所张仁和院士在海洋声学领域的预警探测、通信导航、环境观测等科研成果，量产并投入市场，并为科研反馈数据标本，实现了互惠共赢，成功在 2023 年获评市院士科技创新中心。三是以平台创新为优势，丰富科创载体。聚力构建"四链协同"的创新生态体系，不断发挥"创客—众创空间—孵化器—加速器"梯队平台优势，为集聚孵化企业提供专业孵化服务能力，近年来累计孵化 1 000 余家企业，其中鄞创孵化器连续 6 年获评国家级 A 类孵化器。全区现有备案双创平台 53 家，其中国家级平台 14 家，孵化总面积逾 70 万米²，双创平台数量和质量继续位居全市第一方阵，国家级双创平台数量全市第一。省级以上研发载体 198 家，国家企业技术中心 6 家中涉海企业 3 家（日月重工、博威合金、美康生物），占比 50%。拥有浙大宁波理工智慧海洋牧场省工程研究中心、浙江万里学院水产种业与绿色养殖技术省工程研究中心等创新载体。院士工作站（院士科创中心）总数达 22 家，数量全市第一。

## 14.1.2 聚焦"两带"新活力，发展绿色先进产业链

结合鄞州区域布局，在东部新城、三江口东侧片区及鄞州经济开发区，打造国际港航服务产业带和滨海产业融合发展带。一是抓高端业态提升，增强战略竞争力。以宁波国际港航物流产业集聚区为载体，依托环球航运广场、航盘等平台，联合市口岸办，加快发展航运金融、航运信息、海事服务等高端港航服务业态，打造以总部、金融、信息等高端资源汇聚、面向全球的港航服务中心。全年国内外港航服务业细分领域 50 强企业中 10 家落户鄞州，包含挪威船级社大中华南区检验中心、中国海事仲裁委员会（浙江）自由贸易试验区仲裁中心、东海航运保险等一批高端港航服务机构。创新建设产业共享空间"航盘"入选宁波市"地瓜经济"提能升级"一号开放工程"首批最佳实践案例名单。二是抓基础业态提升，做大做强主导产业。以白鹤、东郊、百丈等街道为载体，着力深化船代货代基础业务升级和供应链服务等新兴业务创新，打造以基础业务为主、高端服务为补充的港航服务特色发展区。全区各类航运物流企

业总数突破 2 200 家，规模以上企业 307 家，拥有东南物流、顺圆物流等一批货代龙头企业及中基汇通、世贸通等一批数字港航服务平台。三是抓新兴产业提升，培育新质生产力。持续强化"创新型中小企业—专精特新—单项冠军—大优强企业—雄鹰企业"塔式培育体系，积极谋求海洋先进制造的产业增量，加快布局海洋工程装备、海洋新材料等海洋战略新兴产业，引导龙头企业拓展涉海产品研制，引进关键技术领域创新企业，力争打造全市海洋新兴产业高地。目前，全区拥有国家级制造业单项冠军 25 家、国家专精特新"小巨人"企业 72 家，国家高新技术企业 1 874 家，数量均居全省前列、全市第一。

### 14.1.3 聚焦服务新动力，打造营商环境特色品牌

持续深化政务服务增值化改革，统筹人才、营商环境等要素保障，助力海洋领域新质生产力发展。一是以招引为手段，做好"储备＋引才"双引进。围绕三支队伍建设，迭代优化区人才政策，用好智鄞未来、创客大赛、创新挑战赛等品牌赛事活动，储备一批掌握关键核心技术、能够引领产业发展、提升区域创新能力的创业创新人才和团队项目，推动人才集聚与产业发展同频共振，截至 2023 年底，全区人才总量为 43.84 万人。围绕涉海链主企业、重点产业人才需求，统筹用好高校院所、驻外"双招双引"小分队、重点企业等力量资源倾斜，协同构建"区域引才共同体"，促进高端创新资源与产业发展有效对接，年均集聚高层次人才近 1 000 人。二是以培育为目的，做好"精英＋项目"双融合。创新实施"四大精英"培育计划，通过定向资助、跟踪培养、定期考核等方式，把人才成长嵌入产业发展，构建"人才依产而聚、产业因才而兴"的良性循环生态链。目前，该培养计划已资助支持 260 名本土中青年精英人才，累计提供资助金超 2 600 万元。全省率先实行博士后评选、激励、培养一体集成服务，已建有博士后工作站 59 家，在站和出站留甬博士后 236 人，规模位居全市第一，全省前列。以人才项目服务提高孵化估值为特色，采用"政府引导＋企业投资＋市场化运营"模式，建成全省首个面向博士后群体的创新创业孵化基地——宁波博士后创新创业园，加快推动博士后人才"关键变量"转化为区域经济社会高质量发展的"持续增量"，目前已入驻以博士后人才为主体的企业（项目）25 家。三是以服务为宗旨，做好"联办＋跨省办"的双优势。全市率先设立涉企服务专区"鄞商会客厅"，围绕企业全生命周期需求，推出并联容缺审批、远程异地评标、外商来鄞帮办等政务增值服务，压减企业办事时限 85%。完善投资项目预审及容缺受理机制，首创"提前介

入—并联预审——体帮办"鄞州经验，推动项目开工前报批提速 60% 以上，跑出"拿地即开工"全市最快速度。承办长三角主要城市中心城区高质量发展联盟（C9）第三次联席会议暨一流营商环境共建主题论坛，9 个区政府共同签署联盟共建国际一流营商环境示范区宣言，聚焦市场主体跨省办事痛点、难点问题，通过互设专窗、远程帮办等形式，推动实现 21 项涉企事项跨省办理。

## 14.2 经验启示

### 14.2.1 持续发挥科技创新优势

坚持以科技创新引领新质生产力发展，持续做优做强涉海企业梯队培育、高新产业集聚提升、创新平台能级优化、创新人才引育培养等方面工作，加快建设省科技成果转移转化试点示范区。

### 14.2.2 持续优化链主企业培育

突出龙头企业、链主企业在海洋经济产业链生态打造中的牵引带头作用，围绕先进制造业和现代服务业"两业"融合发展思路，开展"大力神鼎""大力鼎"企业评选，专门出台大优强企业扶持政策，持续挖潜专精特新"小巨人"、单项冠军企业新增量，完善企业培育发展的推进机制、政策体系和服务生态，引导企业聚焦细分领域和产业链关键环节，不断扩大市场占有率，推进产品价值挺进全球前列。

### 14.2.3 持续打造优质营商环境

坚持以企业需求为导向，锚定优化提升营商环境"一号改革工程"，以高品质的政务增值服务和有速度有温度的首善之区营商生态，包容、鼓励、支持涉海企业的各类创新，充分发挥海洋经济生机活力，树立涉海企业优秀典范，激励涉海企业做大做强，为海洋经济发展提供更为广阔的空间。

（作者：宁波市鄞州区发展和改革局　沈欢）

# 15 宁波市奉化区 "数智渔业"赋能海洋渔业高质量发展

## ——海上鲜搭建数字渔业服务平台助力传统渔业提质增效

浙江省作为渔业大省，渔业已成为浙江农业的核心产业，但传统渔业仍面临海陆通信不畅、生产信息化程度低、海上安全生产风险高、渔货交易难、海上加油难等问题，亟须一种上下联动、业务协同、信息共享的数字渔业产业新模式来带动渔业生产销售。"浙里惠渔"多跨场景应用依托海上鲜"一站式数字海洋（渔业）服务平台"，通过运用数字化技术、数字化思维、数字化认知，全力打造集"星上"渔业监管、"掌上"政务服务、"海上"商务服务、"岸上"后服拓展的一站式渔业服务应用，旨在为渔业安全、渔民富裕保驾护航。

## 15.1 主要做法

以发展数字海洋经济为目标，将"数字产业化、产业数字化"放在核心地位，敏锐捕捉市场需求端与供给端的结合点，形成一站式数字渔业服务，建设数字经济平台，针对性破解了海上"加油贵"、海鲜"交易繁"、渔获"储存杂"和渔业"融资难"等问题，助力渔业供给侧改革和蓝色海洋经济的数字化转型升级。

### 15.1.1 陆海联动，保障信息互通共享

为破解海上生产安全、渔获捕捞信息不畅等问题，数字赋能现代海洋渔业是发展的趋势，加强海上通信网建设，利用数字平台，让渔民"刷着手机干"是奉化一直探索的路径。依托海上鲜基于北斗及 ku/ka 高通量卫星通信技术

的"海上 Wi-Fi"通信终端和海上鲜 App，通过卫星导航及互联网通信技术，解决渔民出海无信号的痛点，让渔民能时刻与家人保持联系，架起海陆信息互通的桥梁。运用定位导航及海陆互联网络优化分析技术，构建渔船大数据体系，提供海上气象预报，依托船只数据分析，开展渔场预报工作，提升航行安全智能预警，降低渔船碰撞率，助力解决渔船出海失联问题，全面提升安全作业和应急处理水平。通过大数据分析，绘成集渔船、渔民、交易等信息于一体的动态渔业数据库，预测未来鱼价走势，为渔业上下游用户提供参考，在保障海上渔船与岸上的日常通信及安全作业的同时，让渔业从业者也能充分享受信息化建设的成果。

### 15.1.2　平台驱动，创新服务模式

为破解渔货交易难题，通过数字海洋渔业交易平台，构建线上渔货交易评估体系，为供需双方提供信息发布和智能筛选服务，提高海鲜交易效率和渔业供应链流通效率，保障渔货鲜度，助力渔民增收。利用海上鲜 App，买卖双方能够即时获取渔船在海上的捕捞信息，使得海鲜买卖在海上就能洽谈交易，解决传统海产品交易过程中信息不对称、价格不透明、中间环节过多等问题，降低买卖双方贸易成本和时间成本。目前，该服务覆盖全国沿海港口 41 个站点。渔货售前储存时间缩短 12 小时以上，渔货交易环节减少 15％以上，采购者购入成本降低 10％以上，综合购销效率提升约 20％。

### 15.1.3　智能仓储，优化渔货存储服务

为破解渔民回港后渔获仓储杂乱，无处存放，无人监管等问题，通过建立"智能监管冷库"体系，实现冷库在线共享、高频使用、降本增收，渔货就近储存、线上流通、智能监管。海上鲜整合多地第三方冷库，利用电子围栏、视频监控、电子标签、智能预警、智能管理等技术手段，依托云仓监管平台获取的大数据智能仓储体系，有效快捷地提高了冷冻海产品存储质量，降低仓储物流监管和分拣成本，从而进一步提高仓储供应链管理效率。目前，全国已有 32 个冷库加入"共享冷库计划"，渔货冷冻成本降低 10％以上，冷库日均使用率较共享前提升 30％以上。

### 15.1.4　供应链创新，打破渔业融资瓶颈

为缓解海洋渔业中小企业盘解库存压力，加速资金流转，通过搭建渔业供

应链服务平台，有效缓解渔民融资难题。海上鲜依托现有海上通信和交易平台上的数据，链接银行等第三方机构，引入定制化监管仓运营机制和应用技术，建立各方互信机制，创新供应链服务模式，打通渔业融资渠道，为渔民、中小企业提供切实可行的资金解决方案。通过技术手段形成线上全流程操作闭环模式，提高供应链服务效率，目前平台累计链接授信超 10 亿元。

### 15.1.5　智慧加油，提供海上能源补给

为解决渔民海上补给加油问题，规范加油操作，减少加走私油现象，通过建立海上智慧加油平台，为渔民提供智慧加油服务信息，节约加油成本。海上鲜创新开发海上智慧加油平台，方便渔民通过平台预约加油下单，确认油品及油价等信息，根据海上渔船定位及加油船行驶轨迹智能规划路径，联动沿海多港口码头和加油船，引导渔船在最短时间内获得加油服务，减少渔船海陆往来航行时间。智慧加油服务平均为渔船节省加油所需行驶时间 3 天/次、燃油 4.5 吨，节约成本约 2 万元。

## 15.2　经验启示

### 15.2.1　抓住机遇，坚守初心

海上鲜发展过程中，恰逢海洋经济的发展位列强国战略高度，各项关于海洋经济、数字化改革的政策先后出台，面临这难得的机遇，海上鲜坚持"数字海洋"建设目标，围绕渔业供应链深耕细作，注重创新，升级渔业服务模式，开创了"一站式数字海洋（渔业）服务平台"，以实际行动响应国家海洋发展战略和"一带一路"号召，引领传统渔业向智慧渔业转型发展。

### 15.2.2　上下联动，整合资源

一站式数字海洋（渔业）服务平台在发展过程中，始终把做好渔业上下游服务放在首位，与渔业上下游客户协同发展；积极打破传统渔业的信息孤岛，利用卫星、互联网、大数据等先进技术，促进海洋渔业信息流、物流和资金流间的协同发展，深化海洋智治，加强陆海内外联动，构建陆海统筹发展新格局。

## 15.3　政策建议

奉化区将围绕渔业供应链深耕细作，创新升级渔业服务模式。重点做好 3

个方面工作：一是全速推进国家级沿海渔港经济区建设。充分发挥渔港经济区重要功能，加快长三角互联网水产商贸中心等重点项目建设，进一步优化渔业产业结构、加强渔船渔业资源管理、保障渔船渔民安全生产，加快构建布局合理、产权清晰、功能完备、管理先进、生态良好的现代渔港管理体系。二是全面提升海港出入监管能力。依托智慧渔港系统，扩大监管设备装配规模，做好沿海全线渔港全方位雷达探测、视频监控、渔船自动识别等功能覆盖，实现360°无死角智能识别、自动发送警报，提升沿海全线渔港的监管能力，保障渔民人身财产安全。三是全力做好国家级限额捕捞试点工作。坚持"数字引领、变革重塑"，运用数字化手段，充分发挥渔获物数据价值，多维度分析渔船捕捞数据，掌握重要渔业资源时空分布情况，指导渔民限时、限量开展捕捞，促进海洋渔业资源可持续利用和海洋经济高质量发展。

（作者：宁波市奉化区发展改革局　周挺）

# 16 信丰泰盐业：从单一海盐晒制到多元产业链拓展的转型之旅

宁波信丰泰盐业科技有限公司（以下简称信丰泰盐业）是一家从事盐的生产技术研发，食盐生产、碘盐加工，食盐批发、零售，以及旅游项目开发和实业投资企业，其经营的花岙盐场是浙江省最后一座海盐手工晒制盐场。花岙盐场致力于打造原生态、纯天然、不添加外加剂的古法海盐，并于 2017 年被列为"晒盐技艺·海盐晒制技艺"国家级非物质文化遗产传承基地，其海盐产品也荣获 2021 宁波特色产品伴手礼等多项荣誉。

然而，数年前，花岙盐场曾陷困境，因资金短缺、设施落后致产量质量下滑。转机源自一次朋友圈分享，盐场古法制盐体验吸引众多游客，盐厂胡辉遂萌生以传承非遗技艺为核心，融合旅游发展的新思路，拓展产业链。通过展示古法制盐魅力与海岛风光，信丰泰盐业不仅保护了传统技艺，还成功转型为集海盐生产、文化传承与旅游观光于一体的综合型企业，并成为海上"两山"实践金名片。

## 16.1 基本情况：花岙盐场发展脉络

象山产盐历史悠久，可追溯至汉代，被誉为"贡盐之乡"。千余年间，象山沿海区域是浙江重要产盐地。至 20 世纪 70 年代末，形成了昌国、花岙、白岩山、新桥、旦门五大骨干盐场。然而，随着浙江许多盐场或关闭或转型，花岙盐场成为目前唯一一座仍在运行的海盐手工晒制盐场。它于 1971 年建滩投产，围涂总面积 5 000 亩，生产面积 1 791 亩，当前还存留面积 1 200 亩，可年产原盐 3 000～5 000 吨，是宁波市象山县盐场发展史最后的见证者，也是象山盐业历史的活化石。其晒盐技艺历经唐宋元明清演变，现用八级滩晒法，保留古法精髓，盐田色彩斑斓。花岙盐场作为曾经的象山五大重点骨干盐场之一，多次被各级盐务局及人民政府评为"优质高产"先进单位，为浙江盐业做出一定贡献。

花岙盐场采用的晒盐技艺已有 1 300 多年的历史。往前追溯，唐代用土法煎盐，宋时有刮泥淋卤和泼灰制卤法，并用煎熬结晶，元人称晒盐为"熬波"。清嘉庆年间开始，从舟山引进板晒法结晶，清末又引进缸坦晒法结晶，成为盐业生产工艺上的一大变革。而花岙盐场目前采用的是八级滩晒法，一到五级是蒸发，六、七级是调卤，最后一级是结晶，保留了古法晒盐的技艺。由于每块盐田的沉淀物种类、卤水盐度不尽相同，因此色彩各异，千亩盐田如同调色盘一般多彩。花岙盐场传承千年的晒盐技艺深刻影响当地文化，盛夏的古法晒盐景象是花岙岛独特的风景线。

## 16.2　做法成效：独韵海盐晒制转向多元产业链

传统盐田在全球气候变迁、制盐技术进步以及人口老龄化等多重因素冲击下，正逐渐消失，"万亩盐田"的壮观景象已成过往。花岙盐场，凭借其地理位置的相对偏远而意外得以保留，成为浙江省硕果仅存的盐场。但即便如此，它也面临着严峻的经营挑战：纯手工晒盐的方式效率低、成本高，虽然现代技术的引入在一定程度上减轻了盐农的负担，但台风等自然灾害以及基础设施落后等问题依然难以抗拒。这些问题不仅影响了食盐的产量，也使得盐场陷入困境。如何平衡传统技艺与现代技术的关系，如何在保护传承的同时提高生产效率，成为花岙盐场亟待解决的问题。

针对上述问题，花岙盐场负责人胡辉带领盐农们，采取了一系列措施来改善现状。首先，胡辉推行"走出去"战略。通过提升品质与设计六月古法海盐礼盒，荣获宁波伴手礼大奖，提升知名度与销量。随后，盐业体制改革、食盐价格放开、产销区域限制取消，这为信丰泰盐业提供了新机遇。

其次，胡辉带领大家从单一生产向文化旅游产业综合体蜕变。盐场不仅保留了传统晒盐技艺，更将其打造为非遗传承所，吸引游客体验与学习，让制盐文化焕发新生。孩子们可穿上套鞋，亲身体验盐田劳作，享受汗水与乐趣。而盐池清浅，成为拍照打卡的绝美背景。此外，盐场还推出系列文创产品和特色"盐田宴"，让游客在品尝海鲜大餐的同时，感受海盐的独特魅力。

最后，花岙盐场通过非遗旅游产品线路、市场推广合作等方式，推进文旅融合与乡村振兴。花岙盐场非遗传承所成为展示、教育、体验于一体的文化窗口，吸引了众多研学团队和游客前来探索。如浙江工商职业技术学院的"象"海而行实践小分队，亲身体验了晒盐技艺，加深了对传统文化的理解；象山法院在花岙岛设立生物多样性法治宣教基地，结合环资审判案例进行普法教育，提升公众生态文明意识，为海岛生态旅游的可持续发展贡献力量。

花岙盐场通过研学活动和非遗晒盐传承提升了知名度和象山文旅价值，也得到了当地政府的大力支持。信丰泰盐业被确定为非遗保护单位，盐场也成为首批非遗体验与摄影基地。《风味人间》节目和央视《正大综艺》节目对盐场进行了报道，展现了女盐农潘阿菊的古法晒盐和海盐的独特风味与传承魅力。这些报道和政府支持吸引了大量研学团和游客，使得盐场的经营状况逐渐好转。

信丰泰从单一海盐晒制向多元产业链转型取得了显著成效。文化传承方面，传统晒盐技艺得到有效传承，成为地方文化的重要组成部分，增强了文化自信心和认同感。经济效益方面，通过产品创新和市场拓展，经营压力得到有效缓解。文旅融合方面，盐场转型为文化旅游产业综合体，带动了周边乡村旅游的发展。生态文明方面，法治宣教基地的建立和普法教育的开展，提升了公众的生态文明意识，为海岛生态旅游的可持续发展营造了良好的社会氛围。目前，多元产业链已初具规模，盐场在保留传统晒盐技艺的基础上，成功拓展了文化旅游、文创产品等多个领域，初步形成了多元化、可持续发展的产业链。

## 16.3　经验启示：情续古法经验凝华

通过花岙盐场转危为安的经营过程可以看出，盐场经营者胡辉等人采取多项有效举措和策略。关于产品的销售，盐场首先用非遗文化包装产品，增加了产品的文化价值。通过"走出去"战略，加大产品的宣传推介力度，通过参加伴手礼大奖评选等活动，提升产品知名度和销量。

在经营方面，信丰泰盐业结合了"古法海盐"这一非遗文化，利用政策支持，拓展海盐产业链。从海盐晒制这一基础产业，拓展到了教育研学、文化传承、旅游、影视等的多元产业。传统制造业与文化、教育、旅游等产业的深度融合，增加了盐场经营的竞争力和可持续发展能力。

## ■ 16.4 政策建议：多元绘制金名片蓝图

花岙盐场通过胡辉等人的经营和管理，拓展了多元产业链条。从单一海盐晒制到兼顾文化、旅游和教育的多元产业链，不仅在经营上绝处逢生，还通过古法晒盐这一非物质文化遗产的传承和宣扬吸引了大量游客。本文提出以下政策建议：一是强化文化赋能，深化非遗传承。加大对非遗文化保护与传承的政策支持，设立专项资金用于古法晒盐等技艺的记录、整理与传播，建议设立海盐主题乐园。推动非遗文化进校园、进社区。二是促进产业融合，拓展多元发展。鼓励传统产业与文化旅游、教育等产业深度融合，制定优惠政策吸引社会资本投入，共同开发特色文旅项目，如打造海盐主题民宿等。三是优化营商环境，激发市场活力。简化审批流程，提高行政效率，为传统盐业转型升级提供便捷高效的政务服务，营造公平、透明、可预期的营商环境。四是加大宣传推介，提升品牌影响力。利用新媒体平台加大宣传力度，讲述海盐故事，展现海洋魅力，提升品牌知名度和美誉度，搭建展示交流平台，吸引更多游客和投资者关注海盐产业发展。信丰泰盐业产业链的转型之旅始于古法、兴于古法，企业经营与非遗传承并重，为打造"两山"实践金名片贡献自己的力量。

（作者：宁波财经学院　姚鸟儿　陈望涵）

# 17 浙江海港集团以任期制和契约化为抓手，优化经理层绩效管理体系，助推世界一流强港建设

　　浙江省海港投资运营集团有限公司（以下简称浙江海港）是我国重要的集装箱远洋干线港、国内最大的铁矿石中转基地和原油转运基地、国内重要的液体化工储运基地和华东地区重要的煤炭、粮食储运基地，是国家的主枢纽港之一。目前，浙江海港已成为对接"一带一路"的重要枢纽、海铁联运业务的重要港口，航线总数达 300 条，辐射全球 200 多个国家和地区的 600 多个港口，拥有海铁联运班列 25 条，业务辐射全国 16 个省份的 65 个地级市。经营范围主要包括港口运营、航运服务、金融和开发建设等四大板块。2023 年，作为浙江海港主要经营的港口之一，宁波-舟山港完成货物吞吐量 13.24 亿吨，同比增长 4.9%，连续 15 年位居全球第一；完成集装箱吞吐量 3 530.1 万标箱，同比增长 5.9%，稳居全球第三。截至 2023 年底，浙江海港资产总额达 1 815 亿元，净资产 1 104 亿元，主要经济指标较好。

　　在新一轮海洋经济建设浪潮中，浙江海港积极打造"世界一流强港"和"世界一流企业"，主要采取了以下做法。

## 17.1　主要做法及成效

　　通过推进经理层任期制和契约化管理的具体实践，进一步优化经理层绩效管理体系，提升企业的管理水平，从而让企业在经济形势不确定的大环境下，依然保持高质量的发展势头。

### 17.1.1　建立完善目标管理体系，提升绩效计划的引领功能

　　通过目标管理法，将企业战略目标分解为绩效考评目标。绩效考评目标的

设定开始于集团董事会，落实于经理层具体的考核指标中。通过职位分析法，将经理层明确为绩效考评主体。细化完善"三会一层"权责边界，完善企业治理体系，更好发挥党组织的领导作用、董事会的决策考核作用、监事会的监督作用以及经理层的经营管理作用。建立岗位说明书，对不同岗位的经理层推行"一人一岗"和"一人一书"。通过鱼骨分析法，将绩效考核目标细化分解为关键绩效指标。在净利润、净资产收益率等财务考核指标的基础上，引入功能影响力、内部治理力、可持续发展力等指标考核体系。

### 17.1.2　建立完善责任落实体系，提升绩效实施的控制功能

强化规范管理，建立制度指引操作的考核流程。发布《经理层成员任期制和契约化管理改革工作方案》《经理层成员任期制和契约化管理办法（试行）》《经理层成员年度（任期）经营业绩考核与薪酬管理指导意见（试行）》，修订完善《企业负责人经营业绩考核与薪酬核定办法（试行）》，组成制度保障体系，即"1方案＋2办法＋1意见"。强化任期管理，建立任期统领年度的考核流程。任期经营业绩考核以三年为考核周期，预考核以年度为考核周期。强化契约管理，建立责任传导压力的考核流程。合理确定契约的协议条款、目标体系和考核兑现等相关规定，编制《经营业绩责任书》。

### 17.1.3　建立完善绩效评价体系，提升绩效考核的导向功能

任期内嵌入标杆超越法，突出优秀绩效导向。探索建立"摸高"机制，按照"跳一跳、摸得着"原则，结合企业近三年的历史业绩、预算目标以及行业内优秀企业对标情况等，分档制定富有挑战性的绩效考核指标，鼓励经理层挑战历史最高水平，挑战行业内标杆企业。任期内嵌入平衡计分卡，突出多维绩效导向。大力实施价值提升、港口功能提升、管理提升和可持续发展等四大战略。其中，价值提升战略分解为利润和国有资产保值增值策略，港口功能提升战略分解为战略服务、产品领先、市场控制等策略，管理提升战略分解为效率领先、成本管控、优先服务等策略，可持续发展分解为科技创新、战略引领、安全稳定等策略。任期内嵌入综合类绩效，突出全面绩效导向。把坚持党管干部原则和发挥市场机制作用结合起来，实现党建责任制和经理层经营业绩考核机制的有效联动。

### 17.1.4　建立完善激励约束体系，提升绩效反馈的评估功能

加大任期兑现力度，发挥绩效薪酬的激励作用。建立完善经理层的绩效薪

酬体系，具体由基本年薪、绩效年薪和任期激励 3 个部分构成。绩效年薪根据年度考核系数、综合系数、功能性质系数和年薪调节系数等因素综合确定，任期激励实行延期支付，在任期考核结束后 3 年内按 4：3：3 的比例逐年发放。加大刚性退出力度，发挥绩效调整的约束作用，在《岗位聘任协议》中明确解聘的具体情况。加大动态管控力度，发挥绩效反馈的预警作用。实时分析指标的结果差异和动态变化趋势，强化日常经营的预警管理。

## 17.2　经验与启示

### 17.2.1　将"任期制和契约化管理"作为一项绩效管理工具

在经理层的任期中，将企业战略目标分解为任期考核目标，并与年度绩效目标相结合，并嵌入标杆值绩效、BSC 多维绩效和党建综合类绩效等指标，最终建立与企业实情相适应的经理层绩效指标考核体系。在经理层的契约协议中，明确经理层的权、责、利，进一步强调绩效薪酬的激励性和刚性退出的约束性，最终建立可奖可惩、能上能下、能进能出的绩效考评体系。通过这项工具的合理有效使用，来促进浙江海港在世界一流强港建设中取得突破。

### 17.2.2　将"好经验和实践化措施"作为一项复制借鉴样板

优化后的经理层绩效管理体系帮助浙江海港缩小了与对标企业的差距，实现了主要经营指标的逐年增长，打破了传统绩效考核中以财务经济指标作为主要考核的局限性，解决了绩效反馈中兼顾激励性与惩罚性的实际问题。浙江海港基于任期制和契约化管理的经理层绩效管理体系优化实践是成功的，可供其他地方国企学习借鉴。

## 17.3　政策建议

### 17.3.1　组织保障

压实管理责任，组织召开管理改革动员会，从思想上行动上提高认识并认真践行这些任务。成立任期制和契约化管理改革工作专班，坚持"一级管一级"的原则，按照管理层级分层落实好工作责任。企业负责人要亲自挂帅，履行"第一责任"职责。各经理层成员要强化大局意识和责任落实，主动配合目标制定、工作推进和考核实施。

### 17.3.2　资源保障

畅通沟通渠道，组织召开管理改革交流会，搭建完善经理层成员绩效管理体系协调机制，实现人力、物力和财力等资源的优势互补。充分利用好各治理主体、监察审计、职能部门及基层一线管理团队等资源，从多个层面、多个维度建立健全监督体系，确保绩效考核数据收集的及时性、完整性和准确性。

### 17.3.3　技术保障

增强引领作用，组织召开管理改革分析会，对于推进过程中遇到的典型问题和个性问题，要加强专业方面的技术指导，结合行业特性、业务特点、发展阶段等，及时给予专业性的意见和建议。建立完善绩效管理数字化系统，通过系统的有效运行，提高经理层绩效管理体系的效率。

［作者：宁波大学商学院副教授　黄惠琴；宁波-舟山港铁矿石储运有限公司（浙江海港集团全资子公司）综合党支部书记　林冠伟］

# 18  新质生产力背景下，温州市洞头区海洋经济高质量发展路径研究

洞头区是典型的海洋海岛地区，是浙江省海岛资源最丰富、港口条件最优良、海洋经济最鲜明的地区之一。发展海洋经济、加快建设海洋强区，符合海岛经济社会发展规律和国家发展战略要求，洞头区锚定向海而兴、向海图强的目标，不断推动海洋强区建设取得新成就。洞头区将海洋经济发展融入重大战略，通过顶层规划引领、科学产业布局、系统生态保护修复，探索统筹陆海资源配置、产业布局、生态环境保护的有效路径，为建设生态洞头、美丽洞头、海上花园提供重要抓手，助推海岛县海洋经济高质量发展。

## 18.1  主要做法和成效

### 18.1.1  发挥顶层规划引领作用，加强海洋资源要素保障

系统性开展洞头海域海岛发展战略规划。立足当前国家向海图强、逐梦深蓝的战略新方位，贯彻落实海洋强省和国家经略海洋实践先行区建设战略部署，系统性编制海域海岛高质量发展战略规划体系，构建以新能源、新材料、海洋食品、旅游康养、生物医药等为主导的海洋现代产业体系，加快打造物流港、石化港、智造港、渔业港、创新港，以港口支撑温州"全省第三极"功能，探索海洋经济高质量发展新模式，走出具有洞头辨识度的蓝色空间开发治理新路径。

率先开展县级海岸带规划。依据省、市海岸带规划基本功能区定位与要求，根据洞头区资源禀赋和开发利用现状，细化三级基本功能分区。依据海岛地区自身特色科学划定海岸建筑退缩线，结合现状调查分岸段实际划定，保障海岛海岸带生态、生产、生活安全。围绕洞头海岸带地区发展的重大战略，积

极推进集约节约高效用海用地，在规划中预留战略用海空间需求，确保国家及省级战略中的重大项目可落地推进。细化围（填）海历史遗留问题区域详细布局，加快开发利用围（填）海区域，确保国家或省级重大战略项目、重要基础设施项目、公益性项目及战略性新兴产业项目所需。

### 18.1.2　科学谋划产业布局，推动陆海统筹板块联动

培育发展高质量特色化现代海洋产业体系。以特色化、高端化、生态化为导向，聚力打造"零碳示范＋科技服务＋生态融合"的现代海洋产业体系，重点发展海洋新能源制造业、海洋资源综合开发、现代海洋生产性服务业、海洋生态富民产业4个特色领域，推动创新链与产业链协同，创建港产融合、生态富民的现代海洋经济高地，增强洞头海洋产业的创新能力和综合竞争力。

科学规划"一区一功能"。以"一区一功能"布局为抓手推进陆海统筹，加强与周边毗邻区域协同合作，重视与温州瓯江口、舟山群岛、福建沿海城市和基隆等国内重点板块的区域联动。推动陆岛互拓，开展陆海在基础设施、交通网络、港航物流等领域的对接联动，明确各板块功能布局，形成"两廊三区"的特色化发展格局。"两廊"指海洋经济发展带和海上花园休闲带，"三区"指海洋综合服务区、海洋经济示范区和海上康养旅游区。

### 18.1.3　系统推进海洋生态保护与修复，提升生态系统质量和稳定性

全面加强生态保护。加大生物多样性保护力度，积极推进洞头国家级海洋公园和南北爿山省级保护区建设，修复鸟类栖息、繁育和生存环境，恢复鸟类种群数量。加快海洋牧场和渔场产卵保护区建设，加大渔业资源增殖放流力度，全力描绘海洋生态牧场建设洞头范本，打造洞头立体"蓝色粮仓"。以洞头岛群沿海诸湾和大门镇沿海诸湾为基础管理单元，以突出问题为导向，制定并实施"一湾一策"，推进海湾环境污染治理、生态保护修复、亲海品质提升等重点任务和重大工程的落实。

系统推进生态修复。强化海滨湿地、红树林、海岛等典型海洋生态系统保护。开展海洋蓝碳生态系统本底调查，总结蓝碳增汇新技术经验，提升海湾碳储量和蓝碳价值运用，加快海洋蓝碳的碳中和示范区建设。持续深化蓝色海湾整治，推进海岸线保护与受损岸线整治修复，优化海岸线功能，保障海岸线资源可持续利用。开展沙滩修复，重点修复提升蓝色海岸带、古渔村保护区等区

域沙滩。继续推进灵霓大堤破堤通海、生态海堤修复工程建设，有效提升海水交换、纳潮能力。加快"退养还海"工程，实施重点港区、岙口清淤疏浚工程，沿陆侧及西南侧海沟两侧种植红树林，形成红树林防护带。推动全国首例海洋生态修复类 EOD 在洞头落地，探索海上花园建设新路子。

# 18.2　经验启示

## 18.2.1　精心谋划顶层设计，塑造海岛县特色名片

一是系统性开展海岛县发展战略规划。结合海岛县现状基础与当前形势分析，充分发挥海域海岛自然本底、战略区位、港口辐射等优势，聚焦域内，联动周边，分片区明确主体功能定位，提出符合海岛县实际情况和发展要求的海洋经济高质量发展思路、目标、途径。规划形成海岛县"一区一功能"布局体系，建成一批定位精准、路径清晰、优势凸显的主题岛屿，同时系统谋划各个岛屿的产业项目落地、创新发展路径，明确各板块功能布局，塑造海岛县特色名片。二是探索推进海洋空间详细规划。以海岛县海岸带规划作为海洋空间详细规划的载体，在最基础空间尺度内加强用途管制和精准的要素保障。在继承省、市两级海岸带规划的主体功能分区和基本功能分区的基础上，落实落细规划指标和管控要求，通过合理划定三级基本功能分区、细化海岸建筑退缩方案、细化围（填）海详细布局方案等措施，为县级海洋经济发展腾挪较大发展空间，提供精准的要素保障支撑。

## 18.2.2　探索"两山"生态海岛发展路径，促进海岛共富实现

一是培育发展高质量特色化现代海洋体系。以特色化、生态化为导向，结合海岛县自然资源禀赋、现有产业基础，优化产业布局，谋划培育优质产业，重点聚焦几个特色领域，聚力打造生态融合的现代海洋产业体系，推动创新链与产业链协同，创建港产融合、生态富民的现代海洋经济高地，增强海岛县海洋产业的创新能力和综合竞争力。二是利用好海岛生态优势实现经济生态双赢。充分利用海岛海湾的生态优势，打造渔港经济带、生态旅游经济圈，带动周边村民新增转产就业。通过沙滩岸线修复、村居改造升级等措施，将海岸带保护利用与地区经济社会发展、居民生产生活条件改善、防灾减灾安全水平提升相结合，打造公众亲海空间，改善滨海人居环境，带动旅游业蓬勃发展，实现经济与生态的双赢。

## 18.3 政策建议

### 18.3.1 提早谋划海岛县"十五五"规划

海岛县在总结评估"十四五"规划落实情况，提早谋划"十五五"规划工作。要把发展新质生产力作为"十五五"规划基本思路的研究重点，结合省级重大前期研究课题安排和海岛县实际需求情况开展"十五五"前期课题研究。坚持规划编制与项目谋划合二为一，高质量开展项目谋划研究工作，把项目谋划落地融入"十五五"规划各阶段。海岛县规划在目标指标、重大任务等方面积极主动对接省、市级规划，保证规划编制阶段的一致性以及规划实施阶段的针对性和可操作性。

### 18.3.2 全省推进海洋空间详细规划编制工作

从海洋空间精细化管理的角度出发，探索编制海洋空间详细规划，建立海洋空间详细规划管理机制。全省各沿海县编制出台县级海岸带规划，健全国、省、市、县四级海岸带体系。细化编制围（填）海历史遗留问题区域详细布局，合理安排区块用途，明确生态、生产、生活空间比例。根据不同海洋空间实施精细化管控与差异化管控，为海岸带保护与开发活动提供依据，助力沿海县海洋经济高质量发展。

### 18.3.3 探索海上"两山"发展路径

加强海岛县生态保护、修复、提升，探索绿水青山向金山银山转化的独特路径。坚持保护修复并举，加强海洋生态保护，实施海岸线修复、湿地保护、退养还海等工程，建设海洋牧场，提升海洋海湾生态保护修复成效。建设"两山"实践创新基地，推动渔业等传统产业转型升级，发展生态旅游、海洋文化等新兴产业，实现经济与生态的良性循环，进一步拓展"两山"转化通道。

（作者：浙江省海洋科学院 俞蔚 王志文 陈培雄）

# 19 苍南县推进海洋绿色能源产业发展的做法、成效和启示

苍南县坐拥全国少有、山海兼具的自然海岸线，海岛、沙滩、渔港、古村、海防遗址星罗棋布，素有"半城玉海半城山，无尽蓝绿在苍南"之誉。苍南所辖海域面积 2 740.2 平方千米（约占全市 31.6%），海岸线长度 206.08 千米（约占全市 40%），有霞关一级渔港及大渔、石砰、炎亭二级渔港等近 10 个标准渔港。依托山海资源优势，苍南积极抢占绿色能源发展新赛道，大力发展数字经济，改造提升传统产业，不断增强创新能力，2023 年 GDP 实际增速为 8%，在温州市排名第三，山区 26 县考核排名全省第六，跃居全国县域经济投资潜力百强县第二十四位，发展势头迅猛。

## 19.1 主要做法和成效

### 19.1.1 利用海洋资源发展绿色能源产业

苍南充分利用风好、光富、水足的资源优势，锚定"全国清洁能源发展示范地"目标，坚持"核风光水蓄氢储"全产业链发展思路，瞄准绿色能源产业赛道，打造"千亿核电、千亿风电"产业。绿色能源产业是以科技创新为主导，具有高科技、高效能、高质量特征，发展潜力巨大，对苍南经济社会全局和长远发展具有重大引领带动作用。

首先，因地制宜发展绿色核电成为新能源产业发展的强大引擎。2007 年，浙江三澳核电项目启动踏勘选址，经过中国核能专家多次研究论证，一致认为霞关镇三澳村气候、水文及地质等条件具备核电建设的良好基础，是我国东部沿海建设核电站的最佳厂址之一。历经十几年的酝酿谋划，于 2020 年 12 月 31 日实现开工建设。项目开工建设之后，吸引了中广核、中核、华润、华能

远景、汉禾等一大批新能源、新材料、新技术企业入驻，落地千亿级的三澳核电、海上风电等项目。

其次，借力绿色核电推动清洁能源产业集聚发展。依托核电的产业集聚效应，苍南大力发展海上风电，其海上风电资源装机容量可达 1 490 万千瓦，接近三峡水电站的 2/3，苍南 4 号、1 号、2 号海上风电项目先后实现全容量并网，正在紧锣密鼓地推进苍南 1 号二期、2 号二期，3 号、5 号、6 号项目。为了有效支撑海上风电产业发展，在三澳核电厂项目一期及沿浦镇区东南滨海地区建设绿能小镇，布局"绿色能源装备制造""绿电下游应用"两大产业集群，生产全球领先的海上风机与多种可再生能源设备，实现"上游的零部件生产＋中游的风机总装＋下游的风电场运营"的全产业链覆盖，可年产海上风电机组 700 兆瓦，年产值约 60 亿元。

## 19.1.2 依托绿色能源产业建设科创平台

以打造全国首个"海-陆协同新型能源创新体系"示范县为目标，强化企业创新主体地位，推进产学研深度融合，增强产业发展的内生动力。2023 年先后揭牌成立了华能（苍南）海上风电先进输电技术创新中心实验室、岩土地基和勘察研究实验室、水动力数模和潮流监测实验室、碳足迹技术共享实验室、先进电力电子技术联合创新实验室、海上风电智慧化联合创新实验室、海上风电友好并网实验室，以及海上风电柔性输电苍南研发中心等，深化产研合作，着力打造高能级创新平台。这些实验室将重点突破新能源、新材料等领域关键技术，推动原创技术落地和大规模推广应用，促进海上风电等相关绿色能源产业上下游产业链协同发展。苍南县政府积极对接浙江大学、浙江工业大学院士团队，开展海上能源综合利用及绿色燃料制备，推动绿色燃料交通领域应用及关联产业发展。

## 19.1.3 推进新兴产业与传统产业同向同行

### 19.1.3.1 传统产业为新兴产业提供上下游配套

落地在苍南的千亿级的三澳核电、海上风电等项目，带动新能源及其关联产业发展，培育形成新增长极。如引入总投资约 1 200 亿元的三澳核电国家重点能源项目，将苍南当地百余家企业纳入了项目的供应商库，带动上下游配套 100 余家企业联动发展。通过风电项目招引风机、电缆、齿轮箱等产业链上下游企业入驻，积极打造集科研、生产、运维于一体的风机全产业链生产基地。

#### 19.1.3.2 新兴产业助力传统产业跃升

例如，核电产业项目推动浙江苍南仪表集团东星能源科技有限公司（以下简称东星能源）快速成长为国家专精特新"小巨人"。东星能源主要生产核电领域流量测量装置，经过 20 年的发展，逐渐成长为规模以上企业。2021 年是东星能源的关键一年，签下了两笔核关联产业订单，一笔是给建设方中国广核集团有限公司提供的核级流量测量装置；另一笔则是给参建方北京广利核系统工程有限公司提供的数字化控制保护系统配套机柜，这两笔订单金额均约 2 000 万元。高标准定制化的订单推动企业加快科技创新步伐，东星能源先后获得授权专利 20 余项，参与编制国家标准 8 项，成为中国核电工程有限公司、中广核工程有限公司、法国电力集团等国内外核电工程建设龙头企业的合格供应商。2023 年东星能源在核电领域流量装置产品的市场占有率已超过 50%，年产值突破 1 亿元大关，逐渐具备了国家专精特新"小巨人"的条件。

## 19.2 经验启示

从苍南的产业发展实践可以得到以下启示：一是县域发展新兴产业一般很难复制中心城市以科技创新为突破口衍生、培育、壮大战略性新兴产业和未来产业的路径；县域大都不具备雄厚的科研实力，需要在筑牢现代产业根基的基础上，培育一批专精特新"小巨人""隐形冠军"或行业领军企业，构筑高能级科创平台，不断提升科技创新水平，在具体行业细分领域的关键核心技术上寻求突破。二是县域需要培育先进性和协同性的产业，切不可"大而不强""全而不优"。苍南依托山海优势重点培育核电、风电等新能源产业，这些产业的技术外溢性强、产业关联性广、科技创新活动最活跃、科技创新成果最丰富、科技创新应用最集中、科技创新溢出效益最强，为发展新质生产力奠定了产业基础。但是，苍南因地制宜发展新质生产力还处于起步阶段，还有进一步提升的空间。

## 19.3 政策建议

### 19.3.1 充分发挥政府职能，加快提升科技创新能力

建议省、市、县协同推进重点领域高能级创新平台、重点实验室和新型研发机构建设，强化关键核心技术联合攻关，推进产学研深度融合，增强县域新

型生产要素保障能力。省、市、县联动完善科技创新的组织管理、风险控制、融资投入和技术全生命周期服务机制。充分发挥产业基金和科创基金功能，鼓励支持以"科技成果＋认股权"方式入股企业。在充分识别科研机构技术领先性的前提下，政府可以为科研机构引入民营资本做信用背书，做大做强科研平台。

### 19.3.2　深度挖掘资源潜力，扩展绿色能源发展空间

运用前沿技术深度挖掘资源潜力，利用立体资源空间，培育新兴业态和重大项目。例如，协同推进深远海风电项目与深远海绿色养殖产业发展，采用"导管架＋网箱""漂浮式风机＋养殖网箱"等"海上风电＋海洋牧场"模式，探索"绿色能源＋海上粮仓"新路径。谋划打造风能、氢能、海上光伏、海水淡化、储能等多种能源或资源集成的海上"能源岛"重大示范工程，为沿海城市提供高质量、低成本、无污染的电、氢、淡水资源。

### 19.3.3　需求牵引新旧协同，逐步完善新型基础设施

坚持需求牵引，分清轻重缓急，在绿色能源等重点领域、港口码头等示范项目、绿能小镇等重点区域，优先推进新型基础设施建设，拓展具有县域特色的新型基础设施应用场景。增强新型基础设施与传统基建的互补性和融合性，在布局5G、智能计算中心、工业互联网等新基建时，同步提升电力、交通、物流等传统基础设施的数字化、智能化改造，增强基础设施的整体保障能力。

［作者：丽水学院 中国（丽水）两山研究院　张银银、郭献进、刘克勤；苍南县社会科学界联合会　王孝稽］

# 20　平湖市"三突出三着力" 强链补链固链，加速拓展延伸海洋产业链条

近年来，平湖市坚持新发展理念，以"一局长一项目"为抓手，主动融入长三角区域一体化发展战略，深耕项目招引、产业链培育、产业生态打造，助力"双循环"发展新格局，聚焦"新质生产力创新链"靶向延伸，赋能"海洋产业链"结构突破，优势互补、创新协同、融合发展的新质生产力产业生态圈正在加速形成。

## 20.1　主要做法和成效

### 20.1.1　突出"顶层设计"强指引，着力推动产业链集聚

一是以完善规划为引擎，推进临港产业发展新高度。平湖市紧紧围绕临港先进装备制造业、临港绿色石化、现代港航物流服务业强链、延链、固链，强化产业链培育，先后出台了《平湖市汽车零部件产业发展规划》《平湖市物流产业发展规划》，发布产业评估和发展指引。规划独山港沿海东部产业港、中部贸易港、西部联运港的发展态势，重点发展化工新材料、先进装备制造、生物（医药器械）、现代港航服务业，致力打造成平湖海洋经济发展新增长极。

二是以"一局长一项目"为发力点，延伸产业链新突破。平湖市以"3+3+3"现代产业体系为发展方向，部署"十链招商"格局，聚焦临港先进装备制造业、临港绿色石化等重点产业，落细落实"链长制"，绘制产业招商地图，确定"一局长一项目"，"按图索骥"式招引关键性、引擎性强链补链固链项目。2019年至今，先后引进了长城汽车、独山能源、润泽大数据中心等总投资额超百亿元的"链主型"项目4个，夯实了产业链式发展的基础。

三是以产城融合为支撑，创新产业平台新发展。独山新材料产业园与金山

区、上海石化共建浙沪新材料产业园；新埭镇与金山区枫泾镇共建全国第一个毗邻共建的合作园区——张江长三角科技城，总规划面积 87 平方千米；组建长三角平湖域外孵化器矩阵，建成平湖右先锋国际创新中心、新仓上海闵行域外孵化器、新埭上海闵行域外孵化器等 8 家域外孵化器。发起成立长三角世界汽车产业创新联盟，做好"长三角"整车和零部件产业链优势产品的配套协同。

## 20.1.2　突出"雁阵模式"促升级，着力强链延链固链

一是以"链主"企业撬动临港汽车制造业强链延链。平湖是全国第 14 个国字号汽车零部件制造基地、全国优秀汽车及零部件制造基地，集聚汽车零部件企业 330 余家，其中全球汽车零部件百强企业 13 家，已形成"整台汽车平湖产"的完整产业链配套能力，每年关联汽车产能达 500 万台以上。引进日本电产东侧、汽车马达、纳铁福等新能源汽车核心部件"链主"企业，驱动电机规划产能超过 100 万台，到 2023 年末，拥有汽车及零部件规模以上企业 96 家，规模以上企业实现年产值 288.3 亿元，其中新能源汽车及零部件企业 37 家，实现年产值 203.9 亿元，产业规模居全省前列。

二是以重大项目推动化工新材料产业建链补链。通过引进卫星能源（平湖石化）、独山能源等百亿龙头企业，加快建立丙烷-丙烯-pp-热塑性弹性体/薄膜-功能性高分子材料和 PX-PTA-聚酯-长丝-差别化纤维产业链，产值规模突破 500 亿元；引进德国巴斯夫、湛新、日本艾迪科、迪克东华等国际知名头部企业，打造精细化工和高端电子化学品产业链。产业链的不断丰富和完善，有效增强了产业抗风险能力和增长动力，新材料产业主平台省级化工园区独山港区已连续 6 年获评"中国化工潜力园区 10 强"。

三是以"双链协同"促进临港数控机床产业延链固链。平湖市发挥外资高技术企业集聚优势，加快内外资"双链融合"，目前拥有全球数控机床整机龙头企业 3 家，京利的高速精密自动冲床全球市场细分领域占 60％以上；津上精密在中国精密自动车床市场占有率高居第一位，2023 年产值达 31.2 亿元；全球排名第三的机床龙头企业德玛吉森精机 2022 年签约落户平湖，2023 年已升规。链主企业带动产业链延伸和稳固，"日系封闭供应链"逐渐被打破，核心零部件国产化、本土化配套率不断提高，目前市内配套企业数量已超百家，行业年总产值超过 130 亿元，自主可控的先进机床产业链正在加速重构。

### 20.1.3 突出"软硬配套"全领域，着力提优产业生态

一是立足平台建设，构筑临港产业发展基石。搭建高能级产业平台，平湖欧洲（德国）产业园累计引进德（欧）资企业 56 家，总投资 14.86 亿美元，被工业和信息化部授予"中德中小企业合作区"；中日产业园现有日资企业 117 家，总投资 23.2 亿美元，截至 2023 年底，40 家规模以上日资企业实现产值 203.48 亿元，成为省内最大日资企业集聚地，被《人民日报》授予"最受日本企业欢迎的开发区"；平湖经济开发区成功创建省级制造业高质量发展示范园。围绕"六个一流"建设 11.3 平方千米的汽车生态产业园，打造高能级汽车产业生态链。高水平打造产学研合作平台，引进上海交通大学智能光电研究院、浙江工业大学新材料研究院、中国航天科工集团第二研究院 23 所平湖实验室等产业链创新平台，持续扩大"人才＋技术＋产业"融合发展的聚变效应。

二是立足改革创新，发展临港新兴产业。平湖不断提升临港汽车产业链协同创新能力，与清华大学合作的清研新能源汽车检测中心可提供电机、电驱、减速器在内的一站式检测服务；中国标准化研究院长三角分院建成了全球领先的智能网联汽车 OTA 大数据云平台，目前已接入 1 000 多万辆汽车数据。聚焦临港新材料产业链 DCS、MES 系统的普及应用、工业互联网平台建设、节能节碳、工业节水、资源综合利用等方向，大力引导新材料企业开展"两化"改造，有效改变了该行业高排放、高耗能的固有形象，近三年共实施"两化"改造项目 117 个，完成投资 9.2 亿元，节约用能超 8 万吨标煤。2023 年全市新材料产业总用能 42.9 万吨标煤，用规模以上工业 23.2％的用能创造了 29.1％的产值。

三是立足精准服务，营造良好营商环境。搭建国内外产业合作平台，成立欧美俱乐部定期开展产业交流，每年举办德国、日本、瑞士等专场产业合作交流会以及上海、深圳、北京等多场招商推荐会，推动全球精准合作。创新便捷审批，在全省率先建立一般企业投资项目"交地即施工"快速审批通道，创造长城汽车仅用 14 个月的时间完成项目建设的"平湖速度"。加大财政扶持，组建 20 亿元产业基金，出台汽车、机床、新材料等产业专项激励政策，支持产业能级提升。

## ■ 20.2 经验启示

一是以"地瓜经济"提能。"大平台"引来"大项目"，精准布局加速临港

产业集聚，提出产业链招商考核体系，开展产业链定向招商，实现"一平台一产业"。"老朋友"带来"新朋友"，以商引商延伸产业链条，充分发挥已落户产业龙头企业引领作用，通过政府"搭台"、企业"唱戏"，以企业"现身说法"等形式，积极引进相关配套企业和同源地企业，引领上下游产业链加速集聚。

二是以"经济创新"提质。重点做好创新链、产业链、人才链深度融合。围绕创新链，深入推动毛军发院士工作站、上海交大平湖光电研究院、汉希科特用研究院、赛迪科创中心等重大科创载体在临港产业"卡脖子"问题的全面攻坚，提高科研平台积极性，提升协同创新能力，加快推动孵化项目产业化。围绕产业链，强化企业科技创新主体地位，积极鼓励企业加大研发投入、技术改造，提升产品竞争力，拓展产业链。围绕人才链，运用好平湖（上海）国际创新中心等平台，吸引更多高端人才入驻，加快招引优质临港项目落地平湖、深耕平湖。

三是以"营商环境"提优。开展政务服务增值化改革，围绕企业全生命周期、产业全链条，涉企服务事项全面集成进驻"平服365"企业综合服务中心和企业综合服务平台，企业全生命周期重要阶段、产业链特定节点"一类事"服务场景落地见效，全链条、全天候、全过程的政务服务新生态全面形成，打响"平妈妈"营商环境服务品牌。

（作者：平湖市发展和改革局　朱学敏）

# 21 独山港经济开发区推进港产城融合发展，打造高质量临港新城

平湖市独山港经济开发区聚焦"大港梦""千亿梦"，以"创新攻坚"为主题主线，抓好项目提质提速、园区提标扩容、港城提档升级三大专项行动，以港口发展为立足点，全面加强基础设施建设，以港产发展为着力点，全面推进新旧动能转换，以港城发展为支撑点，全面提升港城品质，奋力扛起海洋经济发展强劲增长极的使命担当，成为嘉兴海洋经济发展中一颗快速升腾的耀眼新星。

## 21.1 主要做法和成效

### 21.1.1 以港口发展为立足点，打造多式联运枢纽港口

#### 21.1.1.1 加强港口建设

坚持四区同步规划，东部液体化工泊位重点配套腹地产业、中部通用和多用途泊位重点辐射杭嘉湖地区、西部大宗散货泊位重点开展海河联运，并同步建设港口保障功能区，保障海上作业和海洋防污染能力。截至目前已建成外海生产性泊位 23 个，在建泊位 6 个，2023 年外海货物吞吐量达到3 979 万吨。

#### 21.1.1.2 做强海河联运

坚持外海、内河，航道、港池等同步推进，全面形成公路、水路等运输方式为支撑的适度超前、功能配套、高效便捷的综合交通体系，着力打造主干港。海河联运枢纽中心，截至目前已建成 500 吨级水工兼靠 1 000 吨内河泊位18 个，散改集内河泊位 5 个，在建内河泊位 21 个。2023 年实现海河联运吞吐量 1 504 万吨，集装箱 17.75 万标箱。

### 21.1.1.3　增强港运联动

坚持港口开发建设和后方集疏运体系同步谋划，东部液体化工泊位区，同步贯通白沙路，拓宽翁金线，建成危化品专用通道、危化品专用停车场。中部多用途区，依托中山路，G228 等主通道，形成三横三纵多联路网；西部联运区，完成后方千吨级航道改造定级，实施沿线桥梁提升工程，拓展联运"最后一公里"。

## 21.1.2　以港产发展为着力点，打造临港特色产业集群

### 21.1.2.1　发展临港产业

一是建设石化产业园。重点打造绿色石化、纤维新材和电子专用化学品三大板块，形成万亩千亿平台。2023 年园区规模以上工业产值达到 490.1 亿元。二是建设装备制造业产业园。重点发展汽车零部件和智能装备制造，依托新诚达产业园、医学产业园等布局航空航天、生物医药产业。2023 年园区规模以上工业产值达到 70.5 亿元。三是建设港口现代综合物流园。重点打造临港产业物流和长三角电商物流产业，提高物流服务水平，提升集聚辐射能力。2023 年园区营收突破 140 亿元。

### 21.1.2.2　精准招商选资

一是继续筑强招商阵地。深入实施接轨上海首位战略，以上海为主阵地，主抓产业链招商，聚焦高端新材料、航空航天、生命健康、汽车及零部件、现代物贸等主导产业，做好产业链研究。2024 年上半年签约项目 11 个，实际利用外资 5 871 万美元。二是明确招商方向。以外资为重点，着力引进行业龙头企业、高新技术企业和人才科技项目，致力于打造一批新质生产力的产业集群。2024 年上半年完成招大引强项目 7 个，主要是赛本达、轩辰、帛莱恩、荣成、物产港储、独山能源聚酯、天能等项目。三是优化招商举措。绘制产业地图，不断强链、延链、补链，深化和专业投资公司、招商中介、会展中心、外国使馆等开展招商合作，开展敲门招商、展会招商、驻点招商、以商引商。

### 21.1.2.3　提升传统产业

一是鼓励低端落后企业主动转产转型。加大对传统优势产业的扶持力度，充分保障成长性好的龙头项目资源要素需求，运用云计算、大数据、物联网等先进信息技术和"互联网＋""＋互联网"模式，重构产品结构和制造流程，降低用工成本，提升管理水平，推进企业在商务模式、研发模式、管理模式上进行全面创新，不断提升自身的创新能力、生产水平和竞争能力。二是实施园

区绿色改造。牢固树立"以新换旧"导向，持续深化能源结构调整，加快推进清洁替代和电能替代。系统性改善能源布局结构。加快低碳、负碳项目发展，协同开展减污降碳，成功创建省减污降碳试点、省园区循环化试点。三是绿色工厂创建。鼓励企业开展能源综合利用，通过节能技改，利用余热余压发电等推动企业绿色发展，平湖石化成功列入国家绿色工厂名单，嘉特保温和独山能源列入浙江省绿色工厂名单。

### 21.1.3　以港城发展为支撑点，打造现代化品质港城

#### 21.1.3.1　优化生活商务配套

坚持高起点规划、高水平设计、高质量建设、高效能管理的方针，加快独山港新城大开发。优化生活片区、综合产业片区、临港物流片区、临港工业与港口片区、石化产业园区及高新技术园区等六大功能组团，积极推进公建配套设施、宾馆、餐饮、零售商业等项目建设，重点推进港区人才公寓、友邻中心、市民荟、港城花苑、名秀花苑等民生项目建设。

#### 21.1.3.2　完善基础设施配套

统筹规划布局，完成城镇总体规划编制，优化单元控规和专项规划。形成独山港新城、石化产业园、高新技术产业园的道路网体系，优化路网结构，滨港路二期、翁金线东段等一批疏港道路开工，汇港路二期、创业路三期等内部道路加快建设。

#### 21.1.3.3　提升环境美化配套

加大环境整治力度，加快美丽港区建设步伐。深化"五水共治"，加大农村生活污水治理，加快整治企业清洁排放，做好重点企业污染治理，加快美丽城镇建设，重点做好道路节点、道路两侧、防护林、港城公园等景观工程。

## 21.2　经验启示

一是在港城融合上，坚持规划一张图。独山港区牢牢抓住沪平城际铁路建设契机，在 2010 年就开始谋划建设现代滨海港口新城，《独山港区集疏运体系规划》《独山港镇国土空间总体规划》《城镇和村庄控规》等多规合一，划定港城综合服务核心区块，进一步优化居民点布局，同步启动人才公寓（名秀花苑）、智安中心等重大项目建设，建设独山港大厦、商贸综合体、星级酒店等项目。

二是在项目推进上，坚持建设一盘棋。加快推进重大产业项目，2022 年独山签约独山能源新材料一体化项目，总投资 130.4 亿元，2023 年签约卫星百亿项目，项目总投资 100 亿元，预计在 2024 年年底两大百亿项目正式投产。2024 年列入省"千项万亿"工程项目 7 个、列入省重大产业项目 2 个。加快推进港口联运项目，2023 年独山签约 60 亿元港口扩容项目全面开工建设，包括新建液体化工泊位 2 个，集装箱泊位 4 个和 2 号内河港池。2024 年 A5、A6；B21、B22；B25、B26 泊位和 Ⅱ 号内河港池投资已超 15 亿元。港口带动产业项目，港产联动效应不断加强，百亿产业项目纷至沓来。

三是在产业提升上，坚持融合一体化。坚持港口与产业互动发展、沿海与腹地联动发展、制造业与服务业协调发展。深耕形成"一轴四区一园"发展格局（一轴：12.5 千米海岸线；四区：液体化工、集装箱、大宗散货、海事保障作业区；一园：供应链产业园），重点引进现代化服务贸易及物流龙头公司，充实壮大港口物流园区体量，加快京东、易商和奥泰 3 个供应链项目的建设，2024 年园区总营收有望突破 170 亿元。

（作者：独山港经济开发区　李月萍）

# 22 海盐县以山海湖为底色，绘生态海岸带美丽画卷

围绕海盐县打造河口田园型生态海岸带样板的建设目标，南北湖景区以"揽湖出海"的开放创新格局，强化资源整合、特色彰显、文化挖掘与业态植入，全力建设自然生态优美、文化底蕴彰显、人文活力迸发的滨海绿色发展带，着力打造南北湖高端旅游休闲区。

## 22.1 做法成效

### 22.1.1 以匠心扮靓景区颜值，打造环境之美

以"湖区＋垦区"两个板块为重点，进行系统谋划和顶层设计，《南北湖国家 5A 级旅游景区提升规划》通过省文化和旅游厅评审。《南北湖风景名胜区总体规划（2023—2035 年）》《南北湖风景名胜区湖塘及山林景区详细规划（2023—2035 年)》分别获省政府、省林业局批复，为项目落地提供有力支撑。投资 1 亿元打造了北里湖生态乡野型湿地景观，为游客提供漫步、骑行、泛舟、休憩等多种游赏体验。完成南北湖詹家湾至郁家湾一带生态修复工程。落实林相改造和植物培育工程，完成鹿山林相改造，打造山林彩画，南北湖成为连续 9 年达到Ⅱ类水的水质断面，山林覆盖率 80％以上，获评浙江森林氧吧、浙江省大花园耀眼明珠。打造白鹭洲江南园林水上游线景点，全面实施泛光照明工程，点亮蝴蝶岛、鲍公堤、环湖一线以及白云阁等主要景点。持续提升景区交通路网，完成 1.2 千米的北湖道路改造，南北湖风景区山上道路提升工程（景区一道）工程完成竣工验收，推进 39 千米的山地绿道工程建设，山地绿道一期、二期完成建设，打造了杭州湾第一道，形成别具特色的"越山向海""行山走湖"两条经典的山地徒步线路，

并获评第三届"嘉兴市最美生态绿道"。

### 22.1.2　以文旅融合升级体验，共享人文之美

依托自然禀赋、文化资源和生态环境优势，打造特色旅游线。将澉浦镇、景区红色点位串点成线，推出 5 条澉浦红色研学线。依托山海湖一体 360°自然全景，打造行山、走湖、临海、就村全景度假线。结合澉湖缦学、国学启智等旅游产品，打造寓教于乐教育研学线。深化"亲子"概念，打造柑橘采摘、采茶挖笋、插秧钓虾等农事体验项目。不断丰富文旅活动，形成了"澉湖曲会""白云雅叙""北里湖走读"等多个活动品牌。以风土人情和历史底蕴为基础，将山水美景与文旅活动融合，打造沉浸式山海湖实景演艺光影秀《澉川诗梦》，南北湖文化旅游节已连续举办 25 届，成为展示南北湖山水人文的重要窗口。南北湖景区分别获评浙江省最美景区、浙江省运动休闲旅游示范基地、浙江省中小学劳动实践基地（第三批）暨学农基地等省级荣誉 5 个、市级荣誉 2 个。

### 22.1.3　以资源转化发展优势，培育产业之美

荆山里区块建成集农业体验、休闲度假、餐饮民宿、自然教育于一体的荆山里文旅综合体项目。弈仙城区块大力发展民宿业态，打造了草木间、木心居、七月隐庐等一批民宿集群，年入住游客 10 万人次。总投资 15 亿元的重点文旅项目开元森泊度假酒店已经对外营业。有效盘活存量资源，改建绿道驿站、餐饮、休闲业态，打造了橘苑、茶厂、红色初心馆等文化空间。加快多元旅游业态植入，陆续引进隐庐、应奎堂·北湖艺舍等文化创意新业态，浙派古琴传承人蔡群慧的澉湖琴洲工作室、国家一级美术师周瑞文的浙江当代油画院南北湖创作基地等项目相继落地。2023 年景区接待游客 188.43 万人次，全年实现经营收入 5 815.32 万元，同比增长 41.58%。

## ■ 22.2　经验启示

### 22.2.1　推进滨海文旅休闲业品质提升是加快生态海岸带建设的"催化剂"和"加速器"

坚定不移践行"两山"理论，以构建"山湖湿地海林田"生态共同体为目标，重点对一、二级保护区进行生态修复和改善。对标国家 5A 级旅游景区创建标准和要求，提升基础设施、修缮文保建筑、开拓运动空间，建设一批体验

"精致"、环境"精美"、设施"精良"工程，着力打造"人文地标、建筑地标、景观地标"。

## 22.2.2 推进滨海文旅休闲业产品开发是加快生态海岸带建设的"源动力"和"主推力"

围绕旅游"六要素"，增强旅游产品在游憩空间、深度体验、文化挖掘、资源创新上的设计，打造休闲度假、康养禅修、户外运动、研学教育、文化创意创新五大基地。推进水上休闲、低空体验、情景互动等产品的开发与升级。加大与长三角旅游关联企业的合作，举办有品牌、有吸引力、有特色的节庆活动、品牌赛事等，提升市场竞争力、知名度与美誉度。

## 22.2.3 推进滨海文旅休闲业态升级是加快生态海岸带建设的重要保障和坚强后盾

围绕"五湾五村"产业布局，加快培育度假经济、总部经济、文创经济、夜游经济、户外运动经济等相关产业，持续扶持景区酒店、民宿业态发展。依托景区资源，实施精准招商，招引大项目、大投资。找准"小特精美"等优质品牌，丰富业态内涵，进一步集聚人气，带动景区发展。

（作者：海盐县南北湖旅游投资集团有限公司办公室　袁毅春）

# 23 "质" 汇港区，乘 "氢" 起势

## ——嘉兴港区加快海洋经济氢能产业发展赋能新质生产力

## ■ 23.1 基本情况

　　新质生产力是引领未来发展的核心竞争力。嘉兴港区地处长三角腹地，地理位置优越，产业资源丰富，便利的交通区位和丰富的副产氢能资源为发展氢能产业提供了良好的应用场景和氢源基础。近年来，嘉兴港区立足资源优势，牢牢把握产业发展"窗口期"和新旧动能转换"机遇期"，抢抓未来产业发展先机，通过贯通氢能"产业链"，深耕氢能"创新链"，拓宽氢能"应用链"，抢占"低碳"风口，着力培育氢能产业生态体系，全力打造"东方氢港"，为临港新质生产力发展增添强劲动能。近日，嘉兴港区氢能未来产业先导区成功入选第二批浙江省未来产业先导区培育名单和浙江省 2024 年未来产业（人工智能）先导区财政专项激励名单，其中未来产业先导区财政专项激励名单系全省 10 个县（市、区）之一、全市唯一。

## ■ 23.2 主要做法和成效

### 23.2.1 招大引强，贯通"临港产业链"打造氢能产业示范基地

　　大项目支撑大产业，嘉兴港区通过以商招商、产业链招商等方式，聚焦氢能与储能领域，全力打造全国知名氢能产业示范基地。一是做大"布局招引"。紧盯国内外同类产业发展趋势，形成氢能产业链招商路线图，明确战略定位、发展目标、实施路径、推进措施，以健全产业链招商体系为目标，谋划氢能产

业供应链补链强链专题招商工作方案，根据《关于推进氢能产业发展的实施意见》《嘉兴市氢能发展规划（2020—2035）》《嘉兴市加氢站建设规划》等政策文件，嘉兴港区出台了《嘉兴港区氢能产业规划（2020—2025）》《嘉兴港区氢能产业发展扶持政策》，为港区氢能产业项目招引、孵化提供整体配套服务。连续5年举办氢能产业大会，逐渐形成主场作战优势，以"氢创未来"为主题的2023中国（嘉兴）氢能产业大会吸引了8个氢能项目现场签约。二是做强"头部招引"。发挥氢能产业头部企业带动培育产业生态、形成产业聚集效应的重要作用。紧盯氢能上下游产业链和氢燃料核心系统"八大零部件"关键企业，选派招商精干力量，组建"院校＋企业高层"智库团队，实施头部企业精准招商。目前已招引上海重塑、美锦国鸿、佛山飞驰汽车等国内外氢能产业头部企业，同时一批关键零部件核心技术项目如鸿基创能膜电极项目、韵量双极板等均落地长三角（嘉兴）氢能产业园，另有羚牛集约式绿色氢能物流示范应用展示项目作为车辆运营平台公司也已落户。其中，国鸿氢能已于2023年12月5日实现H股上市。三是做优"链式招引"。发挥嘉兴港区化工产业副产氢能资源优势，依托国家级化工新材料园区、国家综合保税区、长三角（嘉兴）氢能产业园等重点平台，布局氢能"制、储、运、加、用"全产业链条，2020年至今已签约氢能项目20余个，总投资超65亿元，在谈氢能产业链项目9个。

### 23.2.2 筑巢引凤，以"创新驱动力"赋能"新质生产力"

科技创新是发展新质生产力的核心要素。嘉兴港区积极发挥示范平台、创新人才作用，加快塑造产业发展新动能。一是搭建创新示范平台。以数字化改革赋能，按照一流规划、一流设施、一流产业、一流配套、一流环境、一流队伍"六个一流"要求，高标准打造了长三角（嘉兴）氢能产业园，氢能产业园已完成一期和二期建设并开始运营，三期也在如火如荼地建设中，待全部建成后将形成集科技成果转化、展示营销、试验检测、标准制定、金融服务等功能于一体的公共服务平台。搭建以氢能工业互联网平台为核心的行业产业大脑，探索化工板块与氢能板块循环经济模式，推动氢能产业创新发展，氢能行业产业大脑获批省工业领域行业产业大脑建设试点。依托"产业基金＋资本招商"合作模式，推动金融与产业的双向融合。二是筑强创新研究内核。聚焦创新赋能，加快产学研用深度融合，推进浙江清华长三角氢能科技园建设，依托浙江清华长三角研究院、中国特种设备检测研究院、同济大学等大院名校创新资源，组建氢能"两中心一实验室"建设，开展氢能应用基础研究、产业共性关键技术研发、科技成果转化、检验检测等服务，不断增强关键核心技术控制力、产业创新集群带动力、产业创新链条整合力，以关键技术的攻克支撑引领新兴产业发展，助力港区掌握氢能产业发展的主动权，占领技术制高点，带动港区实现创新跨越，打造区域竞争新优势。三是加快创新技术转化。围绕产业发展方向、产业集聚效应、平台载体建设等目标，加大制造业数字化绿色化改造支持力度，鼓励化工新材料企业探索氢能源开发利用，落实项目要素保障协同。如全球领先的大型玻璃纤维复合材料供应商挪威优沐公司落户产业园，致力创新储氢装备及材料产业发展。浙江华泓新材料有限公司充分利用 45 万吨/年 PDH（丙烷脱氢）富余尾气，实现热电联产，可年节能 3.9 万吨标煤，该项目于 2022 年成功入围省级节能降碳项目。

### 23.2.3 多维推广，拓宽"临港应用链"引领低碳潮流

氢能作为一种来源丰富、绿色低碳、应用广泛的二次能源，被广泛应用于交通、工业、建筑等领域，是加快形成新质生产力的重要抓手。一是坚持公共交通为先导。以加入国家燃料电池汽车示范应用上海城市群为契机，加快氢燃料电池汽车的推广应用。以交通领域为先导，在城市公交优先试行，鼓励和支持国有公交公司开辟氢燃料电池汽车运营专线。截至目前，港区投入运营氢能公交累计 10 辆，公交线路 2 条。二是坚持特色场景为切入口。港口是推动海洋经济发展、实现"双碳"目标的关键领域。近年来，嘉兴港区以港口为切入点，深入推动应用场景开发，依托嘉兴港口、现代物流园等有利条件，逐步将氢燃料电池汽车向重卡、集卡、冷链物流车、叉车等领域延伸，推动氢能在货物运输领域绿色低碳应用。如在嘉兴港港口码头重点推广氢能物流车，目前累计推广应用 49 吨氢能重卡 166 辆，18 吨氢能物流车 30 辆，12 米氢燃料电池客车 5 辆和氢能叉车 9 辆。率先探索氢能船舶示范应用，全国首艘内河 64 标箱氢能集装船舶计划 2024 年 12 月建成下水，并致力于打造全国首条绿色氢能内河集装箱运输专线。氢能发电探索实现突破，推行先导区项目任务揭榜，探索氢分布式能源应用示范，嘉化能源已投资建设 2 套 1 兆瓦发电装置，达产后将年发电量 800 万千瓦时，年节约能源 2 680 吨标煤，年减排二氧化碳 7 200 吨。三是坚持基础配套为保障。聚焦绿色低碳发展方向，完善氢能应用基础设施，按照加氢站布局规划和建设标准，积极推进加氢站建设，为氢能车辆运行提供基础保障。目前嘉兴港区建成加氢站 3 座。聚焦制储源头环节，在中国化工新

材料（嘉兴）园区内架设加氢站供气专线管道，为园区企业提供氢能供应基础保障。

## 23.3 经验启示

### 23.3.1 聚焦顶层设计，系统谋划氢能产业发展

为了加强工作的统筹推进，嘉兴港区先后成立了氢能产业推进工作领导小组、长三角（嘉兴）氢能产业园建设指挥部，实行专班化运作，定期召开工作例会，以"清单化、项目化"协调和解决氢能推进过程中的难点，关键环节落实嘉兴港区管委会委领导牵头负责制，通过层层压实责任，打通氢能发展的堵点。

### 23.3.2 聚焦企业服务，全力打造氢能产业项目

加大对氢能产业发展和科技创新的投入力度，研究加氢站、燃料电池汽车、加氢终端补贴等政策，降低消费者使用成本。组建氢能创新发展引导基金，发挥相关基金的撬动作用，建立健全了政府引导、企业为主、社会参与的多元化投入体系。为了氢能产业项目早产出、早见效，嘉兴港区不断加大服务企业的力度，通过协调租赁厂房，解决了重塑科技公司和美锦国鸿公司生产场地的问题。目前，嘉兴港区集聚各类氢能企业20余家，成为浙江省乃至长三角氢能产业重要的集聚地。

### 23.3.3 聚焦平台建设，持续放大政策催化作用

按照嘉兴市"135N"产业集群培育的目标要求，围绕长三角（嘉兴）氢能产业园高质量建设、集群式发展，市、区两级先后出台了一系列氢能产业培育政策，为氢能产业项目招引、孵化提供整体配套服务，为加快氢能产业培育、增强产业创新动力、加快示范应用推广，助力港区全力打造嘉兴市氢能产业示范先行区提供了政策保障。

（作者：嘉兴港区经济发展部　施怡）

# 24 绿色石化 "岱" 动海岛高质量发展，"点油成金" 形成新引擎

岱山县位于舟山群岛新区中部，由 379 个岛屿组成，区域总面积 5 242 平方千米，其中陆域面积 326.5 平方千米，为舟山市第二大岛，是典型的陆域小县、海洋大县。受制于海岛禀赋不足资源要素约束，岱山县解锁共富新密码，积极引进浙江石油化工有限公司作为龙头链主企业，承接全面投产总投资超 2 000 亿元的浙石化 4 000 万吨/年炼化一体化项目（世界投资最大的单体产业项目、全球最大的乙烯裂解装置、全国民营企业投资规模最大的项目），6 年时间内将常住人口仅 500 余人的小渔村开发成为面积达 26 平方千米，最多时有 8 万人奋战的大型石化基地，累计产值突破 1 000 亿元，带动上下游产业实现产值 6 000 亿元。同时通过对炼化与能化产业耦合、碳回收与利用、减污降碳协同增效等进行集成创新和前瞻性研究，环保方面累计投入 161.3 亿元，率先在全国石化园区建立绿色发展指标体系，由此成为我国首个、世界第二个"离岛型"绿色石化基地。岱山当地发掘潜在优势，以链长为抓手，以链主企业为依托，构建"链长＋链主"协同机制，培育壮大绿色石化产业链，实现"点油成金"，扭转先天劣势为后发优势，目前浙石化产能已逐渐释放，"岱"动地方经济增长新格局，岱山继而新晋跻身浙江省"工业大县"。

## 24.1 主要做法和成效

### 24.1.1 发挥海岛区位优势，抢抓机遇绘制"建链"蓝图

一是科学实施海域海岛开发，构建"一岛一功能"海岛特色发展体系和现代海洋产业体系。舟山绿色石化基地选址位于大小鱼山岛，远离人口聚集区，与最近的岱山本岛相距 8 千米以上，是我国首个、世界第二个"离岸型"石化

基地，最大程度减小石化项目对周围群众的影响，从源头上最大程度摆脱石化产业发展的邻避困境。同时针对超大型石化园区人员管控复杂难题，建设"智慧鱼山"应用平台，覆盖智慧管理、风险预警等多个场景，上线两年已累计服务群众达24万余人次，日活跃率达2 700余人，化解劳资矛盾纠纷628起。二是"腾笼换鸟"打造高能级平台。整合提升毗邻石化基地的岱山经济开发区，攻坚低效工业企业和"僵尸船厂"整治，盘活连片低效工业用地1 383亩，高标准规划建设石化循环经济产业园，将"低效存量"转化为融入绿色石化产业集群的"发展增量"，工业用地全域治理的实践探索获评省级"最佳实践"。推动建设小微企业园三期，实施制造业"机器上楼"工程，鼓励本地企业开展零土地技改，力促产业平台能级提升。完成全县59家低效企业整治提升，提前完成5家高耗低效企业整治销号；盘活闲置低效用地共253亩，全县亩均税收达到80万元/亩以上。三是"四链两图"（"四链"：乙烯、丙烯、芳烃和生产配套四大产业链，"两图"：产业链图和招商图）实施"建链"工程，抢抓"一带一路"、长江经济带、长三角一体化发展等多重国家战略叠加机遇，依托石化基地产品，谋深谋细乙烯、丙烯、芳烃、生产配套四大产业链，画好产业链图和招商路径图，承办2022年全省石化新材料产业链大会，举办中国新材料（聚烯烃）产业对接大会，推进石化产业由无到有、从小到大的历史性跨越，"四链两图"工作法入选省工业领域"最佳实践"案例。

## 24.1.2 发挥产业特色优势，招大育强实现"延链"成群

一是精准"链主型"促关键项目招引。按照"龙头带产业、产业延链条、链条成集群"的模式，组建专业招商组和招商小分队，精准上门招商，围绕浙石化项目上下游产品引进石化产业链企业60余家，形成"石化装备制造、新材料、石化运维"制造业产业板块。二是精细"专班化"促重大项目投产。聚焦项目建设推进中面临的政策处理、要素保障、项目审批等方面的痛点堵点实施"拔钉清障"攻坚行动，2022年固定资产投资达465亿元，省重大项目新建项目开工率全省第一。润和催化剂等9个项目建成投产，总投资192亿元的高性能树脂、总投资641亿元的高端新材料项目开工建设。三是坚持"抓大扶小育新"，健全企业梯队培育体系。制订"一企一策"综合性扶持政策，对被认定为省级创新型领军企业、省"科技小巨人"的企业、首次达到"小升规""新升规"的数字经济核心产业制造企业，分别给予50万元、研发投入的20%、10万元的奖励。浙江石油化工有限公司入选省"雄鹰行动"培育企业，

鼎盛石化、德荣、卓然、润和等石化产业链配套企业被列为县级骨干企业，浙优科技、瑞程石化、捷盛石化等企业投产当年上规，产业集群效应和规模效应不断显现。

### 24.1.3 发挥科技创新优势，数智赋能驱动"强链"建圈

一是"产业大脑＋未来工厂"构建产业新生态。岱山县财政每年统筹安排5 000万元工业科技专项资金，支持企业向价值链高端攀升。浙石化创建全市首家省级未来工厂，"化塑产业大脑"列入省产业大脑试点，形成行业龙头带动中小企业融通发展的产业生态。二是创新驱动打造海洋科技新亮点。投资5.5亿元建设中国科学院岱山新材料研究和试验基地，3个项目列入国家重点研究计划，引入中国科学院青岛能源研究所合作开发"聚碳酸酯解聚技术"，获市产业"卡脖子"技术重大科技攻关项目立项，2022年规模以上工业研发投入增长61.5%，高新技术产业增加值占比全省第二。岱山县成功入选科技部公布的全国第二批创新型县（市、区）建设名单。三是"产""才"融合涵养创新人才"蓄水池"。建设省级产业创新服务综合体，着眼于打通绿色石化产业与临港先进制造业的连接点，引进宁波大学等37家高校院所团队及专业服务机构入驻岱山。迭代升级"大桥时代"人才新政，举办"岱山人才发展论坛"、全球海洋经济创业大赛绿色石化行业赛，打造"来了就是岱山人"诚意名片。近3年校企共建，共培养8 000余名企业急需的技能人才，岱山县工程师（工匠）学院技能人才培养平台开展学历、职称、技能提升培训，新增高技能人才1 337人。"高精尖"人才、高技能人才、新引进高校毕业生连续每年均保持两位数增长，全县累计培养了5.8万人次的技能人才，3家省级博士后工作站累计招收博士后十余人。

## 24.2 经验启示

### 24.2.1 强化龙头产业链引领，"建链"形成格局

针对性引导和支持石化新材料产业链的关键技术、核心环节等，发挥龙头企业牵引作用，为龙头企业发展提供关键要素保障，鼓励龙头企业组建产业技术标准创新联盟，在优势领域实现做强关键核心技术标准研制，打造引领产业链发展、具备核心竞争优势、能够带动上下游企业共同发展的链主型企业。

### 24.2.2　梯度培育链上企业，"延链"形成生态圈

系统梳理龙头企业本地配套需求，绘制细分产业链招商图谱，积极招引有意向的优质链上企业。对招引企业实施"一企一策"，不同细分领域企业之间开展供应链协同，联动推进链上中小企业质量提升。建立健全中小微企业梯队培育机制，支持企业深耕基础核心领域、高附加值环节，专注细分市场、细分领域、细分产品，培育一批产业链上下游"配套专家"企业。

### 24.2.3　推进企业融合智造，"强链"形成新质生产力

鼓励企业强化技术创新，推进产学研用一体化，整合科研院所、高等院校力量，建立创新联合体，抓住全球市场转型期推进产业升级，面向新兴市场需求鼓励企业向高端市场转型。

## 24.3　政策建议

### 24.3.1　"奋力"打造世界级油气产业集群，优化发展新格局

把握世界石化产业发展和需求新趋势，持续引进一批油气储运、生产加工、贸易交易方面的重点企业，重点发展乙烯、丙烯、碳四、碳五碳九、芳烃5条产业链，拓展化工新材料和精细化学品种类，重点发展与现代制造业、信息化、航空航天、新能源、生命科学等新兴产业配套的石化新领域，并实现与近期产品链的有效融合，形成世界级大型、综合、现代的石化产业基地新格局。

### 24.3.2　"聚力"改革产业数字化转型，打造地方特色数字平台

加快新技术新模式协同创新应用，加快5G、大数据、人工智能等新一代信息技术与绿色石化行业融合，不断增强化工过程数据获取能力，丰富企业生产管理、工艺控制、产品流向等方面数据，畅联生产运行信息数据"孤岛"，构建生产经营、市场和供应链等分析模型，强化全过程一体化管控，推进数字孪生创新应用，加快数字化转型。

### 24.3.3　"借力"拓宽投融资渠道，促进产融结合新高度

积极创新重大、重点石化项目投融资体系，积极争取不同层级政府为项目

提供的石化产业基金。在加大招商引资力度、为相关企业开辟绿色信贷通道、给予专项贷款支持等投融资手段的基础上，善用舟山大宗商品交易中心金融功能，进一步为石化配套项目拓宽投资、融资渠道。完善政府主导、社会参与的多元化投入机制，引导各类金融机构加大对绿色石化产业集群重点领域的支持力度，推动金融产品的创新和应用，为产业发展提供更多的融资工具和风险保障。

　　[作者：浙江金融职业学院（浙江银行学校）王炜；岱山县政府办公室金融发展中心　宋白莹；中国（浙江）自由贸易试验区岱山综合事务服务中心　任重远；舟山市普陀区桃花镇政府　王晔琪；浙江省商务厅商务研究院　彭玉波]

　　[课题来源："社科赋能山区（海岛）县高质量发展行动研究成果"]

# 25 从玉环海洋经济发展成效及经验，探寻海岛县高质量发展路径

　　我国共有 14 个海岛县，其中 6 个隶属浙江省。受自然条件、基础设施、人口变动等因素制约，海岛县发展相对滞后，是浙江省高质量发展建设共同富裕示范区过程中亟待破解的不平衡不充分发展难题。玉环位于浙江东南沿海黄金海岸线中段，扼台州、温州海上门户，海、陆域面积比高达 5∶1，系台州市唯一的海岛县。近年来，玉环坚持把发展海洋经济作为战略抓手，深入实施海洋经济高质量发展倍增行动计划，实现了从海岛贫困县到全国百强县的精彩蜕变，县域海洋经济走在全国前列。案例经验对于浙江省乃至全国海岛县高质量发展具有一定的启示意义。

## 25.1　玉环发展海洋经济的做法与成效

　　玉环在发展海洋经济过程中，坚持围绕"海""城""人"三个关键词做文章，走出了一条"产业聚变、城市蝶变、幸福跃变"的海岛共富新路。

### 25.1.1　"向海图强"激发产业聚变

　　成立市海洋经济发展局统筹海洋强市建设。系统融入温台现代沿海产业带建设，持续放大中国东海带鱼之乡、东海鳗鱼之乡以及省级大黄鱼、梭子蟹水产种质资源保护区等品牌效应。积极培育民宿、沙滩、星光经济，推进文旅、渔旅、体旅融合发展，先后推出鲜玉奇缘、东海之宴等文旅 LOGO，擦亮玉环海岛旅游大 IP。渔港经济区入选国家级试点，投资逾 66 亿元的 2 号海上风电场、投资近百亿元的晶科高效太阳能电池组件生产基地等"追风逐电"项目相继开工或投产，海洋经济增加值占 GDP 比重超过 18%。2023 年，地区生产

总值达 746 亿元，增长 4.3%，一座"海-港-产-城"深度融合的现代化海滨城市呼之欲出。

### 25.1.2 "千万工程"引领城市蝶变

锚定"一极三城、四个玉环"战略目标，一体推进城乡融合、新城开发、旧城改造、环境治理等工作，连续 6 年夺得美丽浙江建设考核优秀和治水"大禹鼎"，获评国家园林县城、全国新型城镇化质量百强县（市）、全国首批和美海岛、全国首批国家级海洋生态文明建设示范区等数十张国家级城市金名片，入选城市更新、美丽城区、县城承载能力提升和深化"千村示范、万村整治"工程等一大批省部级试点，城市功能不断完善、城乡面貌焕然一新。2017 年"撤县设市"实现城市能级跃升，成为全国首个、浙江独有的县级海岛市；2021 年"撤坝建桥"进一步推动城市格局重塑，成为台州近悦远来、主客共享的海上会客厅、海上后花园。

### 25.1.3 "以人为本"实现幸福蜕变

以缩小"三大差距"为导向，以完善基本公共服务制度为抓手，不断加强普惠性、基础性、兜底性民生建设，健共体和健康地图经验全球分享，国家慢性病综合防控示范区复审结果全国第一，省中西医结合医院玉环分院、台职院玉环校区、奥体中心等一大批民生工程相继投用或开工，隆重举办首届天南地北世界玉环人大会，成功创建国家农产品质量安全市和省食品安全示范市，高分实现省平安市"五连创"，县域共同富裕指数位列全国前十、台州第一。2023 年，全市民生支出占地方财政支出的比重提升至 71.9%，城乡居民收入倍差缩至 1.86，海岛共富成效显著，群众获得感幸福感大幅提升。

## 25.2 玉环发展海洋经济的经验与启示

玉环在发展海洋经济过程中，坚持因地制宜、因地施策，走出了一条将海洋、海岛、海滨资源禀赋持续转化为县域经济社会高质量发展的特色路径。

### 25.2.1 淬炼海洋"蓝"彰显发展成色

玉环坚持靠海兴业、向海发展，高质量编制完成《海洋强市建设方案》，在厚植捕捞、养殖、运输等海洋传统产业的基础上，积极培育海洋生物医药、海洋清洁能源等环境友好型战略性新兴产业，构建形成以现代渔业为基础、临港产业为引擎、海上交通为纽带的海洋经济发展格局。海洋是海岛县与陆域城市的最大区别，也是最独特的资源禀赋，海岛县应将海洋视作高质量发展的战略要地，把城市建在海上、把产业挺进深蓝，根据自身实际综合开发海洋资源，做到宜渔则渔、宜港则港，打通"碧海蓝天"与"金山银山"之间的转化通道。

### 25.2.2 厚植海岛"绿"凸显生态底色

玉环坚持生态优先、系统治理，围绕贯彻落实海洋生态文明和美丽海洋建设的具体实践，从高起点规划、高效益修复、高水平保障 3 个方面着手，持续开展降碳、减污、治乱、添绿等一揽子环保举措，协同推进国家蓝湾项目、青山白化治理、五水共治等一系列绿色工程，人居环境不断改善、海岛颜值持续"出圈"。生态文明建设是关乎海岛县永续发展的根本大计，海岛县应深入践行绿色发展理念，坚持不搞大开发、共抓大保护，让"城在海中、村在花中、岛在景中、人在画中"的美丽画卷成为海岛县的标志象征。

### 25.2.3 擦亮海滨"美"彰显文旅特色

玉环坚持以文塑旅、以旅彰文，深入实施文旅融合"五百五千"工程，以台州 1 号公路为主线脉络，沿线打造沙门日昇黑石滩、西沙门文旦景观桥、漩门三期浪漫海堤等十余个网红打卡点，东海文化旅游节、玉环马拉松等文旅活动轮番上演，央视跨年晚会玉环分会场惊艳亮相，东海之宴文旅 LOGO 享誉全国。文化是城市发展的基因和血脉，旅游是城市发展的窗口和名片，海岛县应充分利用海滨资源禀赋、赓续海岛精神文脉，推进文化和旅游深度融合发展，做到"每一段文化都有实景实物作载体、每一个景点都有动人故事来演绎"。

## ■ 25.3 浙江海岛县高质量特色发展的对策与建议

海岛县是浙江省高质量发展建设共同富裕示范区的"神经末梢"，也是"最难啃的骨头"。从玉环推动海洋经济发展经验看，海岛县要想实现高质量特色发展，就必须坚定不移走好"海""城""人"一体发展、融合共生之路。

### 25.3.1　立足资源禀赋，以科技创新驱动产业质态提升

"绿水青山就是金山银山"是等不来的，必须充分利用海岛资源禀赋，以科技创新培育产业新业态、塑造发展新优势。坚持系统发展观念，打造海洋产业集群。深化"山海协作"工程，聚焦绿色石化与新材料、高端船舶与海工装备、生物医药与医疗器械等浙江"415X"先进制造业集群发展重点，开展海洋产业上下游深入合作，引导发达地区产业链向海岛县延链。布局建设科创飞地、海岛研究院等，开展海洋生物资源高值化利用与转化，优化提升苗种培育、加工销售、品牌运作等全链条服务能力，推动传统海洋产业向现代海洋产业转型发展。用足山区（海岛）"一县一策"红利，支持有条件的海岛县试点组建海洋经济发展部门，负责涉海涉港工作，推进海洋经济发展。坚持战略思维，培育绿色新兴产业。采取针对性、差异化的开发策略，制定"一岛一方案"，塑造"一岛一功能"，科学绘制发展蓝图。引导海岛县立足资源优势，践行"双碳"目标，大力推进海上风电能、波浪能、潮汐能、氢能、核能等多能互补的海洋清洁能源开发利用。强化科技赋能、数字驱动，鼓励海岛县竞逐新兴产业赛道，培育海洋电子信息、海洋生物医药等环境友好型战略性新兴产业，打造以绿色发展为导向的海洋经济新增长极。坚持因地制宜，做强特色文旅产业。深挖海岛县自然、人文景观资源，推进文旅资源综合开发、文旅业态融合发展，把海岛县建设成为集旅游观光、度假休闲、文化交流于一体的海上旅游胜地。统筹串联海岛旅游线路，探索"一岛一票制"。着力发展与旅游相关的现代服务业，创新开发乡村民宿、高端疗养等康养项目以及帆船、潜水、垂钓等特色体育项目，延长旅游产业链。探索将 AI、VR、3D、数字全息影像等前沿科技融入海岛文旅产业，为游客提供沉浸式的体验和更加丰富的场景。用好大数据和微信、抖音、小红书等新兴媒介，对海岛县文旅项目进行全方位的引流和推广。

### 25.3.2　坚持港通天下，以便捷交通助推海岛能级跃升

只有打通交通、放大格局，海岛人民出行才能更加方便，海岛资源转化才能更加畅通，海岛城市能级才能实现跃升，"诗与远方"才能"近在咫尺"。积极推动海岛"港口化"。抢抓浙江省海洋强省建设、打造世界一流强港机遇，立足海岛岸线禀赋，科学布局港口功能，加强港口集群发展，持续放大嵊泗、岱山、洞头等作为宁波-舟山港、温州国际航运中心核心港区优势，使海岛县

成为浙江深化"一号开放工程"、发展"外向型经济"的战略支点。聚焦现代化新型海港定位，布局数字港口、智慧港航等建设，加速提升港口数字化、智能化水平，拓展水铁联运、水水联运等业务，健全港口集疏运体系。加强与国内外港口城市的战略合作，开通更多具有长远发展潜力的国际航线，拓展航运金融、海事法务等国际海事服务业，不断提升港口综合服务能力。加速推动海岛"半岛化"。视财力情况，适时启动新的跨海大桥建设，争取嵊泗完成"海陆相连"，推动海岛县实现高速公路或国道全覆盖，进一步打通"沪-舟-甬"跨岛大通道、"温-台"沿海大通道，构建海岛"外循环"闭环。完善海岛县域内陆路通道建设，优化岛际民生航线网络布局，推动海岛"内循环"畅通。全力推动海岛"城市化"。坚持以城带乡、城乡共富，以新一轮"小岛迁、大岛建"工程为引领，带动海岛县人口集中、功能集成、要素集约。完善水、电、通信、污水垃圾处理等基础设施，强化海岛发展基本支撑。科学统筹海岛县中长期发展规划，持续推进公共服务优化和海岛风貌提升，全面融入舟山、台州、温州城市发展格局，重点疏解和承接宁波都市区、温州都市区的中心区功能，进一步拉开海岛县战略框架，推进海岛县完成从"孤岛渔港"到"海滨城市"的能级跃变。

### 25.3.3 厚植文化沃土，以精神文明赋能幸福指数攀升

坚持以海洋文化为纽带，充分发挥文化育人润心、旺城兴业、惠民利民的独特作用，使之成为海岛县提升城市品位、增进民生福祉的强大动力和不竭源泉。坚持"以文化人"，彰显海岛人文魅力。传承浙江海洋文化、讲好浙江海岛故事，深入实施"海岛文化基因解码工程""社科赋能山区县高质量发展行动"等，引导各级各类文艺人才、社科专家深入海岛，不断推出礼赞海岛新气象、讴歌岛民新创造的文艺精品力作。坚持"文化＋"融合发展，打造嵊泗渔俗文化、洞头闽瓯文化等特色文化标识，弘扬舟山蚂蚁岛精神、洞头海霞精神等特色人文精神，构建浙江海岛文化体系和精神谱系，不断增强海岛人民自信心与自豪感。坚持"以文兴城"，提升海岛城市品位。加强对各海岛县烽火台、炮台、制盐等具有代表性古迹遗址以及各类文物的挖掘、保护和整合力度，借鉴"泉州：宋元中国的世界海洋商贸中心"经验，探索舟山整体申创世界文化遗产和国家历史文化名城路径。通过赓续海岛历史文脉，恢复海岛城市历史记忆，提炼海岛文化元素，培育海岛文化氛围，建设人文之岛、诗画之岛，既形塑海岛城市风格、提升海岛城市品位，又让海岛人民记得住历史、记得住乡

愁。坚持"以文惠民"，增进海岛民生福祉。深入实施"文化惠民工程"，完善健全公共文化服务体系，以丰富的文化产品和优质的文化服务丰盈海岛人民心灵、营造海岛文明乡风，使广大岛民更加便捷获取文化资源、享受文化服务、得到文化熏陶，整体提升海岛县精神高度和文明程度。聚焦卫生、教育、就业等民生领域，打造一批海岛"县域医共体""县中崛起"示范校，总结推广"海上枫桥"基层治理模式，将海岛县打造成为海岛人民安居乐业、幸福生活和共同富裕的"海上花园"。

（作者：温州大学发展规划处规划科科长、讲师　杨效泉；温州大学发展规划处副处长、副研究员，浙江大学教育管理在读博士　陈赞安）

# 26  海洋经济高质量发展的县域样本
## ——基于象山县的经验做法与借鉴意义

县域层面发展海洋经济通常会面临缺乏系统规划布局，海洋环境保护不足，缺乏科技创新平台和专业人才，产业结构偏传统、链条不完善等问题。近年来，象山县深入学习贯彻习近平总书记关于建设海洋强国的重要论述和考察浙江重要讲话精神，根据省委、省政府关于海洋强省建设的任务部署，以"向海图强、人海和谐、科技兴海、以海为媒"为主线，因地制宜探索经验做法，较好地破解了县域层面的发展瓶颈。全县海洋经济生产总值从 2019 年的 167.1 亿元增长到 2023 年的 264.5 亿元，占 GDP 比重也从 30.4％增长到 33.9％，助力象山县域经济跻身全国综合竞争力百强县第 53 位。

## ■ 26.1  经验做法

### 26.1.1  向海图强：一体推进空间重塑、产业重组与价值重估

一是陆海统筹拓展蓝色空间。以陆海统筹理念深化全域国土空间综合整治，率先编制全省首个县域海岸带专项规划，系统划分用海区块，优化重大基础设施、先进生产力和公共资源布局，形成陆地海洋规划"一张图"。二是打造"海洋＋"特色产业。大力发展功能材料、绿色能源、船舶建造等八条海洋产业链。建成全省首个半潜式多功能深远海养殖平台，竣工投产北欧（中国）鲑鱼 RAS 陆基养殖项目一期，建成我国首个大型海岸滩涂光伏项目。三是积极开展海域使用权改革。率先在全国开展海域立体分层设权使用，出台全省首个县域层面《海域分层确权管理办法》，探索养殖用海"三权分置"改革，推进海域使用权抵押登记、无居民海岛使用权收储出让，完善海域滩涂养殖权利体系，累计激活海域 4 200 亩。

### 26.1.2　人海和谐：协同推进生态保护、文化发掘与安全治理

一是强化岸线生态修复和生物多样性保护。率先制定县级"自然资源生态修复指导意见"，推进全国首个"海上生物多样性保护实践地"建设，加强栖息地保护、物种资源恢复和重点物种保护。建成韭山列岛国家级自然保护区、渔山列岛国家级海洋生态特别保护区、花岙岛国家级海洋公园。二是持续推进海洋文化保护和弘扬。充分发挥象山的渔业、海防、海商等文化优势，依托国家海洋渔文化生态保护区建设，不断激发文化活力和创造力，中国（象山）开渔节成为向全世界展示中国生态文明建设的标志性窗口。三是统筹推进海上安全数字化治理。在全省率先实施海上"千船引领、万船整治"工程，优化以渔船进出港雷达识别、渔船进出港报告、渔船动态管理、港岸船一体化视频监控四大模块为核心的"智慧渔港"管理平台，实现对"港、船、岸、人"的立体监管。组建海上商渔船联管中心，加强海上船舶干预提醒、信息共享。商船航路合规率稳定在99％以上，渔船进入航道时间较以往缩短50％以上。

### 26.1.3　科技兴海：持续推进平台搭建、人才引育和模式创新

一是加快构建高能级创新平台。引进建设中国科学院海洋新材料东海试验场等科创平台，助力风电装备、海洋防腐、特种船舶等技术领先发展。持续深化与中山大学等20余家国内高校院所合作，全力推进渔业种苗关键核心技术攻关，建成全国唯一的国家级大黄鱼良种场，银鲳、梅童鱼等全人工繁育技术填补国内空白，海水繁育品种数已占全国的46.4％。二是打响"青年与海"人才品牌。聚焦海洋科创、海洋文旅、海洋生态等大板块搭建人才交流、创业平台，吸引海洋领域人才加入，为其解决资金、住房、子女教育、医疗等现实需求，近两年入选省级及以上人才10位。三是探索海洋生态价值实现路径。探索"生态投资入股""小散乱生态资源整体出让"等多种海洋生态资源价值转化模式。聚焦具有本地特色的"蓝碳"资源，联合宁波和厦门产权交易中心共建全国首个跨省"蓝碳"生态碳账户，启用全国首个双碳"一件事一次办"企业增值化服务，争取中国太平洋财产保险股份有限公司支持发布碳账户综合保险，为"蓝碳"价值实现护航。

### 26.1.4　以海为媒：创新发展海洋运动、文化旅游和临港产业

一是借势亚运东风，发展海洋运动产业。打响"海洋运动到象山"品

牌，高水平运营亚帆中心、沙排基地，全力打造国际滨海运动中心，培育发展帆船帆板、游艇潜水、沙滩排球等新兴海洋运动产业。先后承办全国大学生滨海运动嘉年华、中国大学生帆船锦标赛等国家级赛事 14 项。二是用好影视基地发展文化旅游产业。打造独具特色的"北纬 30°最美海岸线"文旅品牌，依托象山影视城龙头引领，带动文旅、民宿等产业协同发展，象山影视城 2023 年接待游客达到 217.41 万人次，顺利入围 2024 年全省千万级核心大景区培育名单。三是争取港口开放发展临港关联产业。象山规划有港口岸线 53 公里，可建设万吨级泊位 52 座，其中 5 万吨级以上泊位 11 座。2023 年获得国务院批复同意，实现象山港和石浦港区对外开放。依托口岸开放的政策利好，积极推进临港装备、新能源装备、冷链物流等产业发展，首次进口俄罗斯帝王蟹，实现象山口岸鲜活水产品贸易零突破。

## ■ 26.2　借鉴意义

### 26.2.1　注重海洋保护，加强生态修复和安全治理，奠定发展所需的良好环境基础

一是陆海统筹推进生态保护修复。借鉴象山做法，通过海湾岸线治理、海堤生态整治、滨海湿地修复、红树林生态系统营造等方式，不断提升海洋生态水平，坚持"一湾一策"分类打造美丽湾区。二是数字赋能提升安全治理效能。推广"智慧渔港"等数字化治理系统，强化卫星遥感监测、自动监测、大数据、云计算等新技术手段应用，推动海洋安全治理能力提升。

### 26.2.2　推进机制创新，深化涉海用海制度改革，通过多部门协同放大改革效应

一是开展海洋领域改革探索。借鉴象山养殖用海"三权分置"经验，允许各地因地制宜开展试点探索，做好相关案例总结，让海洋生态保护和价值转化的典型个案更加可学可看可借鉴。二是支持多部门协同改革。借鉴象山"蓝碳"（海洋碳汇）试点经验，充分调动金融保险、产权市场、行政司法等多方力量一体推进海洋自然资源产权、开发使用、经营管理、要素配置等改革，放大协同效应。

### 26.2.3 培育新质生产力，支持科创平台和行业龙头发展，实现海洋产业提质增效

一是加快打造高能级海洋科创平台。支持通过财政奖补、股权投资等方式引导科研院所和企业进行涉海生物等领域的产学研合作，强化海洋智能感知等原创性引领性科技攻关，培育和支持一批国家级和省部级科研平台。二是优化政策吸引海洋人才加盟。积极借鉴象山"青年与海"等人才引育经验，鼓励各地因地制宜提供资金、住房、医疗等具体举措，吸引中青年人才创业就业。三是支持产业集群集聚发展和龙头企业引领。规划建设一批高端海洋产业聚集区，实现主题研学、邮轮游艇、体育运动、度假康养等旅游产品的陆海联动和集聚发展。支持关联性大、带动性强的龙头企业引领海洋产业集群集聚发展，鼓励龙头企业进行技术攻关和产业示范。

### 26.2.4 利用好海洋文化，支持相关产业融合发展，助推海洋经济发展走深走实

一是加大海洋文化载体建设支持力度。深入挖掘全省海洋文化遗迹，加强博物馆、遗址公园等海洋文化载体建设，在"浙江文化标识"培育项目中适度加大对海洋文化支持力度，认定一批海洋特色文化乡镇和渔村。拓展传统渔港的多功能价值，加大对加工、交易、物流、观光、餐饮等环节的支持力度。二是大力支持海洋创意产业发展。加大特色海洋文化旅游精品路线宣介，巩固提升海洋主题活动影响力，鼓励在浙影视基地构思和拍摄一批海洋主题作品。持续利用好"亚帆中心"等亚运遗产，建立与涉海类体育赛事协会的长期稳定合作机制，定期承办高水平海洋运动体育赛事。支持邮轮游艇行业设计制造、旅游服务、配套设施等全产业链发展。三是有效做好港产城融合。加强全省港口和城乡建设、产业发展布局的有效衔接与土地统筹开发利用，积极培育法律、保险等航运服务业，因地制宜发展物流、船舶和海工装备等特色优势产业，更好实现"通道港"向"枢纽港"升级。

（作者：浙江省新型重点专业智库宁波大学东海研究院　邵科　陈立辉；浙江省象山县社科联　奚际曹　李培尔；浙江省新型重点专业智库宁波大学东海研究院　叶胜超）

# 后 记

为持续助力浙江省高水平建设海洋强省，促进海洋经济成为浙江省高质量发展新增长极，宁波大学东海研究院邵科研究员牵头开展了《浙江省海洋产业发展报告（2024）》研究，拟全面分析浙江省海洋产业的最新情况，梳理各地市的海洋产业发展脉络，展示海洋经济高质量发展的典型案例。

本研究具体由综合篇、区域篇和案例篇三个部分构成，其中综合篇的第 1 章由邵科、郑阳撰写，第 2 章由蔡捷撰写，第 3 章由朋文欢、邵科撰写，第 4 章由邵科、叶武威、杨奇明撰写，第 5 章由朋文欢、邵科撰写，第 6 章由邵科、叶武威、杨奇明撰写。区域篇的第 7 章由靳玥撰写，第 8 章由吴雪雪撰写，第 9 章由林诗婷撰写，第 10 章由贾文菡撰写，第 11 章由吴正杰撰写，第 12 章由陈晓宇撰写，第 13 章由胡嘉欣撰写，区域篇由邵科和郑阳进行了修改完善。案例篇来自宁波大学东海研究院牵头征集的浙江省海洋经济高质量发展典型案例中的优秀作品，案例篇由邵科和郑阳进行了修改完善。邵科研究员对全书进行了多次校对，胡求光教授对本书进行了全面完善和审定。

非常感谢浙江省社会科学界联合会和浙江省海洋经济发展厅对本研究的大力支持，非常感谢浙江海洋发展智库联盟和宁波大学东海研究院对本研究的保障助力，非常感谢中国农业出版社等为本书出版所付出的辛勤劳动。非常感谢评审专家对稿子提出的修改完善意见。

　　本研究的开展时间紧、任务重，因此书稿难免存在瑕疵，还请各位读者批评指正。我们希望本书的出版能够为浙江省海洋强省建设提供理论参考，协助浙江省相关部门把握好发展现状，更加客观地制定和完善相关政策，促进浙江省海洋经济高质量发展。

报告写作组

2024 年 9 月 30 日

宁波大学黄庆苗楼

**图书在版编目（CIP）数据**

浙江省海洋产业发展报告. 2024 / 邵科等著.
北京：中国农业出版社，2024.12. -- ISBN 978-7-109-
32822-8

Ⅰ. P74

中国国家版本馆 CIP 数据核字第 2024DJ4195 号

---

中国农业出版社出版

地址：北京市朝阳区麦子店街 18 号楼
邮编：100125
责任编辑：张丽四　汪子涵　文字编辑：耿增强
版式设计：杨　婧　责任校对：吴丽婷
印刷：北京中兴印刷有限公司
版次：2024 年 12 月第 1 版
印次：2024 年 12 月北京第 1 次印刷
发行：新华书店北京发行所
开本：700mm×1000mm　1/16
印张：20.25
字数：355 千字
定价：120.00 元

---